高等学校教材

中药制药
实验指导

ZHONGYAO ZHIYAO
SHIYAN ZHIDAO

马君义 孔维宝 张继 主编

U0216647

化学工业出版社

·北京·

内容简介

实验是制药工程专业实践教学的重要环节，为适应"新工科"对学生能力培养的要求，使学生在完成基础实验的同时，训练和提升综合创新与实验设计能力，本书从仪器分析、药物制剂、药物分析、制药分离、综合创新与设计实验 5 个模块入手，以期通过实验教学构建药物的提取、分离、分析、检测、制剂及质量评价"点-线-面"的实践网络和合理的"知识-能力-素质"结构体系，促使学生"厚基强能、提能拓素"，保障课程教学目标与专业培养目标的有效达成。

《中药制药实验指导》可作为高等院校制药工程、中药制药、生物制药等专业本科生的实验教材，也可供相关教学与实验技术人员参考。

图书在版编目（CIP）数据

中药制药实验指导 / 马君义，孔维宝，张继主编
. —北京：化学工业出版社，2021.12（2023.9重印）
高等学校教材
ISBN 978-7-122-39859-8

Ⅰ.①中… Ⅱ.①马… ②孔… ③张… Ⅲ.①中成药
-制药工业-实验-高等学校-教学参考资料 Ⅳ.
①TQ461-33

中国版本图书馆 CIP 数据核字（2021）第 178363 号

责任编辑：马泽林　杜进祥
责任校对：李雨晴　　　　　　　　　　装帧设计：李子姮

出版发行：化学工业出版社（北京市东城区青年湖南街 13 号　邮政编码 100011）
印　　装：北京建宏印刷有限公司
787mm×1092mm　1/16　印张 13½　字数 324 千字　2023 年 9 月北京第 1 版第 2 次印刷

购书咨询：010-64518888　　　　　　　售后服务：010-64518899
网　　址：http://www.cip.com.cn
凡购买本书，如有缺损质量问题，本社销售中心负责调换。

定　　价：38.00 元

前言

为帮助学生更好地理解、掌握和运用中药制药相关知识，提高分析解决问题的能力，笔者根据《化工与制药类教学质量国家标准》（制药工程专业）、《工程教育认证标准》、《化工与制药类、生物工程类及相关专业补充标准》以及一流本科专业和一流本科课程建设的基本要求，结合西北师范大学制药工程专业人才培养方案和教学实际编写了本实验教材。

本书是在多年教学实践的基础上，试图通过仪器分析、药物制剂、药物分析、制药分离、综合创新与设计实验 5 个模块的实验教学，构建药物的提取、分离、分析、检测、制剂以及质量评价"点-线-面"的实践网络，厚基础、强能力、重实践，融合参与式、合作式、开放式、研讨式、综合创新与自主设计等实验教学方式于其中，尤其在综合创新与设计实验中突出综合性，体现一体化，使学生体验从原料到产品的药品生产全生命周期，更好地理解和掌握中药制药的基本理论与基本技能，构建合理的"知识-能力-素质"结构体系，培养学生严谨的科学作风和求实的工作态度，为学生今后从事药品生产、质量控制和药物研发奠定必要的基础。

为达到实验目的，要求学生在实验时必须做到：实验前，预习有关内容，明确目的，了解实验方法与相关仪器和设备，做到心中有数。实验过程中，树立实事求是的科学作风、严谨务实的工作态度、严密的工作方法和整洁、有序的工作习惯的理念，做到勤于思考、开拓创新、规范操作、仔细观察、如实记录，提高实践动手能力和独立发现问题、解决问题的能力。实验后，做好仪器归位、实验室清洁，按要求撰写规范的实验报告，提高书面表达能力。

本书由马君义、孔维宝、张继主编，具体编写分工如下：马君义负责全书内容体系的策划、编写与审定；张娟红、赵小亮负责全书内容的校审，并参与编写药物分析和综合创新与设计实验部分内容；孔维宝参与编写制药分离实验和综合创新与设计实验部分内容；李西波参与仪器分析实验部分内容的修改与完善；王凤霞参与药物制剂实验部分内容的修改与完善；张继、姚健、梁俊玉参与编写综合创新与设计实验的部分内容。

本书由西北师范大学特色学科专项建设经费资助出版！

本书在编写过程中得到了西北师范大学、兰州理工大学领导、老师和学生的大力支持和协助，在此，对他们的辛勤付出表示衷心的感谢。

由于编者水平有限，书中疏漏之处在所难免，敬请各位读者和同仁批评指正！

编　者

2021 年 5 月

目录

第 3 章　药物制剂实验

第 4 章　药物分析实验

第 **1** 章

绪 论

一、学生实验守则 _____

1. 实验前认真预习实验内容，明确实验目的和要求，了解实验的基本原理、方法、步骤，熟悉仪器设备的操作规程及注意事项，掌握实验的安全常识。

2. 学生进入实验室必须着实验服，服从教师指导，保持实验台面和实验室卫生整洁，严禁带入食物、吃零食、乱扔杂物，避免不必要的走动和交谈。实验前后必须洗净双手，必要时进行适当的消毒处理。

3. 在指定地点开展实验，注意检查实验仪器、用具是否齐全完好，如有缺损，应及时向实验指导教师报告，不得随意挪用邻桌的仪器、用具或动用实验室其他仪器设备。

4. 实验过程中严格按照操作规程规范使用仪器设备，做好使用记录。使用的器具不得随意借用、混用，用毕应及时清洗、消毒或灭菌，妥善放置。若仪器设备发生故障或损坏，先切断电源并报告指导教师及时处理。

5. 实验过程中不得擅自脱离岗位，确需离开时须征得指导教师同意。要注意安全，若发生事故，应及时向指导教师报告，待查明原因、排除故障后，方可继续进行实验。

6. 实验过程中应重视环保，实验产生的废液、废渣、实验剩余物等需分类回收，严禁倒入下水道。

7. 实验结束后，学生必须将实验仪器和用具整理归位，打扫实验室卫生并关好水、电、气及门窗，确保实验室安全、整洁、卫生，并经指导教师检查合格后方可离开实验室。

8. 在实验室开放教学中，学生应自觉维护实验教学秩序，增强自主实验、主动学习的自我管理观念和意识。

二、学生实验规范

1．实验前必须认真预习，熟悉实验目的、要求，掌握实验原理、实验操作方法与步骤，并撰写实验预习报告，其内容包括：①实验目的、要求；②实验原理；③主要仪器和试剂；④实验流程及装置；⑤实验步骤；⑥实验数据、实验现象记录表格等。未上交预习报告和未完成预习作业者不得进行实验。

2．认真聆听实验指导教师的讲解，回答老师的提问，记录实验注意事项，不懂的地方及时向实验指导教师请教。

3．实验过程中须按实验教材认真独立操作，严格遵守操作规范，仔细观察，如实记录实验现象和实验数据，做到态度严肃、要求严格、方法严密，切忌马虎从事，杜绝差错事故。

4．实验过程中注意节约水、电、试剂和各种消耗品，爱护仪器设备和实验室的各种设施。实验用原、辅材料应名实相符并规范、准确称量。精密仪器的使用应首先熟悉性能与操作方法，用前检查，用后登记。

5．实验所得产品，如不供下一实验使用，应交给实验指导教师，并注明品名、数量、组别、姓名、日期，由实验指导教师按有关规定妥善处理。

6．实验结束时应将使用过的器皿洗刷洁净并归位，对使用过的仪器设备应填写使用记录，认真整理实验台面，打扫实验室卫生，保持实验室的清洁。

7．实验记录须交给实验指导教师审阅并当日签字，经实验指导教师同意后方可离开实验室。

8．实验结束后应依据实验记录认真如实撰写实验报告，做到字迹工整、图表绘制清晰规范、工艺流程框图化，并将实验记录按时间顺序附于相应实验报告之后。

三、学生实验安全守则

1．实验前必须了解实验中所用试剂的特性和仪器设备的使用方法，牢记操作的安全注意事项，指导教师应重申需要特别注意的安全事项，演示正确的操作方法。

2．使用电器时要防止人体与电器导电部位直接接触，不得用湿手或手握湿物接触电源插头，实验完毕立即切断电源。

3．使用易燃、易爆试验药品（简称试药）时要远离明火并防止各种火星产生，用毕立即按照规范封存，需点燃的气体要了解其爆炸极限，先检验并确保其纯度。

4．有强烈腐蚀性的试药如浓酸、浓碱等，使用时切忌溅在衣物或身体上。

5．接触有毒试药时需戴橡胶手套和防毒面具，操作完毕应立即洗手。切忌将有毒试药接触身体，尤其是伤口处。产生有刺激性或有毒气体的实验操作必须在通风橱内进行。

6．绝不允许随意混合各种化学试药，严格遵守试药尤其是危险品的开启、取用、稀释、混合、研磨、存放等各种操作规程。一旦有试药尤其是危险品洒落在桌面或地面上，要尽可能地收集起来，采取正确的措施对残留物进行处理，同时报告实验指导教师。

7. 对特殊材料的处理，应在实验指导教师的指导下利用特定的方法进行处理，不得随意自行处理，甚至随便丢弃或倾倒。

8. 所有试药不得携带出实验室，剩余的试药要交还老师，实验完毕必须洗净双手。指导教师和实验人员要检查水、电、气、门窗等是否关闭。

四、实验记录与报告格式规范

对于每一项实验，学生必须依次完成以下内容：

1. 实验前，完成实验预习报告，并经实验指导教师评阅同意后，方可进行实验。

2. 实验中，规范操作，认真观察，并填写实验记录。实验记录以手写为主，辅以必要的图表、自动采集和储存信息的计算机或工作站等。

3. 实验后，在对实验数据认真分析的基础上，反思实验的成败得失，撰写并提交实验报告。

4. 所有实验开始前完成表 1-1，实验过程中完成表 1-2，实验结束后完成表 1-3。

表 1-1　实验预习报告

姓名		学号		专业		班级	
实验名称							
实验目的							
实验原理							
仪器与试剂							
实验步骤与注意事项框图							
教师评阅意见							
成绩		评阅者			批改日期		

表 1-2　实验记录

姓名		学号		专业	
班级		同组者		指导教师	
实验时间		实验地点		温、湿度	
实验名称					
实验流程					
实验操作与记录					
时间		操作		现象、数据与图表	
图表粘贴处					
教师签字				时间	

表 1-3　实验报告

姓名		学号		专业	
班级		同组者		指导教师	
实验时间		实验地点		温、湿度	
实验名称					
实验目的					
实验原理					
仪器与试剂					
流程与操作					
结果与分析					
思考题					
实验反思					
教师评阅意见					
成绩		评阅者		批改日期	

第 2 章

仪器分析实验

实验一　直接电位法测定溶液的 pH 值

一、实验目的

1. 掌握用 pH 计测定溶液 pH 值的基本原理和方法。
2. 知道 pH 计的构造，学会 pH 计的使用。

二、实验原理

以玻璃电极为指示电极，饱和甘汞电极为参比电极组成原电池，pH 值的测量符合能斯特方程，用直接电位法测定溶液的 pH 值时常采用标准比较法。25 ℃时，溶液的 pH 值变化 1 个单位时，其电池的电动势改变 59.0 mV，pH 的实用定义为：

$$pH_x = pH_s + \frac{E_x - E_s}{2.303RT/F} = pH_s + \frac{E_x - E_s}{0.0592}$$

式中，pH_x 和 pH_s 分别为被测溶液和标准溶液的 pH 值；E_x 和 E_s 分别为其相应的电动势，mV；R 为摩尔气体常数，值为 8.314 J·mol^{-1}·K^{-1}；T 为热力学温度，K；F 为法拉第常数，值为 96.487 kJ·V^{-1}·mol^{-1}。

实际测量过程中，选用 pH 值与被测溶液 pH 值接近的标准缓冲溶液校正 pH 计，并保持溶液温度恒定，以减少由于液接电位、不对称电位及温度等变化而引起的误差。校正后的 pH 计，可以直接用于被测溶液 pH 值的测定。

三、仪器与试剂

1．仪器：PHS-3C 型 pH 计（或其他型号的 pH 计）、复合电极。

2．试剂：pH 成套缓冲剂（0.05 mol·L⁻¹ 邻苯二甲酸氢钾、0.025 mol·L⁻¹ 磷酸氢二钠与磷酸二氢钾混合磷酸盐、0.01 mol·L⁻¹ 硼砂）；烧杯（250 mL，50 mL）、试管（25 mL）、广泛 pH 试纸、温度计、洗瓶、吸水纸、3 mol·L⁻¹ KCl 溶液、未知 pH 试样溶液等。

四、实验步骤

1．仪器调试与操作演示

（1）安装电极，接通电源，开机预热 30 min。

（2）取下电极保护套，摘去饱和甘汞电极的橡皮塞，检查复合电极的外参比溶液是否足量，必要时补充 3 mol·L⁻¹ KCl 溶液。

（3）依说明书调试仪器。

（4）演示并讲解 pH 计的基本结构、使用方法与注意事项，指导学生动手操作。

2．一点标定法测量溶液的 pH 挡

（1）按 "mV/pH" 键切换显示 pH 挡。

（2）用温度计测量被测溶液的温度，按 "温度" 键设置被测溶液的温度，并 "确定"。

（3）用 pH 试纸测试被测溶液的 pH 值，将清洗干净的复合电极插入与被测溶液 pH 值接近的标准 pH 缓冲液中，摇晃，静置，待读数稳定后按 "定位" 键使其显示该标准缓冲液的pH，再按 "确定" 键。

（4）取出电极，用纯化水冲洗 3～5 次，小心用吸水纸吸去电极表面的液体，再用被测溶液清洗 1 次。

（5）将电极浸入被测溶液中，摇晃，静置，读取稳定 pH 值，记录。

（6）取出电极，清洗甩干，继续下一个样品 pH 的测定。

（7）测量完毕，清洗电极，并将电极浸泡在 3 mol·L⁻¹ KCl 溶液中。

3．二点标定法测量溶液的 pH 值

（1）按 "mV/pH" 键切换显示 pH 挡。

（2）用温度计测量被测溶液的温度，按 "温度" 键设置被测溶液的温度，并 "确定"。

（3）用 pH 试纸测试被测溶液的 pH 值，以便选择两点标定所用的标准 pH 缓冲液。

（4）将清洗干净的复合电极插入标准 pH 缓冲液 1（pH=6.86）中，摇晃，静置，待读数稳定后按 "定位" 键使其显示该标准缓冲液的 pH，再按 "确定" 键。

（5）取出电极，用纯化水冲洗 3～5 次，小心用吸水纸吸去电极表面的液体，再插入标准 pH 缓冲液 2（pH=4.00 或 9.18）中，摇晃，静置，待读数稳定后按 "斜率" 键使其显示该标准缓冲液的 pH，再按 "确定" 键。

（6）取出电极，清洗甩干，再浸入标准 pH 缓冲液 1（pH=6.86）中，如果误差超过 0.02 pH，则需要重新标定，直至在两种标准 pH 缓冲液中不需要调节 "定位" 或 "斜率" 按钮就可以正确显示 pH 值。

(7) 再次用纯化水清洗电极，并用被测溶液清洗 1 次。

(8) 将电极浸入被测溶液中，摇晃，静置，读取稳定 pH 值，记录。

(9) 取出电极，清洗甩干，继续下一个样品 pH 的测定。

(10) 测量完毕，清洗电极，并将电极浸泡在 3 mol·L^{-1} KCl 溶液中。

五、实验结果与分析

实验数据记录于表 2-1 中

表 2-1　溶液的 pH 测定结果

测定方法		一点标定法			二点标定法		
样品编号		样品 1	样品 2	样品 3	样品 1	样品 2	样品 3
被测溶液 pH	1						
	2						
	3						
	平均值						

六、注意事项

1．测定方法的选择

一点标定法适合于测量精度在 0.1 pH 单位以下样品溶液 pH 值的测定，要求待测溶液的 pH 值与标准缓冲溶液的 pH 值之差小于 3 pH 单位。为了获得高精度的 pH 值（0.03 pH 单位以下），通常用两个标准 pH 缓冲液定位校准仪器，并且要求未知溶液的 pH 值尽可能落在这两个标准 pH 溶液的 pH 值之间。

2．电极的使用

(1) 取下电极保护套后，应避免电极的敏感玻璃球泡与硬物接触。

(2) 第一次使用或长期停用的 pH 复合电极在使用前须先放入纯化水或 3 mol·L^{-1} KCl 溶液中浸泡 24 h 以上。

(3) 测定 pH 时，复合电极的玻璃球泡应全部浸入被测溶液中。

(4) 测量结束时，应拉上橡皮塞，套上含有一定量外参比补充液（3 mol·L^{-1} KCl）的电极保护套。

(5) 电极长期使用后，如发现斜率略有降低，可把电极下端浸泡在 4 % 的 HF 溶液中 3～5 s，用纯化水洗净，然后在 0.1 mol·L^{-1} HCl 溶液中浸泡，使之复新。

3．仪器的维护与校准

(1) 仪器的输入端须保持干燥清洁，仪器不用时须将 Q9 短路插头插入插座。

(2) 应选择与被测溶液 pH 接近的标准缓冲液校准仪器。

（3）仪器定位校准后，切勿再动"定位"键和"斜率"键。

（4）每次开机测定溶液的 pH 时，均需先定位校准后再测定。

七、思考题

1. 测量溶液的 pH 值时，pH 计为什么要用标准缓冲液进行标定？

2. 用一点标定法测定溶液 pH 值时，为什么应尽量选用 pH 与它相近的标准缓冲液来校正 pH 计？

3. 从原理上解释 pH 计上的"温度"键与"定位"键的作用。

实验二　离子选择性电极法测定水中的微量 F^-

一、实验目的

1. 掌握用 pH 计、复合氟离子选择性电极测定 F^- 的原理和方法。

2. 掌握标准曲线法和标准加入法的原理，熟悉标准曲线法操作技术及数据处理方法。

二、实验原理

以氟离子选择性电极为指示电极、饱和甘汞电极为参比电极，浸入试液组成如下原电池：

$$Hg \mid Hg_2Cl_2, KCl （饱和）\parallel F^- 试液 \mid LaF_3 膜 \mid NaF, NaCl （均 0.1\ mol \cdot L^{-1}）AgCl \mid Ag$$

测量时，加入由 HAc-NaAc、柠檬酸钠和大量 NaCl 配制成的总离子强度调节缓冲液（TISAB）以维持离子强度的恒定，此时，工作电池的电动势 E 与 F^- 浓度的对数值符合 $E = K - 0.059 \lg c_{F^-}$。

采用标准曲线法测定 F^- 浓度时，配制不同浓度的 F^- 标准溶液，测定工作电池的电动势 E，并在同样条件下测得待测试液的 E_x，由 $E - \lg c_{F^-}$ 曲线即可获得待测试液中的 F^- 浓度。

当待测试液组成较为复杂时，宜采用标准加入法以减小基体的影响。先测定待测试样的电位值（E_1），然后加入小体积待测组分的氟化物标准溶液（$V_s \approx V_x/100$，$c_s \approx 100c_x$），混匀后再测定其电位值（E_2），根据两次测量值的增量 ΔE，计算待测试样中 F^- 的浓度（c_x）：

$$c_x = \frac{c_s V_s}{V_x}(10^{\Delta E/S} - 1)^{-1}$$

式中，c_x 为待测试样氟化物（F^-）的浓度，$mol \cdot L^{-1}$；V_x 为待测试样的体积，mL；c_s 为 F^- 标准溶液的浓度，$mol \cdot L^{-1}$；V_s 为加入 F^- 标准溶液的体积，mL；ΔE 为 $E_2 - E_1$，E_1 为待测试

样的电位值，mV；E_2 为待测试样中加入标准溶液后测得的电位值，mV；S 为 F⁻ 选择性电极的实测斜率。

三、仪器与试剂

1．仪器：PHS-3C 型 pH 计（或其他型号的 pH 计）、复合氟离子选择性电极、纯水仪、磁力搅拌器和搅拌子、量瓶（1000 mL、100 mL、50 mL）、移液管（10.00 mL、5.00 mL）、烧杯（100 mL、50 mL）。

2．试剂：氟化钠、冰醋酸、柠檬酸钠、氯化钠、氢氧化钠、纯化水、吸水纸、待测水样。

（1）0.100 mol·L⁻¹ F⁻ 标准溶液的配制：准确称取 120 ℃ 干燥 2 h 并经冷却的分析纯氟化钠 4.20 g 于小烧杯中，用纯化水溶解后，转移并定容至 1000 mL 量瓶中，摇匀，备用。

（2）TISAB 的配制：于 1000 mL 烧杯中加入 500 mL 纯化水和 57 mL 冰醋酸，58 g NaCl，12 g 柠檬酸钠（$Na_3C_6H_5O_7·2H_2O$），搅拌至溶解。将烧杯置于冷水中，用 pH 计控制，缓慢滴加 6 mol·L⁻¹ NaOH 溶液，至溶液 pH 为 5.0～5.5，冷却至室温，转入 1000 mL 量瓶中，用纯化水稀释至刻度，摇匀，备用。

（3）含 F⁻ 水样：浓度在 10⁻²～10⁻¹ mol·L⁻¹。

四、实验步骤

1．氟化物标准曲线的绘制

（1）准确吸取 0.100 mol·L⁻¹ F⁻ 标准溶液 10.0 mL，置于 100 mL 量瓶中，加入 TISAB 10.0 mL，用纯化水稀释至刻度，摇匀，得 pF⁻ = 2.00 溶液。

（2）吸取 pF⁻ = 2.00 溶液 10.0 mL，置于 100 mL 量瓶中，加入 TISAB 9.0 mL，用纯化水稀释至刻度，摇匀，得 pF⁻ = 3.00 溶液。

（3）仿照上述步骤，配制 pF⁻ = 4.00、5.00、6.00 溶液。

（4）将配制的标准溶液系列由低浓度到高浓度逐个转入干燥的烧杯中，并放入复合氟离子选择性电极及搅拌子，开动搅拌器，调节至适度的搅拌速度，搅拌 3 min，至指针无明显移动时，读取搅拌状态下各溶液的稳态 E 值（-mV）。

（5）以电位 E 值为纵坐标，pF⁻ 值为横坐标，绘制 E-pF⁻ 标准曲线，得回归方程和相关系数 R。

2．待测样品中 F⁻ 的测定

（1）标准曲线法　吸取含 F⁻ 水样 10.0 mL，置于 100 mL 量瓶中，加入 TISAB 10.0 mL，用纯化水稀释至刻度，摇匀。将其移入 100 mL 烧杯中，放入搅拌子，插入电极，连续搅拌溶液，待电位稳定后，读取搅拌状态下溶液的电位值（E_x）。平行测定 3 次。

（2）标准加入法　吸取含 F⁻ 水样 10.0 mL，置于 100 mL 量瓶中，加入 TISAB 10.0 mL，用纯化水稀释至刻度，摇匀。将其移入 100 mL 烧杯中，放入搅拌子，插入电极，连续搅拌溶液，待电位稳定后，读取搅拌状态下溶液的电位值（E_1）。然后向待测水样中加入 0.100 mol·L⁻¹ F⁻

标准溶液 1.00 mL，在不断搅拌下读取稳态电位值（E_2），计算出其差值（$\Delta E=E_1-E_2$）。平行测定 3 次。

3．**空白试验**　用纯化水代替水样，按测定样品的条件和步骤测量其电位值，检验纯化水和试剂的纯度。如果测得值不能忽略，应从水样测定结果中减去该值。

4．**数据处理**　在 Excel 或 Origin 软件中以 E 对 pF$^-$ 绘制标准曲线，建立回归方程，获得该氟离子选择性电极的响应斜率。根据所测水样的 E_x，由回归方程计算 pF$^-$ 值，求得待测样品中的 F$^-$ 浓度；根据 ΔE 和氟离子选择性电极的响应斜率，计算待测样品中的 F$^-$ 浓度。

五、实验结果与分析

实验数据记录于表 2-2 中。

表 2-2　水中 F$^-$ 测定结果

项目	标准溶液					样品 1	样品 2	样品 3	平均值
F$^-$ 浓度/mg·L^{-1}	0.042	0.42	4.2	42	420				
pF$^-$ 值	6.00	5.00	4.00	3.00	2.00				
E_1/-mV									
回归方程					R			响应斜率	
标准溶液加入量/mL		—				1.00	1.00	1.00	
E_2/-mV		—							

六、注意事项

1．复合氟离子选择性电极使用前须在纯化水中充分浸泡。
2．测定标准系列溶液的电位值时，要严格按照浓度由小到大的次序进行。
3．每次测量之前，要用纯化水充分洗涤电极，并用吸水纸吸去水分。
4．测定时，电极头离搅拌子要有一定距离，防止打碎电极头。

七、思考题

1．本实验测定的是 F$^-$ 的活度还是浓度？为什么？
2．测定 F$^-$ 时，为什么要控制酸度？pH 过高或过低对实验结果有何影响？
3．测定标准溶液系列时，为什么要按照浓度由小到大的顺序进行？
4．标准加入法为什么要加入比待测组分浓度大很多的标准溶液？

实验三　有机化合物的紫外吸收光谱及溶剂效应

一、实验目的

1. 熟悉有机化合物结构与其紫外光谱之间的关系。
2. 观察溶剂极性对有机化合物紫外吸收带位置、形状及强度的影响。
3. 掌握紫外-可见分光光度计的使用方法。

二、实验原理

具有不饱和结构的有机化合物,在紫外光区(200～400 nm)具有特征吸收。影响有机化合物紫外吸收光谱的因素包括内因和外因两个方面。内因是指有机物的结构,如共轭效应、空间位阻、助色效应等;外因是指测定条件,如溶剂效应等。溶剂的极性、酸碱性对待测物质吸收峰的波长、强度、形状均有一定的影响。由于存在溶剂效应,在记录有机化合物紫外吸收光谱时应注明所用的溶剂。有些溶剂本身在紫外光区有一定的吸收,在选用溶剂时必须考虑其干扰。

三、仪器与试剂

1. 仪器:UV9100 型紫外-可见分光光度计(或其他型号的紫外-可见分光光度计)、石英比色皿(1 cm)、量瓶(25 mL,100 mL)、移液器或移液管(5 mL,1 mL,100 μL)。
2. 试剂:苯、甲苯、苯乙酮、苯酚、苯甲酸、异亚丙基丙酮、正庚烷、乙醇、甲醇、氯仿、丁酮、盐酸、氢氧化钠等(均为分析纯)。

(1)苯、甲苯、苯乙酮、苯酚、苯甲酸的正庚烷溶液和乙醇溶液的配制:各取 5 只 100 mL 的量瓶,分别注入 0.4 mL 的苯、甲苯、苯乙酮、苯酚和苯甲酸,然后用正庚烷(或乙醇)稀释至刻度,摇匀。

(2)异亚丙基丙酮的正庚烷、氯仿、甲醇、水溶液的配制:取 4 只 100 mL 的量瓶,各注入 0.4 mL 的异亚丙基丙酮,然后分别用正庚烷、氯仿、甲醇、纯化水稀释至刻度,摇匀。另取 4 只 100 mL 的量瓶,各注入 10 μL 的异亚丙基丙酮,然后分别用正庚烷、氯仿、甲醇、纯化水稀释至刻度,摇匀。

(3)苯酚水溶液的配制:取 100 mL 的量瓶,注入 0.4 mL 的苯酚,然后用纯化水稀释至刻度,摇匀。

四、实验步骤

1. 仪器调试与操作演示

(1)接通电源,开机预热 30 min。

（2）自检，选择测量方式并设定相关参数。

（3）演示并讲解紫外-可见分光光度计的基本结构、参数设定与注意事项，指导学生动手操作。

2．苯及其一取代物紫外吸收光谱的测绘

将苯、甲苯、苯乙酮、苯酚、苯甲酸的正庚烷溶液依次装入带盖的石英比色皿中，以正庚烷为参比，220～320 nm 波长扫描，得紫外吸收光谱图，比较在同一种溶剂中苯、甲苯、苯乙酮、苯酚、苯甲酸的紫外吸收光谱图，观察各吸收光谱图形状和吸收峰强度的变化，找出最大吸收波长 λ_{max}，并计算各取代基对苯 λ_{max} 的红移值。

3．溶剂性质对紫外吸收光谱的影响

（1）溶剂极性对 n→π* 跃迁的影响　将高浓度的异亚丙基丙酮的正庚烷、氯仿、甲醇、水溶液依次装入带盖的石英比色皿中，以各自对应的溶剂为参比，250～350 nm 波长扫描，得紫外吸收光谱图，比较 R 带的 λ_{max} 的变化。

（2）溶剂极性对 π→π* 跃迁的影响　将低浓度的异亚丙基丙酮的正庚烷、氯仿、甲醇、水溶液依次装入带盖的石英比色皿中，以各自对应的溶剂为参比，200～300 nm 波长扫描，得紫外吸收光谱图，比较 K 带的 λ_{max} 的变化。

（3）溶剂极性对吸收峰强度和形状的影响　将苯、甲苯、苯乙酮、苯酚、苯甲酸的乙醇溶液依次装入带盖的石英比色皿中，以乙醇为参比，220～320 nm 波长扫描，得紫外吸收光谱图，观察各吸收光谱图的形状和吸收峰的强度。比较极性溶剂乙醇和非极性溶剂正庚烷对苯、甲苯、苯乙酮、苯酚、苯甲酸的紫外吸收光谱的最大吸收波长 λ_{max} 和吸收峰形状的影响。

4．溶液的酸碱性对苯酚吸收光谱的影响

在 2 只 25 mL 的量瓶中，各加入 2.5 mL 苯酚的水溶液，分别用 0.1 mol·L^{-1} HCl、0.1 mol·L^{-1} NaOH 溶液稀释至刻度，摇匀。依次装入带盖的石英比色皿中，以水为参比，220～350 nm 波长扫描，得紫外吸收光谱图，比较它们的最大吸收波长 λ_{max} 的变化。

五、实验结果与分析

实验数据记录于表 2-3 中。

表 2-3　有机化合物的紫外吸收光谱及溶剂效应测定结果

溶剂	物质					异亚丙基丙酮	
	苯	甲苯	苯乙酮	苯酚	苯甲酸	n→π*	π→π*
正庚烷							
乙醇						—	—
氯仿	—	—	—	—	—		
甲醇	—	—	—	—	—		
水	—	—	—	—	—		
0.1 mol·L^{-1} HCl	—	—	—	—	—	—	—
0.1 mol·L^{-1} NaOH	—	—	—	—	—	—	—

六、注意事项

1. 如果测得的紫外吸收峰为平头峰或强度太小，可适当改变待测试样的浓度。
2. 异亚丙基丙酮的 K 带和 R 带的强度相差将近 100 倍，所以，用低浓度溶液测定以获得 K 带的 λ_{max}，用高浓度溶液测定以获得 R 带的 λ_{max}。
3. 石英比色皿每换一种溶液或溶剂必须清洗干净，并用被测溶液或参比溶液荡洗 3 次。

七、思考题

1. 举例说明溶剂极性对 n→π* 跃迁和 π→π* 跃迁吸收峰产生的影响。
2. 在本实验中，能否用纯化水代替各溶剂作参比溶液？为什么？
3. 被测试液浓度太大或太小时，对测量结果将产生什么样的影响？应如何加以调节？
4. 在异亚丙基丙酮紫外吸收光谱图上有几个吸收峰？它们分别属于什么类型的跃迁？如何区分这些跃迁？

实验四　紫外分光光度法测定苯甲酸的含量

一、实验目的

1. 了解紫外分光光度法定性与定量分析有机化合物的原理和方法。
2. 掌握紫外分光光度计测定苯甲酸含量的原理和方法。

二、实验原理

物质分子中的价电子吸收一定波长范围的紫外光而产生分子吸收光谱，该光谱取决于物质分子的组成结构和分子中价电子的分布。在选定波长下，吸光度与物质的浓度符合朗伯-比尔定律，据此可进行定量分析。对具有 π 键电子及共轭双键的化合物，其在紫外光区具有强烈吸收，可用于有机化合物的纯度检查、未知样品的鉴定、分子结构的推测、互变异构体的判别和含量测定。苯甲酸在 227 nm 处有特征吸收峰，在一定范围内其吸收强度与苯甲酸的含量成正比，可用紫外分光光度法直接测定苯甲酸的含量。

三、仪器与试剂

1. 仪器：UV9100 型紫外-可见分光光度计（或其他型号的紫外-可见分光光度计）、石英比色皿（1 cm）、量瓶（100 mL、50 mL）、移液器或移液管（1 mL、5 mL、10 mL）。

2．试剂：乙醇、苯甲酸、未知液（浓度约为 10 μg·mL⁻¹）。

四、实验步骤

1．比色皿配套性检查

石英比色皿装纯化水，调节 τ 为 100 %，以一个比色皿为参比，在 220 nm 测定另一个比色皿的透射比，其偏差小于 0.5 %即可配成一套使用，记录第二个比色皿的吸光度值作为校正值。

2．苯甲酸系列标准溶液的配制

用 95 %乙醇配制 100 μg·mL⁻¹ 的苯甲酸标准溶液，作为贮备液。准确吸取 0.0 mL、1.0 mL、3.0 mL、5.0 mL、7.0 mL、9.0 mL 上述苯甲酸标准溶液于 50 mL 量瓶中，用 95 % 的乙醇稀释至刻度，配制成 6 个不同浓度梯度的苯甲酸系列标准溶液（0～18 μg·mL⁻¹），摇匀备用。

3．苯甲酸紫外吸收光谱曲线的扫描

采用苯甲酸标准溶液，以 95 %乙醇为参比，于 200～300 nm 波长范围内进行光谱扫描，得苯甲酸的紫外吸收光谱曲线，从紫外吸收光谱曲线上查得苯甲酸的最大吸收波长 λ_{max}。

4．苯甲酸标准曲线的绘制与回归方程的建立

以 95 %乙醇为参比，于苯甲酸的最大吸收波长 λ_{max} 处分别测定苯甲酸系列标准溶液的吸光度。以吸光度为横坐标，以相应的质量浓度为纵坐标，利用 Excel 或 Origin 软件绘制标准曲线并进行线性回归，得回归方程和相关系数 R 值。

5．样品测定

以 95 %乙醇为参比，于最大吸收波长 λ_{max} 处测定待测样品的吸光度，平行测定 3 次，计算平均值，带入回归方程求出其浓度。根据样品的稀释倍数，计算待测样品中苯甲酸的含量。

五、实验结果与分析

实验数据记录于表 2-4 中。

表 2-4 苯甲酸含量测定结果

项目	标准溶液						样品 1	样品 2	样品 3	平均值
浓度/ μg·mL⁻¹	0	2	6	10	14	18				
吸光度 A										
λ_{max}/nm			回归方程				R			
线性范围					苯甲酸含量/ μg·mL⁻¹					

六、注意事项

1. 所用样品的测定条件应保持一致。
2. 如果测得的紫外吸收峰为平头峰或强度太小，可适当改变待测试样的浓度。

七、思考题

1. 为了减小分光光度法测定结果的误差，吸光度的最佳读数范围为多少？如何控制？
2. 利用紫外吸收光谱定量分析时为什么要测绘吸收曲线？
3. 什么是空白溶液？本实验中采用的空白溶液是什么？
4. 紫外吸收光谱定量分析时选择测量波长的原则是什么？

实验五　可见分光光度法分析洋葱中总黄酮的含量

一、实验目的

1. 学习回流萃取法提取洋葱中黄酮类化合物的方法。
2. 掌握运用可见分光光度法分析天然产物中总黄酮含量的方法。

二、实验原理

黄酮类化合物是基本母核为 2-苯基色原酮的一类化合物，在植物体中通常与糖结合成苷类，小部分以游离态（苷元）的形式存在，许多黄酮类化合物都具有明确的药理作用。黄酮类化合物分子中大多有邻苯二酚、α-羟基酮或 β-羟基酮等结构，可与铝盐、铅盐、镁盐等试剂生成有色络合物。洋葱（*Allium cepa* L.）中的黄酮类物质主要集中在外皮中，主要成分为槲皮素及其衍生物，其含量达总黄酮含量的 80 % 以上。本实验以芦丁为标准物质绘制标准曲线并建立回归方程，利用黄酮类化合物与 Al^{3+} 生成红色络合物，在 510 nm 波长处测定其吸光度，进而确定洋葱中总黄酮的含量。

三、仪器与试剂

1. 仪器：UV9100 型紫外-可见分光光度计（或其他型号的紫外-可见分光光度计）、石英或玻璃比色皿（1 cm）、量瓶（100 mL、25 mL）、移液器或移液管（1 mL、2 mL、5 mL）、量筒（100 mL、10 mL）、烘箱、恒温水浴锅、旋转蒸发仪、真空泵、球形冷凝管、漏斗、圆底烧瓶（100 mL）、滤纸等。

2．试剂：芦丁对照品、乙醇、丙酮、亚硝酸钠、硝酸铝、氢氧化钠、纯化水、洋葱。

四、实验步骤

1．洋葱中黄酮类化合物的提取

（1）新鲜洋葱去皮，用纯化水清洗干净，切成细丝，放入烘箱60 ℃烘干并粉碎成20目，得洋葱样品。

（2）准确称取约2.00 g洋葱试样，用60 %的丙酮30 mL水浴加热回流提取2次，每次30 min。合并2次的萃取液，过滤去除洋葱残渣。滤液经旋转蒸发回收丙酮后，将所得剩余物用60 %的乙醇溶解并转移到100 mL量瓶中定容，即得洋葱提取物。

2．洋葱提取物中总黄酮的定量分析

（1）芦丁标准溶液的配制　准确称取120 ℃干燥的芦丁对照品40.0 mg，用60 %的乙醇溶解并定容于100 mL量瓶中，即得质量浓度为400 μg·mL^{-1}的芦丁标准溶液。

（2）芦丁标准曲线的绘制与回归方程的建立　分别吸取0.0 mL、1.0 mL、2.0 mL、3.0 mL、4.0 mL、5.0 mL芦丁标准溶液于6只25 mL量瓶中，各加入50 mg·mL^{-1} NaNO$_2$溶液1 mL，混匀后放置6 min，再各加入100 mg·mL^{-1} Al(NO$_3$)$_3$溶液1 mL，混匀后放置6 min，最后分别加入40 mg·mL^{-1} NaOH溶液10 mL，然后用纯化水定容，摇匀，放置15 min后，以0号为空白，在510 nm波长下测定各溶液的吸光度。以吸光度为横坐标，以相应的质量浓度为纵坐标，利用Excel或Origin软件绘制标准曲线并进行线性回归，得回归方程和相关系数R值。

（3）洋葱提取物中总黄酮的测定　吸取3.0 mL洋葱提取物于25 mL量瓶中，按绘制芦丁标准曲线时的步骤显色并测定溶液的吸光度。利用回归方程计算芦丁的含量，根据样品的质量和稀释倍数计算洋葱中总黄酮的质量分数。

五、实验结果与分析

实验数据记录于表2-5中。

表2-5　洋葱中总黄酮含量测定结果

项目	标准溶液						样品1	样品2	样品3	平均值
体积/mL	0	1.0	2.0	3.0	4.0	5.0	3.0	3.0	3.0	—
浓度/μg·mL^{-1}										
吸光度 A										
回归方程				R			线性范围			
洋葱质量/g				总黄酮含量/%						

六、注意事项

1. 注意检查比色皿的配套性。
2. 样品显色后，在 30 min 内测定总黄酮含量无明显改变。

七、思考题

1. 能否用槲皮素替代芦丁作为对照品绘制标准曲线？为什么？
2. 请列出洋葱中总黄酮质量分数的计算公式。
3. 请设计一个采用分光光度法测定苦荞茶中总黄酮含量的实验方案。

实验六　KBr 晶体压片法测绘苯甲酸的红外吸收光谱

一、实验目的

1. 掌握用压片法制作固体试样晶片的方法。
2. 学会利用红外吸收谱图鉴别有机化合物的主要官能团。
3. 熟悉傅里叶变换红外光谱仪的工作原理及其使用方法。

二、实验原理

物质分子中的各种不同官能团在有选择地吸收不同频率的红外辐射后，发生振动能级和转动能级的跃迁形成各自独特的红外吸收光谱。由于不同化合物具有其不同特征的红外光谱，根据红外光谱图上的吸收峰数目、吸收峰位置、吸收峰形状和吸收峰强度，可对物质进行定性和定量分析。

苯甲酸具有芳烃和羧酸的红外光谱特征，主要官能团基频峰的特征吸收频率为：苯环上的 $v_{=C-H}$（3077 cm^{-1}、3012 cm^{-1}），$v_{C=C}$（1600 cm^{-1}、1582 cm^{-1}、1495 cm^{-1}、1450 cm^{-1}），δ_{C-H}（715 cm^{-1}、690 cm^{-1}），v_{O-H}、$v_{C=O}$形成氢键二聚体（3000～2500 cm^{-1}多重峰），δ_{O-H}（935 cm^{-1}），$v_{C=O}$（1400 cm^{-1}），δ_{C-O-H}（面内弯曲振动 1250 cm^{-1}）。本实验用溴化钾稀释苯甲酸试样，研磨均匀后压制成晶片，以纯溴化钾晶片作参比，测绘苯甲酸的红外吸收光谱并解析。

三、仪器与试剂

1. 仪器：Nicolet IS10 型傅里叶变换红外光谱仪（FT-IR）（或其他型号的红外光谱仪）、压片机、烘箱、红外线干燥灯、玛瑙研钵、药匙、模具、干燥器和脱脂棉等。

2．试剂：KBr（光谱纯）、苯甲酸（分析纯）。

四、实验步骤

1．仪器调试与操作演示

（1）开启 FT-IR，打开"OMNIC"应用软件。

（2）检查光谱仪工作状态并设定相关参数（波数范围 4000～400 cm^{-1}、分辨率 4 cm^{-1}、扫描次数 16 次）。

（3）教师演示并讲解 FT-IR 的基本结构、参数设定与注意事项，指导学生动手操作。

2．样品制备

取预先在 110 ℃烘干 48 h 以上并保存在干燥器内的 KBr 约 150 mg，置于洁净的玛瑙研钵中充分研磨成均匀粉末。在一个具有抛光面的金属压片模具上放一个圆形金属环，用刮匀将研磨好的粉末移至环中，盖上另一块模具，放入压片机中压片（压力 1×10^5～1.2×10^5 kPa）2～3 min，即可得到直径为 13 mm、厚 1～2 mm 透明的溴化钾晶片。KBr 压片形成后，用夹具固定测试。

另取一份 150 mg 左右溴化钾置于洁净的玛瑙研钵中，加入 1～2 mg 苯甲酸样品，同上操作并保存在干燥器中待测。

3．仪器测试

进入测试对话框→采集背景→样品测试→平滑处理→标峰值→保存并打印谱图→取出样品室中样品。

FT-IR 在采集背景与样品的干涉图后，计算机将自动做傅里叶变换，并做背景扣除处理，在计算机窗口处显示出扣除背景后的待测样品红外光谱图。

4．谱图分析

（1）在苯甲酸试样红外吸收光谱图上标出各特征吸收峰的波数，并确定其归属。

（2）解析谱图，分析谱图中主要吸收峰与官能团的对应关系，推导并验证其结构。

（3）用化学式索引查阅 NIST 数据库，比对其红外光谱图。

（4）描述苯甲酸红外吸收光谱图的解析过程。

五、注意事项

1．为确保制得干燥的样品，须在红外线干燥灯烘烤的情况下进行压片操作。

2．制得的晶片应无裂痕，如同玻璃般完全透明。若局部发白，说明压制的晶片薄厚不匀；若晶片模糊，表示晶体吸潮，水在光谱图中 3450 cm^{-1} 和 1640 cm^{-1} 处出现吸收峰。

六、思考题

1．为什么测试红外吸收光谱选用 KBr 制样？有何优缺点？

2．用 FT-IR 测试样品为什么要先测试背景？

3．红外吸收光谱分析对固体试样的制片有何要求?

实验七　红外吸收光谱法测定简单有机化合物的结构

一、实验目的

1．通过谱图解析与标准谱图的检索比对,学会运用红外吸收光谱鉴定未知物结构的一般过程。

2．理解红外吸收光谱法分析物质结构的基本原理,能够利用红外吸收光谱图鉴别官能团,确定未知组分的结构。

3．掌握傅里叶变换红外光谱仪的使用和样品制备方法。

二、实验原理

红外吸收光谱法是通过研究物质结构与红外吸收光谱间的关系来对物质进行分析的。物质分子中的各种不同官能团在有选择地吸收不同频率的红外辐射后,发生振动能级和转动能级的跃迁形成各自独特的红外吸收光谱。据此,根据所测绘物质红外光谱吸收峰的位置、强度和形状,利用基团振动频率与分子结构的关系来确定吸收带的归属,确认分子中所含的基团或键,并推断分子的结构。

三、仪器与试剂

1．仪器:Nicolet IS10 型傅里叶变换红外光谱仪（FT-IR）（或其他型号的红外光谱仪）、压片机、玛瑙研钵、红外灯、模具、药匙、干燥器、样品架、可拆式液体样品池、盐片、玻璃棒、镊子、脱脂棉等。

2．试剂:KBr（光谱纯）、滑石粉、无水乙醇、氯仿、四氯化碳、苯乙酮、苯甲酸钠、对硝基苯甲酸。

3．已知结构式的未知试样:$C_7H_6O_2$（如苯甲酸）、C_2H_6O（如丙酮）、$C_{18}H_{36}O_2$（如十八酸）、$C_{18}H_{38}O$（如十八醇）等。

四、实验步骤

1．固体样品的制备与测试

（1）制备:采用 KBr 压片法。将 $1\sim2$ mg 固体样品与 $100\sim200$ mg KBr 粉末混匀,在玛瑙研钵中研磨成粒径<2 μm 的粉末,放入压模内,用压片机压片,保压 $2\sim3$ min,制成厚约 1 mm、直径 13 mm 的透明薄片。

（2）测试：打开 FT-IR 主机舱盖，将载有样品晶片的样品架放入光路中，盖好舱盖，点击采集→采集样品，按屏幕提示操作，待扫描结束后，对红外光谱图进行平滑处理，标峰值，保存并打印谱图。

2．液体样品的制备与测试

（1）制备：采用液体薄膜法。从干燥器中取出 KBr 盐片，在红外灯的辐射下用少许滑石粉混入几滴无水乙醇磨光其表面，再用几滴无水乙醇清洗 KBr 盐片后，置于红外灯下烘干。将 KBr 盐片放在固定架上，滴一滴试样，将另一 KBr 盐片平压在上面，形成一个没有气泡的毛细薄膜，用夹具固定。

（2）测试：先采集背景后采集样品。将载有样品晶片的样品托架放入光路中，采集样品并对红外光谱图进行平滑处理，标峰值，保存等操作。及时用氯仿或无水乙醇洗去样品，并按前述方法清洗盐片并保存在干燥器中。

3．谱图分析

（1）对谱图进行基线校正、平滑、标峰等处理，并在谱图上标出各特征吸收峰的波数。

（2）根据结构式计算未知试样的不饱和度，判断化合物的可能类型。

（3）在官能团区（4000～1300 cm^{-1}）搜寻基团的特征伸缩振动，根据指纹区（1300～400 cm^{-1}）的吸收情况确认该基团的存在及其与其他基团的结合方式，分析谱图中主要吸收峰与官能团的关系，判断样品中含有的官能团并进行归属。

（4）描述谱图解析过程，推测出可能的结构式。

（5）用化学式索引查阅 NIST 数据库，进行谱图检索，比对其红外光谱图，确认其化学结构。

五、注意事项

1．样品必须预先纯化和干燥，固体样品经研磨后应随时注意防止吸水。

2．试样的浓度和测试厚度应选择适当，以使光谱图中大多数吸收峰的透射比处于 15％～70％的范围内。

3．样品及 KBr 混合物研磨的粒径应< 2 μm。

4．液体样品池窗口易在空气中潮解，使用完毕应放在干燥器中保存，模糊不透明时应重新抛光处理。

5．尽可能缩短 FT-IR 主机试样窗口拉盖开启时间，减少开启次数，保持舱内干燥，注意观察主机内的干燥剂是否变色，并及时更换。

6．样品的状态和制样方法尽量与标准谱图或数据库中的测定条件一致。

7．测定完后将器具和部件清洗干净。

六、思考题

1．影响基团振动频率的因素有哪些？这对于由红外光谱推断分子的结构有何帮助？

2．羰基化合物红外谱图的主要特征是什么？

3. 芳香烃的特征吸收峰在什么位置?

4. 如何用红外光谱鉴定饱和烃、不饱和烃和芳香烃?

5. 如何利用红外吸收光谱图进行物质的结构解析?

实验八　原子吸收光谱法测定自来水中钙、镁的含量

一、实验目的

1. 理解原子吸收光谱法的基本原理。
2. 了解原子吸收光谱仪的基本结构及其使用方法。
3. 掌握标准加入法和标准曲线法测定自来水中钙、镁含量的方法。

二、实验原理

原子吸收光谱法是基于物质所产生的原子蒸气对特定谱线(即待测元素的特征谱线)的吸收作用进行定量分析的一种方法。若使用锐线光源且待测组分为低浓度,在一定的实验条件下基态原子蒸气对共振线的吸收符合朗伯-比尔定律 $A=\varepsilon cl$。若控制 l 为定值,则 $A=Kc$,这就是原子吸收光谱法的定量基础。定量方法可用标准加入法或标准曲线法。

标准曲线法常用于分析未知试液中共存的基体成分较为简单的情况,如果试样中基体成分较为复杂,则应在标准溶液中加入相同类型和浓度的基体成分,以消除或减少基体效应带来的干扰,必要时须采用标准加入法进行定量分析。但标准加入法不能补偿由背景吸收引起的影响,须对背景进行校正。

三、仪器与试剂

1. 仪器:WFX-210 型原子吸收分光光度计(AAS)(或其他型号的原子吸收分光光度计)、钙和镁空心阴极灯、空气压缩机、乙炔钢瓶、烧杯(250 mL)、量瓶(50 mL,100 mL,250 mL)、微量移液器或移液管 (1 mL,5 mL,10 mL)。

2. 试剂:金属镁(优级纯)、无水碳酸钙(优级纯)、浓 HCl(优级纯)、1 mol·L^{-1} HCl、纯化水、自来水等。

四、实验步骤

1. Ca 标准贮备液与标准工作溶液的配制

(1) 1000 μg·mL^{-1} Ca 标准贮备液　准确称取 0.6250 g 无水 CaCO$_3$(在 110 ℃下烘干 2 h)

于 100 mL 烧杯中，用少量纯化水润湿，盖上表面皿，滴加 1 mol·L^{-1} HCl 溶液，直至完全溶解，然后把溶液转移到 250 mL 量瓶中，用纯化水稀释至刻度，摇匀。

（2）100 μg·mL^{-1} Ca 标准工作溶液　准确吸取 10.00 mL 上述钙标准贮备液于 100 mL 量瓶中，用纯化水稀释至刻度，摇匀。

2．Mg 标准贮备液与标准工作溶液的配制

（1）1000 μg·mL^{-1} Mg 标准贮备液　准确称取 0.2500 g 金属 Mg 于 100 mL 烧杯中，盖上表面皿，滴加 5 mL 1 mol·L^{-1} HCl 溶液溶解，然后把溶液转移到 250 mL 量瓶中，用纯化水稀释至刻度，摇匀。

（2）10 μg·mL^{-1} Mg 标准工作溶液　准确吸取 1.00 mL 上述 Mg 标准贮备液于 100 mL 量瓶中，用纯化水稀释至刻度，摇匀。

3．Ca 标准溶液的配制

在 5 只洁净的 50 mL 量瓶中，各加入 5.00 mL 纯化水，然后依次加入 0.00 mL、1.00 mL、2.00 mL、3.00 mL 和 4.00 mL Ca 标准工作溶液（100 μg·mL^{-1}），用纯化水稀释至刻度，摇匀。该标准溶液系列加入钙的质量浓度分别为 0.00 μg·mL^{-1}、2.00 μg·mL^{-1}、4.00 μg·mL^{-1}、6.00 μg·mL^{-1}、8.00 μg·mL^{-1}。

4．Mg 标准溶液的配制

准确吸取 1.00 mL、2.00 mL、3.00 mL、4.00 mL、5.00 mL 上述 Mg 标准工作溶液（10 μg·mL^{-1}），分别置于 5 只 50 mL 量瓶中，用纯化水稀释至刻度，摇匀。该标准溶液系列镁的质量浓度分别为 0.2 μg·mL^{-1}、0.4 μg·mL^{-1}、0.6 μg·mL^{-1}、0.8 μg·mL^{-1}、1.0 μg·mL^{-1}。

5．自来水样品溶液的配制

准确吸取适量（视 Mg 浓度而定）自来水样置于 50 mL 量瓶中，用纯化水稀释至刻度，摇匀备用。

6．仪器调试与操作演示

（1）仪器的调节

① 开启 AAS 电源开关、灯开关，预热镁（或钙）空心阴极灯，调节灯座的高低、前后、左右的位置，使接收器得到最大的光强。

② 在 285.2 nm（或 422.7 nm）附近，调节波长直至观察到透光度达到 100 %。

③ 在燃烧器上方放一张白纸，调节燃烧器前后位置，使光轴与燃烧器的燃烧缝平行并在同一垂面。

（2）点燃火焰

① 开启空气压缩机，打开助燃气压表，调节压力至 0.2 MPa。

② 开启乙炔钢瓶，调节减压阀，使乙炔输出压力为 0.07 MPa 左右。调节燃气压力表，使其压力为 0.05 MPa 左右。

③ 先开启助燃气流量计开关，再开启乙炔流量计开关，点火，调节空气和乙炔流量的比例，用纯化水喷雾。

（3）教师演示并讲解 AAS 的基本结构、参数设定与注意事项，指导学生动手操作。

7．实验条件设定与操作

原子吸收光谱实验条件见表 2-6。

表 2-6　原子吸收光谱实验条件

项目	钙	镁
吸收线波长 λ/nm	422.7	285.2
空心阴极灯电流 I/mA	10	10
狭缝宽度 d/mm	0.2	0.08
燃烧器高度 h/mm	6.0	4.0
乙炔流量 Q/L·min^{-1}	0.5	0.5
空气流量 Q/L·min^{-1}	5.4	4.5

根据实验条件，按仪器操作步骤调节，待仪器电路和气路系统达到稳定，记录仪基线平直时，即可进样。在测定之前，先用纯化水喷雾，调节读数至零点，然后按照浓度由低到高的原则依次分别测量并记录吸光度。

8．样品测定

（1）按浓度由低到高的顺序依次测量 Mg 标准系列溶液的吸光度，以吸光度为横坐标，Mg 质量浓度为纵坐标绘制 Mg 标准曲线，得回归方程和相关系数。

（2）测定自来水样的吸光度，利用回归方程计算水样中 Mg 的浓度（μg·mL^{-1}）。若经稀释，须乘上稀释倍数求得原始自来水中 Mg 的含量。

（3）按浓度由低到高的顺序依次测量 Ca 标准系列溶液的吸光度，以吸光度为纵坐标，Ca 质量浓度为横坐标绘制 Ca 工作曲线，纵轴上截距 A_x 为只含试样 c_x 的吸光度，延长 Ca 工作曲线与质量浓度横轴相交，交点 c_x 即为所测试样中 Ca 的浓度，再根据 c_x 换算为自来水中 Ca 的含量。

（4）测定结束后，先吸喷纯化水，清洁燃烧器，然后关闭仪器。

五、实验结果与分析

实验数据记录于表 2-7 中。

表 2-7　自来水中钙、镁含量测定结果

实验条件	吸收线波长/nm	灯电流/mA	狭缝宽度/nm	乙炔流量/L·min^{-1}	空气流量/L·min^{-1}	燃助比	燃烧器高度/mm
Mg							
Ca							
实验数据	标样浓度/μg·mL^{-1}	标样吸光度	回归方程与 R 值		样品吸光度	吸光度均值	样品含量
Mg	0.2						
	0.4						
	0.6						
	0.8						
	1.0						

实验数据	标样浓度/μg·mL^{-1}	标样吸光度	回归方程与 R 值	样品吸光度	吸光度均值	样品含量
Ca	0.00					
	2.00					
	4.00		—	—		
	6.00					
	8.00					

六、注意事项

1．乙炔易燃易爆，使用时必须遵守操作规程。打开气路时，须先开空气，再开乙炔；关闭气路时，须先关乙炔，后关空气，以免回火爆炸。

2．在空气-乙炔火焰中，水中常见的阴、阳离子不影响镁、钙的测定。但 Al^{3+} 与 SiO_3^{2-}、PO_4^{3-} 和 SO_4^{2-} 共存时能抑制钙、镁的原子化，使测定结果偏低，可在水样中加入过量的 La 盐或 Sr 盐，以消除共存离子对 Ca^{2+}、Mg^{2+} 测定的干扰。

3．燃气与助燃气的种类及比值、观测高度、干扰离子的存在等测量条件的变化都会影响钙、镁在火焰中的原子化效率和测定灵敏度。若改用氧化亚氮-乙炔高温火焰，并在水样中加入过量的钾或钠盐可消除其化学干扰和电离干扰。

4．采用标准加入法时，为减小误差、提高测量的准确度，不同比例加入量的待测元素标准溶液应不少于 4 种，工作曲线斜率不能太小，标准品加入量与待测样未知量应尽量接近。

七、思考题

1．原子吸收光谱分析时，为何要用待测元素的空心阴极灯作光源？能否用氢灯或钨灯代替？为什么？

2．样品预处理的目的是什么？

3．从实验安全上考虑，在操作时应注意什么问题？为什么？

4．为什么标准加入法中工作曲线外推与浓度轴相交点就是试液中待测元素的浓度？

实验九　气相色谱的基本操作及进样练习

一、实验目的

1．了解气相色谱仪的基本结构与工作原理。

2．熟悉气相色谱仪的气路运行和基本操作。

3．掌握气相色谱进样操作要领，练习使用微量进样器进样。

二、实验原理

气相色谱仪（GC）是实现低沸点样品分离分析的仪器，由气路系统、进样系统、分离系统、检测系统及数据处理系统 5 个部分组成。载气是气相色谱的流动相，由高压钢瓶供气。汽化室把液体样品瞬间加热变成蒸气，由载气带入色谱柱进行分离。检测器将经色谱柱分离后顺序流出的化学组分的信息转变为便于记录的电信号，并对被分离物质的组成和含量进行鉴别和测量，最后经数据处理系统对色谱数据进行自动处理。

三、仪器与试剂

1. 仪器：GC7900 型气相色谱仪（配有氢火焰离子化检测器 FID）（或其他型号的气相色谱仪）、填充柱（或弹性石英毛细管柱）、氮气（纯度 99.99 %以上）、氢气（纯度 99.99 %以上）、空气发生器、微量进样器（尖头，1 μL）。

2. 试剂：环己烷（分析纯）、甲醇（分析纯）。

四、实验步骤

1. 开机操作

（1）检查与通气：在确认色谱柱连接正确，气路密封性良好的情况下，接通载气。逆时针旋转 N_2 钢瓶总阀，调节分压阀使 N_2 输出压力 0.4 MPa。打开净化器 N_2 开关。

（2）开机与连接：打开 GC 主机，初始化自检通过后，打开计算机与色谱工作站，点击"连接"，仪器通信完毕后调节合适的载气流量。

（3）升温与点火：在色谱工作站界面设置需要的进样口、柱箱、检测器温度，点击"发送"到 GC 主机，仪器进入加热升温状态。待 FID 检测器温度超过 120 ℃后，打开 H_2 钢瓶总阀，调节分压阀使 H_2 输出压力为 0.3 MPa，开启空气发生器，打开净化器 H_2、空气开关，"点火"。

（4）参数设置：在色谱工作站上设置样品的方法信息，检查并"发送"。

（5）采样分析：在色谱工作站"新建"样品项，选择样品类型，设置文件保存路径及文件名规则，进行方法的设置和报告风格的设置，将该样品项加入当前的分析表。在进样的同时点击"开始"按钮开始实时采样。

（6）报告的编辑与输出：在快捷面板上点击"报告"按钮切换到"报告"窗体，打开样品谱图，调整报告风格，指定谱图范围并保存。

（7）谱图的再处理：打开需要再处理或再分析的谱图，可手动调整基线、添加或删除色谱峰、剪切数据、进行多谱图比较和平行样的重复性分析等。

2. 进样操作练习

（1）选用 1 μL 微量进样器，取 0.2 μL 的环己烷（或甲醇）进样并采集谱图。调节"谱图参数"表中的"横轴时宽"和"纵轴衰减"，使已采集到的谱图分别在横向和纵向上满屏显示。

（2）待样品分析完成后，点击"停止"按钮，终止程序对谱图信号数据的实时采集和处理。

（3）在谱图采集结束时程序会弹出一保存对话框，这时可进行保存，然后记录色谱峰的峰面积。接着执行下一次的进样操作。平行进样 3 次，以 3 次进样的峰面积求出极差和相对标准偏差。

（4）每次实验后，要用适当溶剂清洗进样器。

3．关机操作

实验结束后，关闭氢气钢瓶总压阀与分压阀，关闭空气发生器，关闭净化器氢气、空气开关，将柱箱、检测器、进样口的温度都设定为 50 ℃，待温度降至设定值后，关闭载气，让管路中残余载气继续流动以保护色谱柱，最后关闭 GC 主机电源和色谱工作站。

五、注意事项

1．开机前检查气路系统是否有漏气，检查进样室硅橡胶密封垫圈是否需要更换。

2．进样技术的熟练与否直接影响分析结果的好坏，进样动作应稳定、连贯、迅速，保证样品瞬间全部汽化。

3．确保载气通过 FID 且检测器温度超过 120 ℃时再进行点火，并保证点火成功。

4．切勿触摸 FID 的进样口和检测器，以免烫伤。

六、思考题

1．为什么同一样品与同一进样量的色谱峰形（如峰高）有时会有差异？

2．为什么会出现进样后不出峰的现象？

实验十 气相色谱分析条件的选择和色谱峰的定性鉴定

一、实验目的

1．理解气相色谱分离分析样品的基本原理，学会优化选择气相色谱的分析条件。

2．掌握保留值作已知物对照定性的分析方法。

3．学会测绘 H-u 曲线，获知最佳线速度 u_{opt}、最小塔板高度 H_{min} 以及在最佳线速度时的塔板数。

二、实验原理

气相色谱（GC）可对气体物质或可在一定温度下转化为气体的物质进行分离分析。对一个混合试样的成功分离是气相色谱完成定性及定量分析的前提和基础，而真正实现对混合试样的成功分离，其色谱分离条件（如：载气及其流速、固定液的配比、柱温、汽化室温度、柱长和柱内径、进样时间和进样量、燃气和助燃气的比例等）的优化与选择至关重要。

用色谱法进行定性分析的基本任务是确定色谱图上每一个色谱峰所代表的物质。在色谱分析条件确定后，任何一种物质都有确定的保留时间、保留指数及相对保留值等参数。在相同的色谱操作条件下，通过比较已知纯物质和未知物的保留参数即可确定未知物为何种物质。

三、仪器与试剂

1. 仪器：GC7900 型气相色谱仪（配有氢火焰离子化检测器 FID）（或其他型号的气相色谱仪）、填充柱、氮气（纯度 99.99 %以上）、氢气（纯度 99.99 %以上）、空气发生器、微量进样器（尖头，1 μL、100 μL）、移液器（100 μL）、量瓶（50 mL）、吸水纸等。

2. 试剂：苯、甲苯、正己烷等，均为分析纯。

四、实验步骤

1. 仪器调试与操作演示

（1）开启气源，接通载气、燃气、助燃气。调节 N_2 分压为 0.4 MPa，H_2 分压为 0.3 MPa。打开净化器开关，打开 GC 主机电源、计算机和色谱工作站，联机，通信完毕后设置色谱条件。待 FID 温度升至 120 ℃以后，点火。

（2）演示并讲解 GC 的基本结构、参数设定与注意事项，指导学生动手操作与编制文件。

2. 色谱条件设定

色谱柱：苯系物专用检测柱（2 mm×2 m 不锈钢填充柱，最高耐受温度 105 ℃）；汽化室温度：150 ℃；检测器：FID；检测器温度：150 ℃；N_2 流速：30～50 mL·min^{-1}；H_2 流速：40～50 mL·min^{-1}；空气流速：400～500 mL·min^{-1}；柱温：65～100 ℃。

初始色谱条件：汽化室温度：150 ℃；FID 温度：150 ℃；N_2 流速：30 mL·min^{-1}；H_2 流速：40 mL·min^{-1}；空气流速：400 mL·min^{-1}；柱温：65 ℃。

3. 样品分析

（1）样品的配制：分别取苯、甲苯各 50 μL，用正己烷稀释至 50 mL 量瓶中，得苯、甲苯及其混合物的待测溶液，密封。

（2）样品的测定：按照初始条件设定色谱条件，待仪器的电路和气路系统达到平衡，基线平直时即可进样。分别吸取 100 μL 空气、0.4 μL 单标与混合样品注入汽化室，采集色谱数据，记录色谱图。重复进样 2 次，记录死时间和保留时间，根据保留时间对色谱峰定性。

（3）柱温的选择：采用混合标样作为样品进样分析，设定柱温分别为 65 ℃、75 ℃、85 ℃、90 ℃、95 ℃，同上测试，判断柱温对分离的影响。

（4）流速的选择：采用混合标样作为样品进样分析，设定载气流速分别为 30 mL·min^{-1}、35 mL·min^{-1}、40 mL·min^{-1}、45 mL·min^{-1}、50 mL·min^{-1}，同上测试，判断载气流速对分离的影响。

五、实验结果与分析

1．色谱峰的定性归属

记录初始实验条件下的色谱条件及色谱结果，并根据单标的保留时间确定混合样品中各峰的归属。

实验数据记录于表 2-8 中。

表 2-8　各组分色谱峰的保留时间

样品	t_M/min	$t_{R苯}$/min			$W_苯$	$H_苯$	$t_{R甲苯}$/min			$W_{甲苯}$	$H_{甲苯}$	α	R
		1	2	平均			1	2	平均				
单标													
混合样													

2．柱温对色谱分离的影响

记录色谱条件及色谱分析结果，并分析柱温对色谱分离的影响（表 2-9）。

表 2-9　柱温对色谱分离的影响

柱温/℃	t_M/min	$t_{R苯}$/min			$W_苯$	$H_苯$	$t_{R甲苯}$/min			$W_{甲苯}$	$H_{甲苯}$	α	R
		1	2	平均			1	2	平均				
65													
75													
85													
90													
95													

3．载气流速对色谱分离的影响

记录色谱条件及色谱分析结果，并分析载气流速对色谱分离的影响（表 2-10）。

表 2-10　载气流速对色谱分离的影响

流速/mL·min^{-1}	t_M/min	$t_{R苯}$/min			$W_苯$	$H_苯$	$t_{R甲苯}$/min			$W_{甲苯}$	$H_{甲苯}$	α	R
		1	2	平均			1	2	平均				
30													
35													
40													
45													
50													

4．绘制 H-u 曲线

绘制苯、甲苯的 H-u 曲线，并从曲线上求出最佳线速度 u_{opt}、最小塔板高度 H_{min}，计算在最佳线速度 u_{opt} 时的塔板数，并以块数·m^{-1} 表示。

六、注意事项

1. 在测量每一载气流量下空气的 t_M 和样品的 t_R 时，必须保持实验条件相同。
2. 在改变柱温、载气流速时，待仪器上的电路和气路系统重新达到平衡时方可进样。
3. 每做完一个样品须用后一个样品溶液洗涤微量进样器 5～6 次。

七、思考题

1. 气相色谱定性分析的基本原理是什么？在本实验中是怎样定性的？
2. 试讨论各色谱条件（柱温、载气流速等）对分离的影响。
3. 本实验中的进样量是否需要准确？为什么？
4. 简要分析各组分流出色谱柱先后的原因。

实验十一　　气相色谱法测定混合醇

一、实验目的

1. 掌握气相色谱定性和定量的基本方法及其要求。
2. 掌握纯物质对照定性和峰面积归一化法定量。

二、实验原理

　　一个混合物样品定量引入合适的色谱系统后，样品在流动相携带下进入色谱柱，样品中各组分由于理化性质的不同，在色谱柱内与固定相的作用力大小不同，导致各组分在色谱柱内的迁移速度不同，使混合物中的各组分先后离开色谱柱而得到分离。分离后的组分进入检测器，检测器将物质的浓度或质量信号转换为电信号输出给记录仪或显示器而得到色谱图。利用色谱峰的位置（即保留时间）可定性分析以确定组分的名称，利用峰面积（或峰高）可定量分析以确定组分的含量。

　　当待测样品中所有组分都能流出色谱柱并在检测器上产生信号时，可采用峰面积归一化法确定各组分的含量。定量分析时，分别求出样品中所有组分的峰面积和校正因子，组分 i 的质量分数 w_i 为：

$$w_i = \frac{f_i A_i}{\sum f_i A_i} \times 100\%$$

三、仪器与试剂

1．仪器：GC7900 型气相色谱仪（配有氢火焰离子化检测器）（或其他型号的气相色谱仪）、弹性石英毛细管柱、氮气（纯度 99.99 %以上）、氢气（纯度 99.99 %以上）、空气发生器、微量进样器（尖头，1 μL）、量瓶（10 mL）、进样瓶（1.5 mL）。

2．试剂：甲醇（色谱纯）、乙醇（色谱纯）、丙醇（分析纯）、丁醇（分析纯）、未知混合醇样品（由甲醇、乙醇、丙醇、丁醇 4 种试剂混合而成）。

四、实验步骤

1．色谱条件设定

色谱柱：弹性石英毛细管柱（25 m×0.25 mm×0.25 μm）；程序升温：起始温度 60 ℃，保持 1 min，以 10 ℃·min^{-1} 的速率升温到 85 ℃，再以 30 ℃·min^{-1} 的速率升温到 130 ℃；进样口温度：200 ℃；进样方式：分流进样，分流比为 50∶1；检测器：FID；基温 200 ℃；载气：氮气，恒流，流速 47 mL·min^{-1}，尾吹气：20 mL·min^{-1}；燃气：氢气，45 mL·min^{-1}；助燃气：空气，450 mL·min^{-1}；进样量：0.2 μL。

2．样品分析

(1) 待基线稳定后，用 1 μL 微量进样器分别吸取 0.2 μL 甲醇、乙醇、丙醇、丁醇标准溶液，注入色谱仪，记录纯物质的保留时间 t_R，重复进样 3 次。

(2) 在完全相同的色谱条件下，将含有混合醇的样品 0.2 μL 注入色谱仪，记录每一色谱峰的保留时间 t_R，重复进样 3 次。将所出各峰的保留时间分别与以上纯物质的保留时间对照，判断各峰的组成，并用峰面积归一化法计算出未知样品中各组分的百分数。

(3) 分析完成后，关闭 H$_2$，FID 熄火，待进样口、检测器、柱温箱的温度均降到 50 ℃以下后，关闭 N$_2$，排水并关闭空气发生器，关闭 GC 电源，关闭色谱工作站。

五、实验结果与分析

1．纯物质对照定性

实验数据记录于表 2-11 中。

表 2-11　纯物质对照定性结果

单标 t_R/min	甲醇		乙醇		丙醇		丁醇	
混合醇 t_R/min	峰 1		峰 2		峰 3		峰 4	
定性结论	峰 1		峰 2		峰 3		峰 4	

2. 峰面积归一化法定量

实验数据记录于表 2-12 中。

表 2-12　峰面积归一化法定量结果

项目	甲醇	乙醇	丙醇	丁醇
峰高				
峰宽				
峰面积				
校正因子				
分离度				
相对含量/%				

六、注意事项

1. 开机前检查气路系统是否有漏气，检查进样室硅橡胶密封垫圈是否需要更换，有载气通过色谱柱后方可打开气相色谱仪的电源开关。

2. 在进样分析多个不同样品时，每次进样前都要将进样针润洗干净，确保洗针溶剂不干扰样品检测。

3. 微量进样器移取溶液时，应缓慢上提针芯，排除气泡后方可进样。

4. 分析过程中严格控制色谱条件不变（包括柱温、载气流量、进样口温度、检测器温度等），才能使保留时间重现，这是色谱定性的基础。

七、思考题

1. 为什么可以利用色谱峰的保留值进行定性分析？
2. 分析讨论极性柱条件下不同化合物的出峰顺序。
3. 峰面积归一化法定量有何特点？使用该方法应具备什么条件？
4. 在求取理论塔板高度时，若半峰宽 $Y_{1/2}$ 用毫米计，则保留值应用什么单位？
5. 配制混合标准溶液时为什么要准确称量？测量校正因子时是否要严格控制进样量？

实验十二　高效液相色谱的基本操作及进样练习

一、实验目的

1. 了解液相色谱仪的基本结构与工作原理。

2．熟悉液相色谱仪的基本操作，学习流动相和样品的处理方法。

3．掌握液相色谱仪的进样操作要领，练习使用微量进样器进样。

二、实验原理

高效液相色谱仪（HPLC）是实现液体样品分离分析的仪器，其最基本的组件是输液泵、进样器、色谱柱、检测器和色谱工作站。此外，还可配置自动进样系统、流动相在线脱气装置和自动控制系统等。输液泵将流动相以稳定的流速输送至分析体系，在色谱柱之前通过进样器将样品导入，流动相将样品带入色谱柱，在色谱柱中各组分被分离，并依次随流动相流至检测器，检测到的信号送至色谱工作站记录、处理和保存。

三、仪器与试剂

1．仪器：Ultimate 3000 型高效液相色谱仪（配有紫外检测器）（或其他型号的高效液相色谱仪）、色谱柱：ODS C_{18}（4.6 mm×150 mm，5 μm）、超声波清洗器、微量进样器（平头，100 μL）、溶剂过滤器、无油真空泵。

2．试剂：甲醇（色谱纯）、邻苯二甲酸二甲酯（分析纯）、纯化水。

四、实验步骤

1．开机前检查

（1）流动相是否充足、新鲜。流动相需经 0.45 μm 微孔滤膜过滤，并超声脱气 20 min。

（2）柱塞清洗液是否新鲜与匹配，清洗液须每周更换一次。

（3）溶剂管道中是否有气泡，若有气泡应排气。

（4）进样阀是否处在 Inject 位置。

（5）色谱柱连接方向是否正确。

（6）检测器的适用性是否匹配、串联是否正确。

2．开机与仪器平衡

（1）依次接通泵、柱温箱、检测器等外设电源，开启计算机。

（2）启动色谱工作站，联机自检。

（3）拧松高压泵上的排液阀，以 6 mL·min^{-1} 的大流量清洗管路排气，冲洗完毕后，关闭排液阀。

（4）以 0.2 mL·min^{-1} 的步速设定流动相的流速，设定流动相的比例及压力上限。

（5）设定柱温、检测器等参数，平衡 30～50 min，待基线平稳后即可进样样品。

3．进样操作练习

（1）设定流动相的流速为 1 mL·min^{-1}，流动相为甲醇：水=80：20（体积比），检测波长254 nm。

（2）平衡稳定约 30 min，基线调零。

（3）进样，记录组分的保留时间和峰面积。平行操作 3 次，以 3 次进样的峰面积求出极差和相对标准偏差。

（4）运行编辑好的序列文件，序列进样并采集谱图。

（5）分析结束后，让流动相继续流动 30 min，然后停泵，关机。

4．文件编辑

（1）程序文件：编制程序文件，设定泵的工作方式、流动相通道与梯度、高/低压极限、流速、柱温、信号采集通道、检测器参数等，检查修改后保存。

（2）方法文件：建立方法文件，并将方法文件和程序文件保存在同一个文件夹里。

（3）序列文件：建立进样序列文件，设定样品信息、对照品信息、进样方式、采用的程序、积分方法、报告模板以及优先数据通道等参数，检查修改后保存。

5．关机操作

（1）数据采集完毕后，用适当的溶剂冲洗色谱柱、管路、进样器、进样阀等。在控制面板中断开仪器各部件的控制，待检测器适当冷却后再关闭检测器电源。

（2）退出色谱工作站，关闭电脑，关闭外设。

（3）规整实验台面，填写仪器使用登记表，经检查合格后方可离开实验室。

五、注意事项

1．严格参照仪器操作规程规范操作。

2．用微量进样器吸液时，应缓慢上提针芯，排除气泡后方可进样。

3．流动相必须使用色谱纯试剂，并过滤脱气。

六、思考题

1．什么是正相液相色谱和反相液相色谱？

2．流动相使用前为什么要进行脱气？如何脱气？

3．对流动相和要分析的样品进行过滤的目的是什么？

实验十三　反相高效液相色谱法测定饮料中咖啡因的含量

一、实验目的

1．理解反相高效液相色谱法测定咖啡因的基本原理。

2．掌握高效液相色谱法定性与定量分析的基本原理与方法。

3．掌握外标法定量与标准曲线的制作方法。

二、实验原理

高效液相色谱法（HPLC）是以液体为流动相，采用高压输液系统，将具有不同极性的检测物通过单一溶剂或不同比例的混合溶剂、缓冲液等流动相泵入装有固定相的色谱柱，由于检测物在流动相和固定相之间溶解、吸附、渗透或离子交换等作用的不同，随流动相在色谱柱中运行时，在两相间进行反复多次（$10^3 \sim 10^6$ 次）的分配过程，使得原来分配系数具有微小差别的各组分产生了保留能力有明显差异的效果，进而各组分在色谱柱中的移动速度就不同，经过一定长度的色谱柱后，彼此分离开来，最后按顺序流出色谱柱而进入检测器，在记录仪上或色谱数据机上显示出各组分的色谱行为和谱峰数值。测定各组分在色谱图上的保留时间可直接进行组分的定性，测量各峰的峰面积（或峰高）可作为组分定量的参数。

咖啡因（1, 3, 7-三甲基黄嘌呤）是从茶叶或咖啡中提取的一种生物碱，其在咖啡中的含量为 1.2 %～1.8 %，在茶叶中的含量为 2.0 %～4.7 %。可乐饮料、止痛药片等均含咖啡因，咖啡因的化学式为 $C_8H_{10}O_2N_4$，其结构式如下：

本实验采用反相高效液相色谱法（RP-HPLC），以 ODS C_{18} 键合相色谱柱将饮料中的咖啡因与其他组分（如：单宁酸、咖啡酸、蔗糖等）分离后，依据峰面积，运用外标法测定咖啡因的含量。

三、仪器与试剂

1．仪器：Ultimate 3000 型高效液相色谱仪（配有紫外检测器）（或其他型号的高效液相色谱仪）、溶剂过滤器、无油真空泵、超声波清洗器、烘箱、ODS C_{18} 色谱柱（4.6 mm×150 mm，5 μm）、微量进样器（100 μL，平头）、有机相滤头（0.45 μm）、有机相滤膜（50 mm，0.45 μm）、水相滤膜（50 mm，0.45 μm）、移液管或移液器、量瓶（100 mL、50 mL、25 mL）。

2．试剂：咖啡因对照品、甲醇（色谱纯）、超纯水、可口可乐或百事可乐（市售瓶装）、速溶咖啡（市售瓶装）。

四、实验步骤

1．咖啡因标准溶液的配制

（1）1000 μg·mL⁻¹ 咖啡因贮备液：准确称取 110 ℃下烘干 1 h 的咖啡因 0.1000 g，用甲醇溶解，转移至 100 mL 量瓶中，定容至刻度。

（2）咖啡因标准系列溶液：分别吸取 1000 μg·mL^{-1} 的咖啡因贮备液 1.0 mL、2.0 mL、3.0 mL、4.0 mL、5.0 mL 于 5 只 50 mL 量瓶中，用甲醇定容至刻度，咖啡因浓度分别为 20 μg·mL^{-1}、40 μg·mL^{-1}、60 μg·mL^{-1}、80 μg·mL^{-1}、100 μg·mL^{-1}。

2．仪器调试与操作演示

（1）准备色谱纯甲醇和超纯水，经微孔滤膜过滤后超声脱气 20 min。

（2）检查流动相、柱塞清洗液、管路气泡、进样阀手柄位置、色谱柱连接以及检测器等的适用性与匹配性。

（3）开机，开启色谱工作站，自检联机，设定参数并平衡 30 min。清洗进样阀，待基线平衡后进样分析。

（4）演示并讲解高效液相色谱仪的基本结构、参数设定与注意事项，指导学生动手操作与编制程序文件、方法文件、序列文件等。

3．色谱条件设定

色谱柱：ODS C$_{18}$ 柱（4.6 mm×150 mm，5 μm）；柱温：30 ℃；流动相：甲醇∶水=60∶40（体积比）；流速：1.0 mL·min^{-1}；紫外检测波长：275 nm；进样量：20 μL。

4．样品前处理

（1）将 25 mL 可乐饮料置于 100 mL 烧杯中，用超声波清洗器超声脱气 20 min。

（2）准确称取咖啡 0.0200 g，用超纯水溶解并定容至 100 mL。

（3）将以上 2 份样品溶液分别进行干过滤，收集续滤液待用。

（4）分别取 5 mL 可乐、咖啡溶液，用 0.45 μm 的有机相滤头过滤，待测。

5．标准曲线的绘制与回归方程的建立

待基线平直后，按浓度递增的顺序分别注入咖啡因标准系列溶液 20 μL，重复进样 3 次，准确记录峰面积与保留时间，绘制咖啡因峰面积与其质量浓度的关系曲线并进行线性回归，获得相关系数。

6．样品分析

分别注入样品溶液 20 μL，根据对照品保留时间确定饮料样品中咖啡因色谱峰的位置，重复进样 3 次，记录咖啡因色谱峰的峰面积。根据饮料样品中咖啡因色谱峰的峰面积，由回归方程计算饮料中的咖啡因含量（分别用 μg·mL^{-1} 和 mg·g^{-1} 表示）。

7．关机

（1）数据采集完毕后，用适当的溶剂冲洗色谱柱、管路、手动进样器、进样针，确保色谱柱平衡、管路冲洗干净后，关闭各部分电源。

（2）退出色谱工作站，关闭电脑，关闭外设。

（3）规整实验台面，填写仪器使用登记表，经检查合格后方可离开。

五、实验结果与分析

实验数据记录于表 2-13 中。

表 2-13 饮料中咖啡因的含量测定结果

色谱条件	色谱柱	柱温/℃	流动相组成及其比例	流速/mL·min⁻¹	检测波长/nm	标品 t_R/min
标准曲线	浓度/μg·mL⁻¹	20	40	60	80	100
	峰面积					
	回归方程				R	
样品测定	t_R/min					
	峰高					
	峰宽					
	峰面积					
	分离度					
	咖啡因含量					

六、注意事项

1. 样品必须经过前处理才能进样。
2. 样品和标准溶液的进样量要保持一致。

七、思考题

1. 标准曲线法（外标法）的优缺点是什么？
2. 在样品干过滤时，为什么要弃去初滤液？这样做会不会影响实验结果？为什么？
3. 哪些条件会影响浓度测定值的准确性？
4. 比较 GC 与 LC 的异同。

实验十四 气-质联用仪的基本操作及进样练习

一、实验目的

1. 了解气-质联用仪的基本结构与工作原理。
2. 熟悉气-质联用仪的基本操作，明确操作注意事项。
3. 掌握气-质联用仪的进样操作要领，练习使用微量进样器进样。

二、实验原理

气相色谱-质谱联用仪（GC-MS）是将气相色谱仪和质谱仪联合起来使用的仪器，两者的有效结合提供了一个进行复杂有机化合物高效定性、定量分析的工具。GC-MS 主要由气相色谱部分、气-质接口、质谱部分（离子源、质量分析器、检测器）和数据处理系统组成。由 GC 出来的样品通过接口进入高真空的 MS，在 MS 的离子源部分将样品分子电离，形成离子和碎片离子，再通过质量分析器按照质荷比的不同进行分离，最后在检测器部分产生信号，并放大、记录得到质谱图，利用计算机谱库检索实现定性分析，并根据总离子流色谱图的峰高或峰面积实现定量分析。

三、仪器与试剂

1．仪器：Focus GC-Polaris Q 气相色谱-质谱联用仪（或其他型号的气相色谱-质谱联用仪）、弹性石英毛细管柱（30 m×0.25 mm×0.25 μm）、微量进样器（尖头，1 μL）、有机相滤头（0.45 μm）等。

2．试剂：甲醇、乙醇、正丙醇、正丁醇等。

四、实验步骤

1．准备与开机

（1）开启氦气，将分压表压力调至 0.4～0.6 MPa。

（2）打开计算机和 GC 电源开关，等待 GC 自检。

（3）打开 GC 程序，设定柱温箱与传输线温度。打开真空补偿，设定载气流速。

（4）打开 MS 电源开关，启动 MS 程序，待通信自动建立后，开始抽真空，待真空度降至 50 mTorr（1 mTorr=0.133 Pa）以下后，设定离子源温度。

（5）检查空气/水峰（相对分子质量 10～100），进行全扫描（相对分子质量 50～650），谱峰正常后退出 MS 程序，可开始进样分析。

2．参数设定与文件编制

（1）在"仪器设定"模块中设定 GC（进样口温度、柱箱温度、传输线温度、载气流速、分流比等）、MS（电离方式和条件、数据采集模式和范围等）的工作条件（仪器方法），保存编辑好的方法并发送到仪器。

（2）在"序列设置"模块中设置样品类型、样品名、数据文件名称、仪器方法、保存路径等序列进样分析参数并保存（序列方法）。

3．进样操作练习

（1）用待测样品润洗微量进样器 5～10 次，每次 2～3 μL。

（2）调用已编辑好的方法文件，待 GC 和 MS 工作状态正常时，从 GC 进样口进样并采集数据。

（3）选用 1 μL 的微量进样器，吸取 0.2 μL 待测样品进样分析。

（4）每次实验后，要用适当溶剂清洗进样器。

4．数据处理

所得分析数据按总离子流色谱图的峰面积或峰高定量，用质谱数据库检索定性。

5．关机操作

（1）数据采集完毕后，在色谱工作站中将 MS 的离子源温度设置为 100 ℃以下，GC 的柱温箱、进样口温度及传输线温度设定至 50 ℃以下。

（2）待离子源温度降至 100 ℃以下时执行关机程序，系统降温过程开始。

（3）在离子源温度降到目标值、关机程序提示关闭主电源时，关闭程序，关闭 MS 主电源，关闭 GC 主电源。

（4）退出色谱工作站，关闭电脑，关闭氦气钢瓶分压阀及总阀。

（5）规整实验台面，填写仪器使用登记表，经检查合格后方可离开。

五、注意事项

1．待测样品必须脱水并溶解在低沸点的甲醇、丙酮、乙醚等有机溶剂中，样品进样前，需用针式过滤器进行过滤。

2．安装新石英毛细管柱时无方向要求，但一经使用不能改变方向。使用毛细管柱时确保载气纯度达到 99.999 %。老化毛细管柱时宜采用程序升温老化并多次循环。保存毛细管柱时两端必须密封。

3．经常检查载气压力、真空度是否达标，仪器是否漏气，衬管与进样隔垫和真空泵机油是否需要更换，并诊断仪器状态与性能。

4．保持 GC-MS 室的清洁、通风、防震及一定的温湿度。

六、思考题

1．在 GC-MS 分析中对样品有何要求？

2．简述 GC-MS 的基本结构和工作原理。

3．GC-MS 进样分析前为什么要抽真空？

实验十五　气-质联用技术定性鉴定混合溶剂的成分

一、实验目的

1．掌握气-质联用技术的基本原理及其在有机分析中的应用。

2．学习工作站的操作及定性鉴定有机物的方法。

二、实验原理

气相色谱-质谱联用仪（GC-MS）以高纯氦气为载气，EI 源为离子源，对可挥发性有机化合物在 GC 中进行高效分离，各个谱峰再进入 MS 被检测，得出每一扫描时间内的质谱图以及总离子流色谱图。总离子流强度的变化反映了流入 MS 的色谱组分的变化，谱峰的强度与组分的相对含量有关，根据总离子流色谱图上谱峰的峰高或峰面积可定量物质的相对含量，每个组分的质谱图经 NIST 标准质谱检索数据库计算机检索可定性物质的结构信息。

三、仪器与试剂

1．仪器：Focus GC-Polaris Q 气相色谱-质谱联用仪（或其他型号的气相色谱-质谱联用仪）、弹性石英毛细管柱（30 m×0.25 mm×0.25 μm）、微量进样器（尖头，1 μL）；有机相滤头（0.45 μm）。

2．试剂：未知混合溶剂（由乙酸乙酯、甲醇、乙醇、正丙醇、正丁醇、苯等分析纯试剂混合而成）等。

四、实验步骤

1．仪器调试与操作演示

（1）开启氦气、计算机和 GC 电源，待 GC 自检通过后设定 GC 柱温箱与传输线温度。打开真空补偿，设定载气流速。

（2）开启 MS 电源，建立 MS 通信连接，待前级真空达到 50 mTorr 以下后升高离子源温度。

（3）检查空气/水峰（分子量 10～100）判断是否漏气，进行全扫描（分子量 50～650），检测 69、131、197、264、414、502 等谱峰是否正常。

（4）演示并讲解 GC-MS 的基本结构、操作使用、参数设定与注意事项，指导学生编制程序文件、方法文件、序列文件等。

2．设定分析条件和数据采集参数

（1）设定 GC 和 MS 的仪器方法参数，保存并发送。

GC 条件如下所述。色谱柱：弹性石英毛细管柱（30 m×0.25 mm×0.25 μm）；载气：高纯氦气；进样口温度：200 ℃；传输线温度：250 ℃；程序升温：起始温度 50 ℃，保持 2 min；然后以 10 ℃·min^{-1} 的速率升到 200 ℃，保持 3 min；进样量：0.2 μL；进样方式：分流进样，分流比 50∶1；载气模式：恒流；载气流速：1.0 mL·min^{-1}。

MS 条件如下所述。离子化方式：EI；电离电压：70 eV；离子源温度：250 ℃；质量扫描方式：全扫描；质量扫描范围：m/z 50～650 amu；溶剂延迟：1 min；质谱数据库：NIST 标准质谱检索库。

（2）设定样品类型、样品名、仪器方法、保存路径等序列进样分析参数并保存。

3．样品测试

（1）调用方法文件与序列文件，点击运行，待色谱仪面板上绿灯亮时，即可进样。

（2）用微量进样器吸取未知混合溶剂 0.2 μL 进样分析，观察所得总离子流图，进行数据分析。

4．谱图解析

（1）设定定性分析数据处理参数并进行谱库检索，分析可能的样品成分。

（2）激活质谱图，在总离子流图上选中目标峰，扣除背景，检索，获得该目标峰对应的可能样品成分信息。

5．关机

（1）降低离子源、柱温箱、进样口及传输线温度至设定值。

（2）执行关机程序，先关质谱，后关气相，再关载气。

（3）规整实验台面，填写仪器使用登记表，经检查合格后方可离开。

五、实验结果与分析

实验数据记录于表 2-14 中。

表 2-14　混合溶剂成分的定性鉴定结果

序号	保留时间/min	分子量	化合物名称	备注
1				
2				
3				
4				
5				
6				

六、注意事项

1．严格执行开、关机程序，按照仪器操作规程规范操作。

2．样品前处理过程（提取、净化、溶剂选用、脱水、过滤等）必须符合 GC-MS 检测分析要求。

3．参数设置不得超过仪器允许最大值。

4．重视 GC-MS 的日常维护和保养。

七、思考题

1．如何进行 GC-MS 分析条件的优化和选择？

2．如何确定色谱图上各主要峰的归属？

3．请设计本实验中所用试样的其他分析方案，并与 GC-MS 进行比较。

第 **3** 章

药物制剂实验

实验一　乳化液体石蜡所需 *HLB* 值的测定 _____

一、实验目的 ▰

1. 理解 *HLB* 值在乳化剂应用中的意义。
2. 掌握液体石蜡乳化所需 *HLB* 值的测定方法。

二、实验原理 ▰

　　HLB 值（亲水亲油平衡值）是指表面活性剂分子中亲水亲油基团对水和油的综合亲和力。每种乳化剂都有固定的 *HLB* 值，一般 3～8 适合制备 W/O 型乳剂，8～16 适合制备 O/W 型乳剂。被乳化的物质所需 *HLB* 值与乳化剂的 *HLB* 值越接近则该乳剂越稳定，但单一乳化剂往往难以满足制备要求，需要使用混合乳化剂。混合乳化剂的 *HLB* 值可按下式计算：

$$HLB_{AB} = \frac{HLB_A \times m_A + HLB_B \times m_B}{m_A + m_B}$$

　　式中，A、B 分别为两个已知 *HLB* 值的单一乳化剂；m_A、m_B 分别为两种乳化剂的质量，g。

　　将两种已知 *HLB* 值的单一乳化剂以不同质量比例配制成具有一系列 *HLB* 值的混合乳化剂，用此混合乳化剂来制备一系列液体石蜡乳，在室温下观察所制备乳剂的乳析速度，稳定性"最佳"的乳剂所用乳化剂 *HLB* 值即为乳化液体石蜡所需的 *HLB* 值。

三、仪器与试剂

1. 仪器：具塞刻度试管（25 mL）、烧杯、电子天平、试管架、滴管、量筒、移液管（5 mL、10 mL）、直尺等。
2. 试剂：Tween-80、Span-80、液体石蜡、纯化水等。

四、实验步骤

1. 计算单一乳化剂用量

用 Tween-80（HLB=15.0）和 Span-80（HLB=4.3）配制 HLB 值分别为 4.3、6.0、8.0、10.0、12.0、14.0 及 15.0 七种混合乳化剂各 5 g，计算各单一乳化剂的用量（表 3-1）。

表 3-1 不同 HLB 混合乳化剂中各单一乳化剂的用量

HLB 值	4.3	6.0	8.0	10.0	12.0	14.0	15.0
Tween-80 /g							
Span-80 /g							

2. 制备液体石蜡乳

取 7 支 25 mL 干燥具塞刻度试管，分别加入上述不同 HLB 值的 Tween-80 与 Span-80 混合乳化剂 0.5 g，再各加入液体石蜡 8.0 mL，保持相同强度剧烈振摇 10 min，然后加纯化水 2 mL，振摇 20 次，最后沿管壁慢慢加入纯化水使成 20 mL（H_0），振摇 30 次即成乳剂。

3. 测定乳化液体石蜡所需 HLB 值

7 种不同 HLB 的液体石蜡乳经振摇后静置 0 min、5 min、10 min、30 min、60 min，观察油水两相的分离情况，分别记录各时刻各乳剂分层后水层的毫升数（H_u），计算各乳剂的沉降容积比（H_u/H_0）。

4. 绘制沉降曲线

以沉降容积比（H_u/H_0）为纵坐标，时间 t 为横坐标，绘制各液体石蜡乳的沉降曲线，求出分层速度。

分层速度最慢者为最稳定乳剂，该 HLB 值即为乳化液体石蜡所需的 HLB 值。

五、实验结果与分析

实验结果记录于表 3-2 中。

表 3-2　不同 HLB 液体石蜡乳的沉降容积比

时间/min	HLB 值													
	4.3		6.0		8.0		10.0		12.0		14.0		15.0	
	H_u	H_u/H_0	H_u	H_u/H_0	H_u	H_u/H_0	H_u	H_u/H_0	H_u	H_u/H_0	H_u	H_u/H_0	H_u	H_u/H_0
0														
5														
10														
30														
60														
结论														

注：H_u 为沉降层的体积，H_0 为乳剂的体积。

六、注意事项

1．装有液体石蜡乳的 7 支具塞刻度试管在手中振摇时，振摇的强度应尽量一致。
2．用于测定计算沉降容积比的试管直径与规格应保持一致。

七、思考题

1．乳化液体石蜡所需 HLB 值的测定中乳化剂 HLB 值间隔较大，若要更准确地测得液体石蜡所需 HLB 值，应如何进一步设计实验？
2．测定乳化液体石蜡所需 HLB 值有何意义？

实验二　乳剂的制备

一、实验目的

1．掌握乳剂的一般制备方法。
2．掌握乳剂类型的鉴别方法。

二、实验原理

乳剂是指互不相溶的两相液体混合，其中一相以液滴状态分散于另一相液体中形成的非均相分散体系。乳剂是一种动力学及热力学不稳定的分散体系，为提高稳定性，其处方中除分散相和连续相外，还要加入乳化剂，并在一定的机械力作用下进行分散。乳化剂能显著降低油水两相之间的界面张力，并在乳滴周围形成牢固的乳化膜，防止液滴合并，有利于乳剂的形成和稳定性的提高。乳剂的类型主要取决于乳化剂的种类、性质以及两相的体积比。

乳剂的制备方法主要有干胶法、湿胶法、新生皂法、机械法等。小量制备可在研钵中研磨进行或在瓶中振摇制得，大量生产多采用乳匀机、高速搅拌器、胶体磨等器械制备。乳剂类型的鉴别方法主要有稀释法、染色镜检等。

三、仪器与试剂

1．仪器：烧杯（250 mL、100 mL、50 mL）、研钵、量筒（10 mL）、具塞玻璃瓶、具塞试剂瓶、微量移液器或移液管、电子天平、显微镜、载玻片等。

2．试剂：液体石蜡、阿拉伯胶、海藻酸钠、尼泊金乙酯、糖精钠、食用香精、西黄蓍胶、鱼肝油、松节油、樟脑、软皂、苏丹红、亚甲基蓝、氢氧化钙、食用油（花生油、菜籽油、胡麻油、大豆油）、乙醇、香草醛、纯化水等。

四、实验步骤

1．液体石蜡乳的制备

【处方】

液体石蜡 6 mL、阿拉伯胶（细粉）2 g、海藻酸钠（细粉）0.25 g、5%尼泊金乙酯乙醇溶液 0.05 mL、1%糖精钠溶液 0.15 mL、香草醛适量、纯化水加至 15 mL。

【制备】

（1）干胶法：取干燥研钵，加入液体石蜡 6 mL，将阿拉伯胶、海藻酸钠分次加入液体石蜡中，稍加研磨，使胶粉分散均匀；一次加入纯化水 4 mL，迅速用力沿同一方向研磨至发出"噼啪"声，形成浓厚的乳状液，即成初乳；再加 5%尼泊金乙酯乙醇溶液、糖精钠溶液、香草醛和剩余纯化水，使成 15 mL，搅匀，即得。

（2）湿胶法：取纯化水 4 mL 置研钵中，加 2 g 阿拉伯胶、0.25 g 海藻酸钠研成胶浆；再分次加入 6 mL 液体石蜡，边加边研磨至初乳形成；加 5%尼泊金乙酯乙醇溶液，加剩余纯化水研匀，再加糖精钠溶液和食用香精，混匀，共制成 15 mL，即得。

【注解】

（1）制备初乳时，干胶法应选用内壁干燥且较为粗糙的瓷研钵，量油的量器不得沾水，量水的量器也不得沾油。油相与胶粉（乳化剂）充分研匀后，按油∶水∶胶为 3∶2∶1 的比例一次加入所需水量，并迅速用力沿同一方向不停地研磨，直至形成稠厚的乳白色初乳为止，期间不能改变研磨方向，也不宜间断研磨。

（2）制备 O/W 型乳剂必须在初乳制成后，方可加水稀释。制备初乳时，添加的水量不足或加水过慢时容易转相；添加的水量过多时不能将油相较好地分散成油滴，乳剂不稳定或易于破裂。

（3）阿拉伯胶乳化能力较弱，常与西黄蓍胶或海藻酸钠合用以增加乳剂的黏滞度，避免分层，混合比例为西黄蓍胶 1 份、阿拉伯胶 8～16 份。

（4）液体石蜡乳为 O/W 型乳剂，乳剂颜色为乳白色，镜检油滴应细小均匀。

【作用与用途】

本品为润滑性轻泻剂，用于治疗便秘。乳剂有效地稀释了液体石蜡，便于患者服用。

2．石灰搽剂的制备

【处方】

氢氧化钙溶液 10 mL、食用油 10 mL。

【制备】

新生皂法：取氢氧化钙溶液和食用油各 10 mL 于具塞试剂瓶（或试管、三角瓶）中，加盖并用力振摇至乳剂形成，即得。

【注解】

（1）本品的乳化剂系氢氧化钙与食用油中所含的少量游离脂肪酸经皂化反应所形成的新生钙皂，此钙皂再乳化食用油而生成 W/O 型乳剂。

（2）食用油可选用花生油、菜籽油、胡麻油、大豆油等。

【作用与用途】

本品具收敛、保护、润滑、止痛等作用，用于轻度烫伤，制成乳剂后可涂布均匀，患者体感更佳。

3．鱼肝油乳剂的制备

【处方】

鱼肝油 10 mL、阿拉伯胶（细粉）2.6 g、海藻酸钠（细粉）0.14 g，纯化水加至 20 mL。

【制备】

（1）干胶法：按油∶水∶胶为 4∶2∶1（$V/V/W$）的比例，将阿拉伯胶与海藻酸钠置于干燥研钵中，研细，加入全量鱼肝油，稍加研磨，使胶粉分散均匀；一次加入纯化水 5 mL，迅速用力沿同一方向不断研磨，直至产生特别的"劈啪"乳化声，即成稠厚的初乳，再加纯化水稀释研磨至 20 mL，研匀，即得。

（2）湿胶法：取阿拉伯胶 2.6 g、海藻酸钠 0.14 g，与 5 mL 纯化水先研成胶浆，然后分次加入鱼肝油 10 mL，边加边研磨至初乳生成，再加水稀释至 20 mL，研匀，即得。

【注解】

（1）干胶法制备初乳时应选用干燥且表面粗糙的研钵，量器分开。研磨时用力、不停歇，也不能改变方向。

（2）乳剂制备必须先制成初乳后，方可加水稀释。

（3）可加矫味剂（如糖精钠、香精）及防腐剂（如尼泊金乙酯）。

（4）鱼肝油乳剂系 O/W 型乳剂，所制得的乳剂为乳白色。

【作用与用途】

本品为营养药，用于维生素 A、D 缺乏症，制成乳剂后口感好，剂量易调控。

4．松节油搽剂的制备

【处方】

松节油 65 mL、樟脑 5 g、软皂 7.5 g，纯化水加至 100 mL。

【制备】

取处方量软皂与樟脑在研钵中研磨液化，分次加入松节油，不断研磨至均匀为止，然后将此混合物分次加入已盛有 25 mL 纯化水的具塞玻璃瓶中，每次加后即用力振摇，至细腻的乳白色液为止，添加纯化水至 100 mL，摇匀，即得。

【注解】

(1) 软皂为钾皂，作乳化剂，形成 O/W 型乳剂。

(2) 分次加入松节油时一定要少量并且缓慢。

(3) 制备初乳时所用研钵必须干燥，研磨时用力均匀，向一个方向不停地研磨，直至初乳形成。

【作用与用途】

本品用于减轻肌肉痛、关节痛、神经痛以及扭伤，制成乳剂后易涂布，便于使用。

5. 乳剂类型的鉴别

(1) 染色镜检法：将乳剂涂在载玻片上，用注射器加少量油溶性染料苏丹红染色，镜下观察。另用水溶性染料亚甲基蓝染色，同样镜检，判断乳剂的类型。

判断依据：乳滴内为红色或乳滴外为蓝色者为 O/W 型乳剂；乳滴内为蓝色或乳滴外为红色者为 W/O 型乳剂。

(2) 稀释法：取 4 支试管，分别加入一滴液体石蜡乳、石灰搽剂、鱼肝油乳剂以及松节油搽剂，加水约 5 mL，振摇或翻转数次。观察是否能混匀，根据实验结果判断乳剂类型。

判断依据：能与水较均匀混合者为 O/W 型乳剂，反之为 W/O 型乳剂。

五、实验结果与分析

1. 绘制显微镜下乳剂的形态图。

2. 鉴别所制备乳剂的类型。

实验结果记录于表 3-3 中。

表 3-3　乳剂类型鉴别结果

项目	苏丹红试液		亚甲基蓝试液		稀释法	乳剂颜色	乳剂类型
	分散相	分散介质	分散相	分散介质			
液体石蜡乳							
石灰搽剂							
鱼肝油乳剂							
松节油搽剂							

注：染色法中所用染料不宜过多，以免乳剂被稀释而破乳；所用检品及试剂过多，容易污染或腐蚀显微镜。

六、思考题

1. 简述干胶法、湿胶法制备初乳的操作要点。

2. 分析液体石蜡乳的处方并说明各成分的作用。

3．在鱼肝油乳剂的制备过程中，干胶法与湿胶法相比哪个效果好？为什么？

4．石灰搽剂用振摇法即能乳化，说明了什么问题？

5．可以采用哪些方法来判断乳剂的类型？

实验三　溶液型液体制剂的制备

一、实验目的

1．掌握常用溶液型液体制剂的制备方法。

2．掌握溶液型液体制剂的质量评价标准与检查方法。

3．了解液体制剂中常用附加剂的作用、用量及正确使用方法。

二、实验原理

溶液型液体制剂为药物以分子或离子状态分散在适宜的分散介质中形成的澄清液体制剂，分为低分子溶液剂和高分子溶液剂。前者是小分子药物的真溶液，包括溶液剂、糖浆剂、甘油剂、芳香水剂、酊剂、洗剂、合剂和醑剂等；后者是高分子化合物的真溶液。常用的溶剂有水、乙醇、甘油、丙二醇、液体石蜡、植物油等。制备方法主要有溶解法、稀释法和化学反应法，其制备过程一般包括药物的称量、溶解、混合、过滤、加分散介质至全量等，质量检查主要包括外观、色泽、pH、含量等。

三、仪器与试剂

1．仪器：烧杯（250 mL、100 mL、50 mL）、玻璃漏斗（6 cm、10 cm）、试剂瓶、广口瓶、刻度试管、研钵、量瓶（50 mL）、移液管（或微量移液器）、量筒（100 mL）、电子天平、玻璃棒、吸水纸、电磁炉、广泛 pH 试纸、恒温水浴锅、脱脂棉、滤纸、纱布等。

2．试剂：薄荷油、滑石粉、轻质碳酸镁、活性炭、Tween-80、乙醇、碘、碘化钾、蔗糖、醋酸洗必泰、胃蛋白酶、羟苯乙酯、盐酸、硫酸亚铁、香精、橙皮酊、冰醋酸、氢氧化钠、鲜牛奶、纯化水等。

四、实验步骤

1．薄荷芳香水剂的制备

【处方】

薄荷芳香水剂的处方见表 3-4。

表 3-4 薄荷芳香水剂的处方

处方	Ⅰ	Ⅱ	Ⅲ	Ⅳ	Ⅴ
薄荷油	0.1 mL	0.1 mL	0.1 mL	0.1 mL	1 mL
滑石粉	0.5 g				
轻质碳酸镁		0.75 g			
活性炭			0.75 g		
Tween-80				0.6 g	1.0 g
90％乙醇					30.0 mL
纯化水加至	50.0 mL	50.0 mL	50.0 mL	50.0 mL	50.0 mL

【制备】

(1) 分散溶解法（处方Ⅰ、Ⅱ、Ⅲ）

精密量取薄荷油 0.1 mL，称取滑石粉 0.5 g，在研钵中研匀，加少量纯化水移至带盖的广口瓶中。向瓶中加入 40 mL 纯化水，加盖，用力振摇 15 min，静置。待滑石粉已沉到底部后，吸取上清液，用润湿的滤纸（或脱脂棉）滤过至 50 mL 量瓶中，若滤液浑浊应反复重滤至澄清，在自滤纸上加适量纯化水使成 50 mL，即得薄荷水。

另用轻质碳酸镁、活性炭各 0.75 g，分别按上述方法制备薄荷水，记录不同分散剂制备薄荷水观察到的结果。

(2) 增溶法（处方Ⅳ）

取薄荷油 0.1 mL，加 0.6 g Tween-80，搅匀，加入 40 mL 纯化水充分搅拌溶解，过滤至滤液澄明，再由滤器上加适量纯化水，使成 50 mL，即得。

(3) 增溶-复溶剂法（处方Ⅴ）

取薄荷油 1 mL，加 1.0 g Tween-80，搅匀，在搅拌下缓慢加入 30.0 mL 乙醇（90％）及适量纯化水溶解，过滤至滤液澄明，再由滤器上加适量纯化水制成 50 mL，即得。

【注解】

(1) 薄荷油被吸附于滑石粉、轻质碳酸镁、活性炭等分散剂上，增加油与水的接触面积，加速溶解过程，易形成饱和溶液。分散剂还可吸附杂质和过剩的薄荷油，以利滤除。

(2) 过滤用脱脂棉不宜过多，但应做成棉球塞住漏斗颈部。脱脂棉用水湿润后，反复过滤，不换滤材。

(3) Tween-80 为增溶剂，应先与薄荷油充分搅匀再加水溶解，以利发挥增溶作用，加速溶解过程。

【质量检查】

比较制备的薄荷水 pH、澄明度、嗅味等。

【作用与用途】

本品是芳香调味药与祛风药，用于胃肠充气，亦可作分散剂用。

2．复方碘口服液的制备

【处方】

碘 1 g、碘化钾 2 g，纯化水加至 20 mL。

【制备】

助溶法：称取碘化钾 2 g，置于小烧杯中，加纯化水 6～10 mL，搅拌使溶解，配成浓溶液，再加入碘 1 g，搅拌使全部溶解后，添加纯化水至全量（20 mL），混匀，即得。

【注解】

（1）碘在水中溶解极微（1∶2950），碘化钾作为助溶剂可增加碘的溶解度、提高稳定性、减少挥发和刺激性。

（2）为使碘能迅速溶解，宜先将碘化钾加适量纯化水（处方量的 50 %～80 %）配制成浓溶液，再加入碘溶解。

（3）碘具有强氧化性、腐蚀性、挥发性，勿接触皮肤与黏膜。称量时可用玻璃器皿或蜡纸，不宜用普通纸；称量后不宜长时间露置空气中。碘应贮存于密闭棕色玻璃瓶内，且不得与木塞、橡皮塞及金属塞接触。

（4）本品为红棕色的澄清液体，有碘的特臭，一般不过滤。若需滤过，宜用垂熔玻璃滤器。

【质量检查】

观察成品外观与性状。取本品 1 滴，滴入淀粉指示液 1 mL 与水 10 mL 的混合液中，即显深蓝色。

【作用与用途】

本品可调节甲状腺机能，用于缺碘引起的疾病，如甲状腺肿、甲亢等的辅助治疗。

3．硫酸亚铁糖浆剂的制备

【处方】

硫酸亚铁 1.0 g、稀盐酸（10 %）0.75 mL、单糖浆 40 mL、香精适量，纯化水加至 50 mL。

【制备】

溶解法：量取纯化水 45 mL，煮沸，加蔗糖 42.5 g，搅拌溶解后继续加热至 100 ℃，趁热用脱脂棉过滤，自滤器脱脂棉上继续添加适量的热纯化水滤过，使滤液冷至室温时为 50 mL，搅匀，即得单糖浆。

量取纯化水 7 mL，加入处方量的硫酸亚铁、稀盐酸（10 %），搅拌使其溶解，过滤；滤液中加入 40 mL 单糖浆，搅拌均匀，加入适量香精，补加纯化水至 50 mL，混匀，即得。

【注解】

（1）单糖浆应为无色或淡黄色的澄清稠厚液体，为蔗糖的近饱和水溶液，含蔗糖 85 %（g·mL^{-1}）或 64.74 %（g·g^{-1}）。

（2）加热制备不仅能加速蔗糖溶解，也可杀灭蔗糖中的微生物、凝固蛋白，使糖浆易于保存。但加热时，温度不宜过高，时间不宜过长，以防蔗糖焦化与转化而影响制剂质量。

（3）糖浆用脱脂棉过滤速度较慢，可用棉垫（二层纱布之间夹一层棉花）或多层纱布过滤，增加接触面积，提高滤速。

（4）硫酸亚铁在不同 pH 环境下其溶解性不同，低 pH 有利于其溶解，且溶解部分主要以二价铁离子态存在，有利于人体对铁的吸收。此外，硫酸亚铁在水中易氧化，加入稀盐酸使溶液呈酸性能促进蔗糖转化为果糖和葡萄糖，具有还原性，有助于阻止硫酸亚铁的氧化。

（5）硫酸亚铁的咸涩味较重，对胃刺激性较大。单糖浆有矫味作用，使溶液易被患者接受。

【质量检查】

观察成品的外观与性状，测定溶液的 pH。

【作用与用途】

本品用于缺铁性贫血的治疗。

4. 醋酸洗必泰冲洗剂的制备

【处方】

醋酸洗必泰 1.0 g，纯化水加至 200 mL。

【制备】

溶解法：取醋酸洗必泰（醋酸氯己定）溶于热的纯化水中，冷却滤过，自滤器上添加纯化水至足量，搅匀即得。

【注解】

(1) 本品具有强的广谱抑菌、杀菌作用，对革兰阳性菌、革兰阴性菌的作用比新洁尔灭强，且毒性小、安全有效。

(2) 本品与肥皂、碱相遇影响效力，与碘酊、高锰酸钾、氯化汞等有配伍禁忌，宜单独使用。

(3) 本品受热易分解，加热不宜超过 115 ℃、30 min。

【质量检查】

观察成品的外观与性状。

【作用与用途】

本品为外用高效安全抗菌消毒剂，对革兰阳性菌及革兰阴性菌均有效，可杀灭金黄色葡萄球菌、大肠杆菌和白色念珠菌，用于手、器械、创面及皮肤消毒等。

5. 胃蛋白酶合剂的制备

【处方】

胃蛋白酶 2.0 g、单糖浆 10 mL、5 %羟苯乙酯乙醇液 1 mL、橙皮酊 2 mL、稀盐酸 2 mL，纯化水加至 100 mL。

【制备】

溶胶法：将稀盐酸、单糖浆加至 80 mL 纯化水中，搅匀；再将胃蛋白酶撒在液面上，静置一段时间使其自然膨胀、溶解；将橙皮酊缓缓加入溶液中，另取约 10 mL 纯化水稀释羟苯乙酯乙醇液后缓缓加入到上述溶液中；再补加纯化水至全量，混匀即得。

【注解】

(1) 影响胃蛋白酶活性的主要因素是 pH，pH=1.5～2.5 时胃蛋白酶的活性最强。当盐酸含量超过 0.5 %时，若直接与胃蛋白酶接触就会破坏其活性。因此，配制时须先将稀盐酸用适量纯化水稀释后充分搅拌，再添加胃蛋白酶。

(2) 须将胃蛋白酶撒在液面上，待溶胀后再缓缓搅拌，且不得加热，以免胃蛋白酶失活。

(3) 本品不宜过滤。因为胃蛋白酶等电点大于溶液的 pH，胃蛋白酶带正电荷，而润湿的滤纸或脱脂棉带负电荷，过滤时会吸附胃蛋白酶。

(4) 胃蛋白酶的消化活力应为 1：3000。

(5) 本品不宜与胰酶、氯化钠、碘、鞣酸、浓乙醇、碱以及重金属配伍。

【质量检查】

(1) 外观性状。

（2）pH。

（3）酶活力。

① pH=5.0 醋酸钠缓冲液的配制：取冰醋酸 92 g、氢氧化钠 43 g 分别溶于适量纯化水中，将两液混合，补加纯化水至 1000 mL。

② 牛乳醋酸钠混合液的配制：取上述醋酸钠缓冲液适量，与等体积的鲜牛奶混合均匀，即得。

③ 酶活力试验：25 ℃试验条件下，精密吸取胃蛋白酶合剂 0.1 mL，置试管（内径最好在 15～18 mm）中，另取牛乳醋酸钠混合液 5 mL，从开始加入时计时，迅速加入，混匀，将试管倾斜，注视沿管壁流下的牛乳液，至开始出现乳酪蛋白的絮状沉淀时停止计时，记录牛乳凝固所需的时间。

④ 酶活力计算：规定胃蛋白酶能使牛乳液在 60 s 末凝固的活力强度为 1 个活力单位。胃蛋白酶的活力愈强，牛乳的凝固愈快。

【作用与用途】

本品有助于消化蛋白，常用于因食用蛋白性食物过多所致消化不良，病后恢复期消化功能减退以及慢性萎缩性胃炎、胃癌、恶性贫血所致的胃蛋白酶缺乏症。

五、实验结果与分析

1. 薄荷芳香水剂的外观性状

实验结果记录于表 3-5 中。

表 3-5　不同方法制备的薄荷芳香水剂的性状

制剂名称	分散剂/增溶剂	pH	澄明度	嗅味
芳香水剂 I	滑石粉			
芳香水剂 II	轻质碳酸镁			
芳香水剂 III	活性炭			
芳香水剂 IV	Tween-80			
芳香水剂 V	Tween-80 与 90 % 乙醇			

2. 复方碘口服液、硫酸亚铁糖浆剂、醋酸洗必泰冲洗剂的质量评价

实验结果记录于表 3-6 中。

表 3-6　不同类型低分子溶液（剂）的质量评价结果

制剂名称	制备方法	外观性状	pH	澄明度	嗅味
复方碘口服液					
硫酸亚铁糖浆剂					
醋酸洗必泰冲洗剂					

3. 胃蛋白酶合剂的质量评价

实验结果记录于表 3-7 中。

表 3-7 胃蛋白酶合剂的质量评价结果

制剂名称	制备方法	外观性状	pH	凝乳时间/s	活力单位/（个·mL^{-1}）
胃蛋白酶合剂					

六、思考题

1. 制备薄荷芳香水时加入滑石粉的目的是什么？还可以用哪些具有类似作用的物质代替？欲制得澄明液体的操作关键是什么？

2. 碘化钾在碘酊剂处方中起何作用？制备本品应注意哪些问题？复方碘溶液中碘有刺激性，服用本品时应注意什么问题？

3. 单糖浆中为何不用加防腐剂？用热溶法制备单糖浆有什么优点？制备硫酸亚铁糖浆剂时为什么要加入少量的稀盐酸？

4. 醋酸洗必泰为何不能与碘酒、高锰酸钾、氯化汞合用？

5. 简述影响胃蛋白酶活力的因素及预防失活的措施。

实验四 单冲压片机的装卸和使用

一、实验目的

1. 了解单冲压片机的基本结构。
2. 学会单冲压片机的装卸和使用。

二、仪器与试剂

1. 仪器：单冲压片机、扳手、螺丝刀。
2. 试剂：空白颗粒。

三、实验步骤

1. 介绍单冲压片机的主要部件

（1）冲模：包括上、下冲头及模圈。上、下冲头一般为圆形，有凹冲与平面冲，还有三角形、椭圆形等异形冲头。

（2）加料斗：用于贮存颗粒，以不断补充颗粒，便于连续压片。

（3）饲料靴：用于将颗料填满模孔，将下冲头顶出的片剂拨入收集器中。

（4）出片调节器（上调节器）：用于调节下冲头上升的高度。

（5）片重调节器（下调节器）：用于调节下冲头下降的深度，调节片重。

（6）压力调节器：可使上冲头上下移动，用以调节压力的大小，调节片剂的硬度。

（7）冲模台板：用于固定模圈。

单冲压片机主要构造示意如图 3-1 所示。

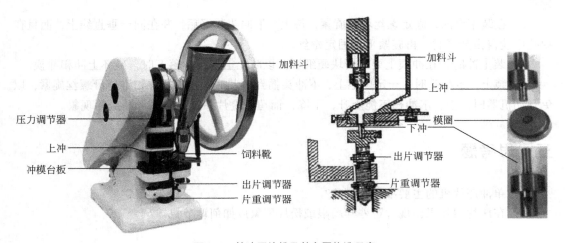

图 3-1　单冲压片机及其主要构造示意

2．练习单冲压片机的装卸

（1）单冲压片机的安装

① 首先装好下冲头，旋紧下冲固定螺丝，旋转片重调节器，使下冲头在较低的部位。

② 将模圈装入冲模平台，旋紧模圈固定螺丝，然后小心地将模板固定在机座上。调节出片调节器，使下冲头上升到恰与模圈齐平。

③ 装上冲头并旋紧上冲固定螺丝，转动压力调节器，使上冲头处在压力较低的部位，用手缓慢地转动压片机的转轮，使上冲头逐渐下降，观察其是否在冲模的中心位置。如果不在中心位置，应缓慢上升上冲头，稍微转动平台模板固定螺丝，移动平台位置直至上冲头恰好在冲模的中心位置，旋紧平台模板固定螺丝。

④ 装好饲料靴、加料斗，用手转动压片机转轮，如上、下冲移动自如，则安装正确。如感到不易转动时，不得用力硬转，应调节压力调节器使之适当增加或减小压力。

（2）单冲压片机的拆卸　单冲压片机的拆卸与安装顺序相反，拆卸顺序如下：加料斗→饲料器→上冲头→冲模平台→下冲头。

3．学习单冲压片机的使用

（1）单冲压片机安装完毕，加入空白颗粒，用手摇动转轮，试压数片，称其片重，调节片重调节器，使压出的片重与设计片重相等。同时，调节压力调节器，使压出的片剂有一定的硬度。调节适当后，再开动电动机进行试压，检查片重、硬度、崩解时限等，达到要求后方可正式压片。

(2) 压片过程中应经常检查片重、硬度等，发现异常，应立即停机进行调整。

四、注意事项

1．装好各部件后，在摇动飞轮时，上、下冲头应无阻碍地进出冲模，且无特殊噪声。

2．调节出片调节器时，使下冲上升到最高位置与冲模平齐，用手指抚摸时应略有凹陷的感觉。

3．在装平台时，固定螺丝不要旋紧，待上、下冲头装好后，并在同一垂直线上，而且在模孔中能自由升降时，再旋紧平台固定螺丝。

4．装上冲时，在冲模上要放一块硬纸板，以防止上冲突然落下时，碰坏上冲和冲模。

5．装上、下冲头时，一定要把上、下冲头插到冲芯底，并用螺丝和锥形母螺丝旋紧，以免开动机器时，上、下冲杆不能上升、下降，而造成叠片、松片并碰坏冲头等现象。

五、思考题

1．单冲压片机的主要部件有哪些？

2．在压片时如果出现片重差异超限或松片现象应如何调节机器？

实验五　茶碱亲水凝胶骨架片的制备及其释放度测定

一、实验目的

1．熟悉亲水凝胶骨架型缓释片的缓释原理和设计方法。

2．掌握亲水凝胶骨架型缓释片的制备工艺和释放机制。

3．掌握口服缓释制剂释放度的测定方法与要求。

二、实验原理

缓释制剂是指口服药物在规定溶剂（水、酸性介质、缓冲液等）中，按要求缓慢地非恒速释放，与相应普通制剂比较给药频率减少一半或有所减少，且能显著增加患者依从性的制剂。缓释制剂按剂型分主要有片剂、颗粒剂、小丸剂、混悬剂、胶囊剂、膜剂、栓剂、植入剂等。其中，片剂又分为骨架片、膜控片、胃内漂浮片、生物黏附片等。骨架型缓释片是目前研究最多、制备工艺相对简单的品种。

骨架型缓释片是药物和一种或多种骨架材料以及其他辅料，通过制片工艺而成型的片状固体制剂。使用不同的骨架材料或采用不同的工艺制成的骨架片，可以不同的释药机制延长作用时间、减少服用次数、降低刺激性或副作用。多孔型骨架片的药物通过微孔道扩散而释放，服从 Higuchi 方程，个别也可达零级释放；无孔型骨架片的释药是外层表面的溶蚀-分散-溶出过程，可通过改变骨架材料用量或采用多种混合骨架材料等来调节释药速率，其释药过程服从一级或近一级动力学过程，少数可调节至零级过程。

为了获得可靠的治疗效果又避免突释引起毒副作用的危险性，需要通过释放度的测定找出其释放规律，从而优选骨架材料，控制释药速度，确保疗效。释放度的测定可依照溶出度测定法进行，释放介质为人工胃液和人工肠液，也可用水或其他介质。采用 3 个以上取样时间点，在规定时间和规定取样点吸取溶液适量，滤过，测定并计算释放度。

三、仪器与试剂

1. 仪器：压片机、制粒机、烘箱、溶出度仪、紫外-可见分光光度计、石英比色皿（1 cm）、研钵、电子天平、搪瓷盘、不锈钢丝筛（80 目、40 目）、尼龙筛（18 目、16 目）、量筒（1000 mL，10 mL）、针头过滤器（0.45 μm）、注射器、量瓶（500 mL、25 mL、10 mL）、移液器或移液管（5 mL、1 mL、0.1 mL）。

2. 试剂：茶碱、羟丙甲纤维素（HPMC K10M）、微晶纤维素（MCC）、乳糖、滑石粉、乙醇（90 %）等。

四、实验步骤

1. 茶碱亲水凝胶骨架片的制备

【处方】

茶碱亲水凝胶骨架片的处方组成见表 3-8。

表 3-8　茶碱亲水凝胶骨架片的处方组成

原辅料	每 100 片用量/g		
	处方 I	处方 II	处方 III
茶碱	10.0	10.0	10.0
HPMC K10M	2.0	3.0	4.0
MCC	0.5	0.5	0.5
乳糖	5.0	5.0	5.0
90 %乙醇	适量	适量	适量
滑石粉	1.5	1.5	1.5

【制备】

湿法制粒压片法：取茶碱、HPMC K10M、MCC 及乳糖，粉碎，过 80 目筛。按处方称取上述原、辅料，在研钵中混合，过 40 目筛混合 3 次，加 90%乙醇适量制软材，过 18 目尼龙筛制粒，湿颗粒于 50～60 ℃烘箱干燥，16 目筛整粒，加入滑石粉混匀，压片。每片含茶碱 100 mg。

【作用与用途】

本品适用于支气管哮喘、喘息型支气管炎、阻塞性肺气肿等，可缓解喘息症状；也可用于心源性肺气肿引起的哮喘。

2．茶碱亲水凝胶骨架片的释药评价

(1) 标准曲线的制备：精密称取茶碱对照品约 20 mg，置于 100 mL 量瓶中，加入 0.1 mol·L⁻¹ 盐酸溶解并稀释至刻度。精密吸取 10 mL，置于 50 mL 量瓶中，加纯化水定容。量取 0.0 mL、0.5 mL、1.0 mL、1.5 mL、2.0 mL、2.5 mL、3.0 mL 分别置于 10 mL 量瓶中，加纯化水定容。按照分光光度法，在 270 nm 波长处测定吸光度，以质量浓度对吸光度作图并进行线性回归，得标准曲线和回归方程。

(2) 释放度的测定：取茶碱亲水凝胶骨架片 6 片，按 2020 年版《中国药典》四部缓释、控释及迟释制剂的评价与要求使用溶出度测定仪，采用溶出度测定法第二法（桨法）的装置，以纯化水 900 mL 为释放介质，温度为 (37 ± 0.5) ℃，转速为 50 r·min⁻¹，依法操作，在 0 h、1 h、2 h、3 h、4 h、6 h、8 h 和 12 h 分别取释放液 3 mL，同时补加相同温度的释放介质 3 mL，样品经针头式过滤器滤过，精密量取续滤液 1 mL，置于 10 mL 量瓶中，加纯化水至刻度，摇匀，按照分光光度法，在 270 nm 波长处测定吸光度，依据回归方程分别计算出每片在上述不同时间的溶出量。

(3) 释放曲线的绘制与释药模型的拟合：计算各取样时间药物的累积释放量，并按标示量（100 mg）计算各取样时间药物的累积释放百分率。

$$累积释放百分率 = \frac{溶出介质中药物浓度 \times 溶出介质体积}{标示量} \times 100\%$$

以累积释放百分率对时间作图，得释药曲线，若满足 $M_t/M_\infty = k\,t$，则为零级释放。

以待释放百分率的对数对时间作图（待释放百分率=100%–累积释放百分率），考察所得曲线是否近似呈直线，即满足 $\ln(1-M_t/M_\infty) = -k\,t$。若该曲线呈直线，则表明缓释片的释药呈现一级速率过程。

以累积释放百分率对时间的平方根作图，若满足 $M_t/M_\infty = k\,t^{1/2}$，则为 Higuchi 释放。

采用最小二乘法分别按以上 3 种数学模型进行拟合，求相关系数。相关系数最大且均方差最小者为最佳。

五、实验结果与分析

1．茶碱的标准曲线与回归方程

实验结果记录于表 3-9 中。

表 3-9 茶碱的标准曲线与回归方程

编号	1	2	3	4	5	6	7
浓度 $c/(\mu g \cdot mL^{-1})$							
吸光度 A							
回归方程					R		
线性范围	$\mu g \cdot mL^{-1}$						

2. 茶碱亲水凝胶骨架片的释药

实验结果记录于表 3-10。

表 3-10 茶碱亲水凝胶骨架片的药物释放数据

时间 /h	吸光度 A	溶出量 Y	累积释药量 M_t	累积释放百分率 M_t/M_∞	$t^{1/2}$	待释放百分率 /%	待释放百分率的对数 $\ln(1-M_t/M_\infty)$
0							
1							
2							
3							
4							
6							
8							
12							
释药机理	零级方程			相关系数		均方差	
	一级方程						
	Higuchi 方程						

六、注意事项

(1) 茶碱缓释片中 HPMC 用量增加时，片剂遇水后形成凝胶层的速率加快、厚度增加，导致水分向片芯渗透速率减小，片剂骨架溶蚀减缓、茶碱释放速率减慢；若片中水溶性小分子乳糖用量增加，可在一定程度上促使水分渗入片芯，使片剂溶蚀加快，释药速率加快。因而，茶碱缓释片可通过 HPMC、乳糖用量的改变来调节药物的释放速率。

(2) 以 90％乙醇为润湿剂制软材时，乙醇用量应适宜，使软材达到手握成团，轻压即散。制得的颗粒应以无长条、块状和过多细粉为宜。

(3) 对所用的溶出度测定仪，应预先检查其是否运转正常，并检查温度、转速的控制等是否精确；桨的位置应按规定高度安装，桨底部距溶出杯底应为 25 mm。

(4) 样液用针头式过滤器滤过时，应注意滤膜安装是否正确紧密，否则会影响测定数据的准确性。

(5) 按规定的取样时间取样，从 6 个溶出杯中取样的时间应在 1 min 内完成，自取样至滤过应在 30 s 内完成。建议采用每隔 1 min 放下一根转杆，将供试品逐一放入溶出介质中的方法以确保按时从容取样。

七、思考题

1. 在茶碱缓释片处方中，HPMC 起什么作用？MCC、乳糖又各起什么作用？
2. 缓控释制剂释放度的测定有何要求？其释放度标准为何至少需 3 个控制点？
3. 缓控释制剂进行体外释放度检查有何意义？如何使其具有实用价值？

实验六　颗粒剂的制备

一、实验目的

1. 掌握颗粒剂的制备工艺流程。
2. 熟悉中药提取、精制的一般过程。
3. 熟悉颗粒剂的常规质量检查方法。

二、实验原理

颗粒剂是指原料药物与适宜的辅料混合制成的具有一定粒度的干燥颗粒状制剂，可分为可溶颗粒、混悬颗粒、泡腾颗粒、肠溶颗粒、缓释颗粒和控释颗粒等。颗粒剂既有较大的比表面积，溶出速度较快，又有易分散或溶解、起效快、剂量易控制等特点。

颗粒剂的制备一般经过原辅料的处理、制粒、干燥、整粒、质量检查等环节。中药可经提取、浓缩等工序制成浸膏，加入糖粉、糊精等赋形剂制成颗粒，经低温干燥、整粒即得颗粒剂。中药浸膏的黏性大而易使颗粒重新黏合，操作中可用高浓度乙醇为润湿剂制备软材。

三、仪器与试剂

1. 仪器：电磁炉、紫外光灯、电子天平、不锈钢锅、旋转蒸发仪、玻璃棒、制粒机、药筛（100 目、16 目、12 目）、搪瓷盘、烘箱、烧杯、称量瓶、纱布或滤布等。
2. 试剂：板蓝根、蔗糖、糊精、维生素 C、酒石酸、乙醇、茚三酮试液、纯化水等。

四、实验步骤

1. 板蓝根颗粒剂的制备

【处方】

板蓝根 200 g、蔗糖粉适量、糊精适量，制成 20 袋。

【制备】

取板蓝根 200 g，加纯化水浸泡 30 min，煎煮 2 次，第 1 次加 6 倍量水，煎 1 h，第 2 次加 4 倍量水，煎 0.5 h，煎液纱布过滤，滤液合并，浓缩至适量（约 200 mL，1∶1，即 1 份浓缩液相当于 1 份药材），加 95 %乙醇，边加边搅拌，使含醇量达 60 %，静置使沉淀。取上清液，回收乙醇并浓缩至相对密度为 1.30～1.33（80 ℃）的清膏（约 60 mL，1∶3，即 1 份清膏相当于 3 份药材）。取清膏适量，按清膏∶蔗糖∶糊精=1∶3∶1（$W/W/W$）的比例加入蔗糖粉和糊精，边加边搅拌，用 95 %的乙醇制软材，16 目筛挤压制湿颗粒，于 60 ℃干燥 30 min，12 目筛整粒，按每袋相当于板蓝根 10 g 分装于塑料袋中。

【注解】

（1）浓缩药液时，如果溶液过稠或快要浓缩成浸膏时应将火力减弱、缓慢间隔加热，以免浸膏底部因受热不均而变糊。

（2）制备软材时，应根据浸膏的黏稠程度、辅料加入后的情况适量滴加乙醇。

【质量检查】

（1）鉴别：①取本品 0.5 g，加水 5 mL 使溶解，静置，取上清液点于滤纸上，晾干，置紫外光灯（365 nm）下观察，斑点显蓝紫色。②取本品 0.5 g，加水 10 mL 使溶解，滤过。取滤液 1 mL，加茚三酮试液 0.5 mL，置水浴上加热数分钟，显蓝色。

（2）粒度：取本品 5 袋，称重，置药筛内过筛，过筛时，将药筛保持水平状态，左右往返轻轻筛动 3 min，不能通过一号筛和能通过四号筛的总和不得超过 8 %。

（3）水分：取本品 3 g，平铺于称量瓶中，照烘干法测定，含水量不得超过 6.0 %。

（4）溶化性：取本品 1 袋，加热水 200 mL，搅拌 5 min，应全部溶化（允许有轻微浑浊）。

（5）装量差异：取本品 10 袋，照装量差异检查法测定，单剂量包装的颗粒剂装量差异限度为±5 %（表 3-11）。

表 3-11 颗粒剂单剂量包装装量差异限度

标示装量/g	装量差异限度/%
≤1.0	±10
1.0～1.5	±8
1.5～6.0	±7
>6.0	±5

【作用与用途】

清热解毒，凉血利咽、消肿。用于扁桃腺炎、腮腺炎、咽喉肿痛、小儿麻疹治疗及传染性肝炎预防等。

2. 维生素 C 颗粒剂的制备

【处方】

维生素 C 3 g、糊精 30 g、糖粉 26 g、酒石酸 1 g、50 %乙醇适量，制成 30 袋。

【制备】

将维生素 C、糊精、糖粉分别过 100 目筛，按配研法将维生素 C 和辅料混匀，再将酒石酸溶于 50 %乙醇中，一次性加入上述混合物中，混匀，制软材。过 16 目尼龙筛制粒，60 ℃以下干燥，12 目筛整粒，分装成 30 袋（每袋 2 g）。

【注解】

(1) 维生素 C 易氧化变色，含量下降，尤其当金属离子（特别是铜离子）存在时氧化更快。故在配方中加酒石酸作为稳定剂。

(2) 糖粉能增加颗粒硬度，兼有矫味作用。50 %乙醇为润湿剂。

【质量检查】

(1) 外观：颗粒应干燥、均匀、色泽一致，无吸潮、软化、结块、潮解等现象。

(2) 粒度：取本品 5 袋，照双筛分法检查，不能通过一号筛和能通过五号筛的总和不得超过供试量的 15 %。

(3) 干燥失重：照干燥失重法测定，含糖颗粒剂在 80 ℃真空干燥，减失重量不得超过 2.0 %。

(4) 溶化性：取本品 10 g，加热水 200 mL，搅拌 5 min，可溶性颗粒应全部溶化或轻微浑浊，但不得有异物。

(5) 装量差异：取本品 10 袋，照装量差异检查法测定，单剂量包装的颗粒剂装量差异限度为±7 %。

【作用与用途】

本品参与体内多种代谢过程，降低毛细血管脆性，增加机体抵抗力。用于防治维生素 C 缺乏症，也可用于各种急慢性传染性疾病及紫癜等的辅助治疗。

五、实验结果与分析

实验结果记录于表 3-12 中。

表 3-12　颗粒剂的质量评价结果

制剂	外观	粒度	水分/%	干燥失重/%	溶化性	装量差异/%
板蓝根颗粒剂						
维生素 C 颗粒剂						

六、思考题

1. 中药颗粒剂的制备中为何选用乙醇制粒？

2. 颗粒剂处方中糖粉和糊精起何作用？
3. 结合实验谈谈制软材和制湿颗粒的体会。

实验七　膜剂的制备

一、实验目的

1. 掌握小剂量制备膜剂的方法和操作要点。
2. 熟悉常用成膜材料的性质和特点。
3. 了解膜剂的质量评价方法。

二、实验原理

膜剂是指将药物溶解或均匀分散在成膜材料中制成的薄膜状剂型。膜剂的成型主要取决于成膜材料，处方中还需加入增塑剂（如甘油、丙二醇等）、着色剂、填充剂（如糊精、淀粉等）、表面活性剂、脱膜剂（如液体石蜡、甘油、滑石粉等）等辅料。

实验室常采用流延法、刮板法来制备膜剂。刮板法制备膜剂的工艺过程为：在洁净的玻璃板上撒少许滑石粉（或涂少许液体石蜡等脱膜剂），用清洁纱布擦拭。然后将浆液倒上，用有一定间距的刮刀（或玻璃棒）将其刮平后置一定温度的烘箱中干燥，脱膜，即得。除用脱膜剂外，也可用聚乙烯薄膜为"垫材"，具体操作方法为：玻璃板用75%乙醇涂擦，趁湿铺上一张两边宽于玻璃板的聚乙烯薄膜，驱出残留气泡，使薄膜紧密平展地贴于玻璃板上，再把两边宽出部分贴在玻璃板反面，使薄膜固定即可用于制备药膜。

三、仪器与试剂

1. 仪器：玻璃板、玻璃棒、尼龙筛（80目）、水浴锅、烘箱、烧杯、刀片、量筒、千分尺、保鲜膜、普通天平等。
2. 试剂：甲硝唑、聚乙烯醇（PVA 17-88）、甘油、硝酸钾、Tween-80、羧甲基纤维素钠（CMC-Na）、糖精钠、正丁醇、纯化水等。

四、实验步骤

1. 甲硝唑口腔溃疡膜的制备
【处方】
甲硝唑 0.3 g、聚乙烯醇（PVA 17-88）5 g、甘油 0.3 g、纯化水 50 mL。

【制备】

取 PVA 17-88，用纯化水浸泡过夜，待充分溶胀后，置于 80～90 ℃水浴上加热使溶解，加入甘油，搅匀，溶液趁热用 80 目筛网过滤。滤液放冷后加甲硝唑，搅拌使其溶解，置 30～40 ℃水浴上保温静置 30 min 以脱除气泡，必要时用药匙将表面泡沫除去（或加入几滴正丁醇脱泡）。然后趁热倒在以保鲜膜为垫材的 5 cm×10 cm 玻璃板上用刮板法制膜，厚度约为 0.3 mm，于 80 ℃烘箱干燥后切成 2 cm×1.5 cm 的小片，备用。

【注解】

(1) PVA 17-88 的浸泡溶胀时间必须充分，水温不宜超过 40 ℃且应加盖，以免水分蒸发，难以充分溶胀。溶解后应趁热过滤，除去杂质，放冷后不易过滤。

(2) 药物与胶浆混匀后应静置除去气泡，涂膜时不宜搅拌，以免形成气泡。除气泡后应及时制膜，久置后，药物易沉淀，使含量不均匀。

(3) 玻璃板应光洁、平整，可预先涂少量液体石蜡或撒少许滑石粉等脱模剂，用洁净纱布擦去，再预热至 45 ℃，以利脱膜。

【作用与用途】

本品用于牙龈炎、牙周炎、冠周炎及口腔溃疡的治疗。

2．硝酸钾牙用膜剂的制备

【处方】

硝酸钾 1.5 g、Tween-80 0.2 g、CMC-Na 3.0 g、甘油 0.3 g、糖精钠 0.1 g、纯化水适量。

【制备】

取 CMC-Na，加纯化水 60 mL 浸泡，放置过夜，次日于水浴上加热使溶解。另取甘油、Tween-80 混匀，加糖精钠、硝酸钾、纯化水 5 mL，加热溶解后，在搅拌下倒入胶浆内，保温去泡，倒在涂有适量液体石蜡的玻璃板上，用刮板法制膜，于 80 ℃下烘箱干燥 15 min，即得。

【注解】

(1) 硝酸钾、糖精钠应完全溶解于水后再与胶浆混匀。

(2) 制膜后应立即烘干，以免硝酸钾等析出结晶，造成药膜中有粗大结晶及药物含量不均匀。

(3) CMC-Na 的浸泡时间必须充分，水温不宜超过 40 ℃且应加盖，以免水分蒸发，难以充分溶胀。

【作用与用途】

本品为牙本质脱敏剂，可快速消除过敏症状。

3．膜剂的质量检查

(1) 外观：应平整、光洁，厚度一致，色泽均匀，无明显气泡。

(2) 厚度：厚度应为 (0.065 ± 0.015) mm。取一张膜，用千分尺测量膜的四边，取其平均值，应符合规定。四边中任何一边不得低于 0.04 mm 或高于 0.09 mm。

(3) 重量差异：取 20 片膜，精密称定总重量，计算平均膜重后，再分别精密称定每片膜的重量。每片膜的重量与平均膜重相比较，超出重量差异限度的膜片不得多于 1 片，并不得超过限度的 1 倍（表 3-13）。

表 3-13　膜剂的重量差异限度

平均重量/g	重量差异限度/%
≤0.02	±15
0.02～0.20	±10
>0.20	±7.5

（4）溶化时限：取药膜 5 片，分别用两层筛孔内径为 2 mm 的不锈钢网夹住，按《中国药典》2020 年版四部片剂崩解时限项下方法测定，应在 15 min 内全部溶化，并通过筛网。

五、实验结果与分析

实验结果记录于表 3-14 中。

表 3-14　膜剂的质量检查结果

名称	外观	厚度/mm	平均膜重/mg	重量差异/%	溶化时限/min
甲硝唑口腔溃疡膜					
硝酸钾牙用膜剂					

六、思考题

1．膜剂处方中的甘油起什么作用？
2．膜剂制备中，如何防止气泡的产生？

实验八　软膏剂的制备

一、实验目的

1．掌握不同类型、不同基质软膏剂的制备方法。
2．熟悉常用软膏剂基质的主要性质。
3．了解软膏剂的质量评价方法。

二、实验原理

软膏剂是指药物与适宜的基质均匀混合而制成的具有适当稠度的膏状外用制剂。基质是软膏剂的赋形剂，它使软膏剂具有一定的剂型特性且影响软膏剂的质量及药物疗效的发挥，基质本身兼具保护与润滑皮肤的作用。

软膏剂可根据药物与基质的性质采用研合法、熔融法和乳化法制备。固体药物可用基质中的适当组分溶解，或先粉碎成细粉与少量基质或液体组分研成糊状，再与其他基质研匀。所制得的软膏剂应均匀、细腻、具有适当的黏稠性，易涂于皮肤或黏膜上且无刺激性。本实验在制备油脂性、乳剂型和水溶性基质的基础上，以水杨酸为模型药物，制成不同类型基质的水杨酸软膏剂，并进行质量评价。

三、仪器与试剂

1. 仪器：恒温水浴锅、蒸发皿、研钵、磁力搅拌器、软膏板、软膏刀、量筒、烧杯、玻璃棒、显微镜、离心机、离心管（10 mL）等。

2. 试剂：水杨酸、液体石蜡、白凡士林、十八醇、单硬脂酸甘油酯、十二烷基硫酸钠、甘油、对羟基苯甲酸乙酯、固体石蜡、Span-80、Tween-80、羧甲基纤维素钠、苯甲酸钠、苏丹红、亚甲基蓝、纯化水等。

四、实验步骤

1. 油脂性基质水杨酸软膏的制备

【处方】

水杨酸 1 g、液体石蜡 5 g、白凡士林加至 20 g。

【制备】

取水杨酸 1 g 置于研钵中研细，加入 5 g 液体石蜡研成糊状，分次加入白凡士林，混合，研匀，即得。

【注解】

(1) 处方中的白凡士林基质可根据气温以液体石蜡调节稠度。

(2) 水杨酸需先粉碎成细粉，配制过程中避免接触金属器皿。

2. O/W 乳剂型基质水杨酸软膏的制备

【处方】

水杨酸 1.0 g、白凡士林 2.4 g、十八醇 1.6 g、单硬脂酸甘油酯 0.4 g、十二烷基硫酸钠 0.2 g、甘油 1.4 g、对羟基苯甲酸乙酯 0.04 g，纯化水加至 20 g。

【制备】

取白凡士林、十八醇和单硬脂酸甘油酯置于烧杯中，水浴加热至 70～80 ℃使其熔化，作为油相；将十二烷基硫酸钠、甘油、对羟基苯甲酸乙酯和计算量的纯化水置另一烧杯中加热至 70～80 ℃使其溶解，作为水相；在搅拌下将水相以细流状加到油相中，在水浴上继续保持恒温并搅拌至呈乳白色半固体状，然后在室温下继续搅拌至冷凝，即得 O/W 乳剂型基质。

取研细的水杨酸置于软膏板上或研钵中，分次加入制得的 O/W 乳剂型基质，研匀，制得

20 g 水杨酸软膏。

【注解】

（1）采用乳化法制备乳剂型基质时，油相和水相混合前应分别于水浴上加热并保持温度约 80 ℃，然后将水相缓缓加到油相溶液中，边加边快速顺向搅拌，使制得的基质细腻。若不沿一个方向搅拌，往往难以制得合适的乳剂型基质。

（2）处方中的单硬脂酸甘油酯为辅助乳化剂，可增加乳剂的稳定性。

（3）决定乳剂型基质类型的主要是乳化剂的类型，但还应考虑处方中油、水两相的用量比例。例如，乳化剂是 O/W 型，但处方中水相的量比油相的量少时，往往难以得到稳定的 O/W 乳剂型基质，而会转相生成 W/O 乳剂型基质，且极不稳定。

3．W/O 乳剂型基质水杨酸软膏的制备

【处方】

水杨酸 1.0 g、单硬脂酸甘油酯 2.0 g、固体石蜡 2.0 g、白凡士林 1.0 g、液体石蜡 10.0 g、Span-80 0.1 g、Tween-80 0.1 g、对羟基苯甲酸乙酯 0.02 g，纯化水加至 20.0 g。

【制备】

取锉成细末的固体石蜡、单硬脂酸甘油酯、白凡士林、液体石蜡、Span-80、乳化剂 OP 和对羟基苯甲酸乙酯于烧杯中，水浴上加热熔化并保持 80 ℃。放置冷凝，即得 W/O 乳剂型基质。

用此基质，分次加入水杨酸，混匀，即得水杨酸软膏 20 g。

【注解】

（1）处方中 Span-80 为主要的 W/O 型乳化剂，Tween-80 为 O/W 型乳化剂，用以调节基质至适宜的 HLB 值即 7 左右，起稳定作用。单硬脂酸甘油酯起辅助乳化和增稠作用，使制得的软膏光亮细腻。处方中油相的量大于水相的量，因此基质为 W/O 乳剂型基质。

（2）乳化法中两相混合的搅拌速度不宜过慢或过快，以免乳化不完全或因混入大量空气使成品失去细腻感和光泽并易变质。为了得到合格的乳剂型基质，搅拌必须沿一个方向进行。

（3）不溶性药物应先研细过筛再按等量递加法与基质混合。药物加入熔化的基质后，应不停搅拌至冷凝，否则药物分散不匀。但已凝固后应停止搅拌，否则，空气进入膏体使软膏不能久贮。

4．水溶性基质水杨酸软膏的制备

【处方】

水杨酸 1.0 g、羧甲基纤维素钠 1.2 g、甘油 2.0 g、苯甲酸钠 0.1 g，纯化水加至 20.0 g。

【制备】

取羧甲基纤维素钠置于研钵中，加入甘油研匀，然后边研边加入溶有苯甲酸钠的水溶液约 12 mL，待溶胀 15 min 后研匀，加纯化水至全量，研匀，即得水溶性基质。

用此基质，分次加入水杨酸，混匀，即得水杨酸软膏 20 g。

【注解】

用 CMC-Na 等高分子物质制备溶液时，可先撒在水面上，放置数小时，切忌搅动，使其吸水充分膨胀后，再加热溶解。否则因搅动而成团，使水分子难以进入而导致很难溶解制成溶液。若先用甘油研磨而分散开后,再加水时则不易结成团块,会很快溶解。

  5．软膏剂的质量评价

  (1) 外观性状:具有适当的黏稠度,外观均匀、细腻,无酸败,无异臭。易于涂布于皮肤或黏膜上,不融化,无刺激性。

  (2) 乳剂型软膏基质类型的鉴别:加苏丹红油溶液 1 滴,置显微镜下观察,若连续相呈红色,则为 W/O 型乳剂。加亚甲基蓝水溶液 1 滴,置显微镜下观察,若连续相呈蓝色,则为 O/W 型乳剂。

  (3) 稳定性试验

  ① 耐热耐寒试验:将软膏剂分别放置于 55 ℃恒温 6 h 与-18 ℃放置 24 h,观察有无液化、粗化、分层等现象。

  ② 离心试验:将软膏剂样品置于 10 mL 离心管中,3000 r·min^{-1}离心 30 min,观察有无分层现象。

五、实验结果与分析

  1．将制备得到的 4 种水杨酸软膏涂在自己的皮肤上,评价是否均匀细腻,记录皮肤的感觉,比较 4 种软膏的黏稠性与涂布性,讨论 4 种软膏中各组分的作用。

  2．比较 4 种水杨酸软膏的质量。

  实验结果记录于表 3-15 中。

表 3-15　不同类型基质水杨酸软膏的质量评价结果

制剂	性状	基质类型鉴别	耐热耐寒试验	离心试验
油脂性基质 水杨酸软膏				
O/W 乳剂型基质 水杨酸软膏				
W/O 乳剂型基质 水杨酸软膏				
水溶性基质 水杨酸软膏				

六、思考题

  1．分析 4 种水杨酸软膏中各组分的作用。

  2．软膏剂制备过程中药物的加入方法有哪些?

  3．制备乳剂型软膏基质时为什么要将两相均加温至 70～80 ℃?

实验九 中药浸出制剂的制备

一、实验目的

1. 掌握浸渍法、渗漉法制备酊剂、流浸膏剂的方法。
2. 掌握酊剂、流浸膏剂对药物含量的一般规定。
3. 掌握中药制剂的鉴别及含量测定方法。

二、实验原理

浸出制剂是指用适当的溶剂和方法，从药材中浸出有效成分所制成的供内服或外用的药物制剂。浸出制剂主要有汤剂、酒剂、酊剂、流浸膏剂、浸膏剂等。

酊剂是指药物用规定浓度的乙醇浸出或溶解制成的澄清液体制剂，也可用流浸膏稀释制成。一般酊剂每 100 mL 相当于原药材 20 g。流浸膏剂是指药材用适宜的溶剂浸出有效成分后，蒸去部分溶剂，调整浓度至规定标准而制成的制剂，也可用浸膏剂加规定溶剂稀释制成。一般 1 mL 流浸膏相当于原药材 1 g。

制备浸出制剂时，常用的溶剂有水、乙醇、石油醚、丙酮、脂肪油等。为了提高浸出速度和浸出效果，可用混合溶剂，也可用酸、碱调节溶剂的 pH，或在溶剂中加适量的表面活性剂等。药材中有效成分的浸出过程包括浸润、溶解、扩散及置换四个阶段。常用的浸出方法有浸渍法、渗漉法、煎煮法等。

三、仪器与试剂

1. 仪器：圆锥形渗漉筒（500 mL）、磨塞广口瓶（500 mL）、木槌、旋转蒸发仪、超声波清洗器、接收瓶（250 mL）、蒸馏瓶（250 mL）、量杯（500 mL）、球形冷凝管（25 cm）、温度计、石棉网、电磁炉、天平、脱脂棉、纱布等。
2. 试剂：橙皮（粗粉）、桔梗（粗粉）、乙醇、纯化水等。

四、实验步骤

1. 橙皮酊的制备

【处方】

橙皮（粗粉）50 g、乙醇（70 %）500 mL。

【制备】

(1) 浸渍法：称取干燥橙皮粗粉 50 g，置磨塞广口瓶中，加 70 %乙醇 200 mL，密盖，不时加以振摇，室温浸渍 3 d，倾取上清液，用纱布过滤，残渣中挤出的残液与滤液合并，加 70 %的乙醇至全量，静量 24 h，过滤即得。含醇量为 48 %～54 %。

(2) 超声波强化浸出法：称取干燥橙皮粗粉 50 g，置磨塞广口瓶中，加 70 %乙醇 200 mL，加盖，置超声波清洗器（输出功率 250 W）槽内水液中，超声浸出 1 h，倾取上清液，用纱布过滤，残渣用力压榨出残液，与滤液合并，加 70 %的乙醇至全量，静置 1 h，过滤即得。

【注解】

(1) 新鲜橙皮与干燥橙皮的挥发油含量相差较大，规定用干燥橙皮投料。

(2) 用 70 %乙醇能使橙皮中的挥发油及黄酮类成分提取充分，且可防止苦味树脂等杂质的溶入。

(3) 超声强化浸出时应使清洗槽内水的液面略高于容器内药材及浸出溶剂的液面，以利强化浸出。

【作用与用途】

本品为芳香或苦味健胃药，亦有祛痰作用，常用于配制橙皮糖浆。

2．桔梗流浸膏剂的制备

【处方】

桔梗（粗粉）60 g、乙醇（70 %）适量，制成 60 mL。

【制备】

渗漉法：称取桔梗粗粉，加 70 %乙醇适量使粗粉均匀湿润，膨胀后，分次均匀填装于渗漉筒内，加 70 %乙醇浸没，浸渍 48 h。缓缓渗漉，流速 1～3 mL·min^{-1}，先收集药材重量的 85 %的渗漉液，另器保存，继续渗漉，续漉液经低温减压浓缩后，与初漉液合并，调整至 60 mL，静置数日，过滤即得。含醇量为 50 %～60 %。

【注解】

(1) 桔梗的有效成分是皂苷，不宜采用低含量乙醇作溶剂或在酸性水溶液中煮沸，以免苷类水解。若必须用稀醇（体积分数为 55 %）浸出时，应加入氨溶液调整至微碱性，以延缓苷的水解。

(2) 装渗漉筒前，应先用溶剂将药粉湿润。装筒时应分次投入，逐层压平，做到松紧均匀。投料完毕用滤纸或纱布覆盖，加少许干净碎石以防止药材松动或浮起。加溶剂时宜缓慢并注意使药材间隙不留空气，渗漉速度以 1～3 mL·min^{-1} 为宜。

(3) 药材粉碎程度与渗出效率密切相关。对橙皮等组织较疏松的药材选用其粗粉浸出，而对桔梗等组织相对致密的药材可选用中等粉或粗粉。粉末过细会导致树胶、鞣质、蛋白等黏稠物质的浸出，对主药成分的浸出不利。

【作用与用途】

本品为祛痰剂，常用于配制咳嗽糖浆。

3．浸出制剂含醇量的测定

沸点法：量取酊剂（或流浸膏剂）样品 50 mL，加至附有冷凝管和温度计的蒸馏瓶中，加少量止爆剂，在石棉网上加热，当样品温度升至 60～70 ℃时继续缓缓加热至沸腾状态。从样品开始沸腾，经过 5～10 min，准确测量沸点（准确至 0.1 ℃），对照含醇量与沸点对照表查出样品的含醇量（表 3-16）。

表 3-16　醇含量（体积比）与沸点对照表（大气压：760 mmHg，1 mmHg=0.133 kPa）

沸点/℃	醇含量/%	沸点/℃	醇含量/%	沸点/℃	醇含量/%	沸点/℃	醇含量/%
99.3	1	87.1	25	82.9	49	80.5	73
98.3	2	86.8	26	82.8	50	80.4	74
97.4	3	86.6	27	82.7	51	80.3	75
96.6	4	86.4	28	82.6	52	80.2	76
96.0	5	86.1	29	82.5	53	80.1	77
95.1	6	85.9	30	82.4	54	80.0	78
94.3	7	85.6	31	82.3	55	79.9	79
93.7	8	85.4	32	82.2	56	79.8	80
93.0	9	85.2	33	82.1	57	79.7	81
92.5	10	85.0	34	82.0	58	79.6	82
92.0	11	84.9	35	81.9	59	79.5	83
91.5	12	84.6	36	81.8	60	79.45	84
91.1	13	84.4	37	81.7	61	79.4	85
90.7	14	84.3	38	81.6	62	79.3	86
90.5	15	84.2	39	81.5	63	79.2	87
90.0	16	84.1	40	81.4	64	79.1	88
89.1	17	83.9	41	81.3	65	79.0	89
89.0	18	83.8	42	81.2	66	78.85	90
88.8	19	83.7	43	81.1	67	78.8	91
88.5	20	83.5	44	81.0	68	78.7	92
88.1	21	83.3	45	80.9	69	78.6	93
87.8	22	83.2	46	80.8	70	78.5	94
87.5	23	83.1	47	80.7	71	78.3	95
87.2	24	83.0	48	80.6	72		

五、实验结果与分析

1. 记录橙皮酊和桔梗流浸膏剂的外观、色泽、气味、沸点、含醇量。实验结果记录于表 3-17 中。

表 3-17　橙皮酊和桔梗流浸膏剂的质量评价结果

制剂	外观	色泽	气味	沸点/℃	含醇量/%
橙皮酊					
桔梗流浸膏					

2. 记录桔梗流浸膏制备过程中的醇用量和含醇量，根据实际投入醇用量、制成产品的含醇量和回收乙醇量计算乙醇的损耗百分率。实验结果记录于表 3-18 中。

表 3-18　桔梗流浸膏的乙醇物料平衡数据表

消耗记录	醇用量/mL	折合 95 % 醇量	获得记录	含醇量/mL	折合 95 % 醇量
润湿药材			成品流浸膏		
初漏液			回收乙醇		
渗漏过程			损耗		
稀释膏体					
总计			总计		

六、思考题

1. 橙皮酊除用浸渍法制备外，能否用橙皮挥发油溶于乙醇溶液中制得？试比较其优缺点及适用性。

2. 渗漉法制备浸出制剂时，粗粉先用溶剂湿润膨胀，浸渍一定时间并先收集药材量 85 % 的初漉液另器保存，去除溶剂须在低温下进行，分析如此操作的原因。

3. 比较浸渍法和渗漉法的特点及适应性。

实验十　黄芩苷固体分散体的制备

一、实验目的

1. 掌握共沉淀法和熔融法制备固体分散体的工艺。
2. 掌握溶出度测定的方法及溶出速率曲线的绘制。
3. 了解聚乙烯吡咯烷酮类和聚乙二醇类载体材料的基本性质。

二、实验原理

固体分散体系指药物以分子、胶态、微晶等状态均匀分散在某一固态载体物质中所形成的分散体系。将药物制成固体分散体可以增加难溶性药物的溶解度和溶出速率；控制药物释放；利用载体的包蔽作用，掩盖药物的不良嗅味和降低药物的刺激性；使液体药物固体化等。

制备固体分散体所用的载体材料分为水溶性载体材料（如聚乙二醇类、聚乙烯吡咯烷酮类等）、难溶性载体材料（如脂质类、纤维素衍生物类等）、肠溶性载体材料（如聚丙烯酸树脂类等）三大类。常用的固体分散技术有溶剂蒸发法（共沉淀法）、熔融法、溶剂-熔融法、研磨法等。药物与载体是否形成了固体分散体，采用红外光谱法、热分析法、粉末 X 射线衍射法、核磁共振谱法、溶解度及溶出度测定法等方法验证。

本实验以黄芩苷为模型药物，分别以聚维酮 K$_{30}$、PEG 6000 为载体材料，采用共沉淀法和熔融法制备速释型固体分散体，通过测定溶出度进行物相鉴别。

三、仪器与试剂

1. 仪器：蒸发皿、恒温水浴锅、研钵、紫外-可见分光光度仪、溶出度测定仪、真空干燥箱、超声波清洗器、玻璃板（或不锈钢板）、量瓶、量筒、烧杯、试管、注射器（5 mL）、微孔滤膜（0.45 μm）、80 目筛、电子天平、吸管等。

2. 试剂：黄芩苷、PVP K$_{30}$、PEG 6000、无水乙醇、盐酸等。

四、实验步骤

1. 黄芩苷-PVP（或 PEG）固体分散体的制备

【处方】

黄芩苷 0.5 g、PVP K$_{30}$（或 PEG 6000）4.0 g。

【制备】

（1）共沉淀法制备黄芩苷-PVP 固体分散体：称取黄芩苷 0.5 g，置于蒸发皿中，加入无水乙醇 10 mL，在 60～70 ℃水浴上加热溶解与分散约 2 min，加入处方量的 PVP K$_{30}$，待 PVP 全部溶解后将水浴温度提高至 80～90 ℃，搅拌下快速蒸去溶剂（听到啪啪声，药物和辅料呈均一的黏稠状态），取下蒸发皿，冷却（冷水浴或冰水浴）至室温，置于真空干燥箱内干燥 2～3 h，研钵中研碎，过 80 目筛，即得。

（2）熔融法制备黄芩苷-PEG 固体分散体：称取黄芩苷 0.5 g，PEG 6000 4.0 g（必要时粉碎过 80 目筛），置于蒸发皿中，加热熔融，混合均匀。搅拌下，立即倾倒在不锈钢板或玻璃板上（下面放冰块），使成薄片并迅速固化，继续冷却 10 min，将产品置于真空干燥箱内干燥 2～3 h，研钵中研碎，过 80 目筛，保存于干燥器内。

【注解】

（1）溶剂的蒸发速度是影响黄芩苷-PVP 共沉淀物均匀性和防止药物结晶析出的重要因素，在搅拌下快速蒸发，其均匀性好，结晶不易析出。

（2）黄芩苷在载体 PEG 中的分散时间影响药物的分散状态与分散程度，进而影响药物的溶出，搅拌时间过短可能导致药物分散不均匀，但搅拌时间并非越长越好。

（3）蒸去溶剂后倾入不锈钢板或玻璃板上（下面放冰块）迅速冷凝固化，有利于提高固体分散体的溶出速度。

（4）操作过程中尽量避免湿气的引入，否则不易干燥，难以粉碎；搅拌速度不宜过快，防止引入空气。

2. 黄芩苷-PVP（或 PEG）物理混合物的制备

称取黄芩苷 0.5 g、PVP K$_{30}$（或 PEG 6000）4.0 g（必要时粉碎过 80 目筛），置研钵中搅拌混匀，过 80 目筛，即得。

3．黄芩苷-PVP（或 PEG）固体分散体溶出速度的测定

（1）溶出介质（0.1 mol·L^{-1} 盐酸溶液）的配制：精密量取浓盐酸（约 10 mol·L^{-1}）10 mL 置于 1000 mL 量瓶中，加纯化水定容至刻度，混匀即得。

（2）50％乙醇溶液的配制：精密量取 0.1 mol·L^{-1} 盐酸溶液 50 mL 置于 100 mL 量瓶中，加无水乙醇稀释至刻度，混匀即得。

（3）标准曲线的绘制与回归方程的建立：精密称取干燥至恒重的黄芩苷对照品约 10 mg 置 100 mL 量瓶中，加入 50％乙醇 60～70 mL，超声处理约 20 s 至药物完全溶解，冷却至室温后，用 50％乙醇稀释至刻度，摇匀，即得约为 100 μg·mL^{-1} 的标准品贮备液。精密吸取贮备液 0.2 mL、0.4 mL、0.6 mL、0.8 mL 和 1.0 mL 分别置于 10 mL 量瓶中，用 50％乙醇稀释至刻度，混匀。以 50％乙醇为空白，在 277 nm 波长处测定吸光度，以质量浓度对吸光度线性回归，得标准曲线回归方程。

（4）试验样品：黄芩苷原料药 100 mg，相当于黄芩苷 100 mg 的黄芩苷-PVP（或 PEG）固体分散体（1∶8）及物理混合物（1∶8）。

（5）溶出速度的测定：照溶出度与释放度测定法（《中国药典》2020 年版四部），第二法（浆法）装置，调节溶出仪水浴温度为（37±0.5）℃，恒温。准确量取 900 mL 溶出介质（0.1 mol·L^{-1} 盐酸溶液），倒入溶出杯中，预热并保持（37±0.5）℃。精密称取各待测样品[黄芩苷原料药 100 mg，相当于黄芩苷 100 mg 的黄芩苷-PVP（或 PEG）固体分散体及物理混合物各 900 mg]分别置入溶出杯内，调节搅拌浆转速为 100 r·min^{-1}，立即开始计时。分别于 0 min、5 min、10 min、15 min、20 min、30 min、40 min、50 min 和 60 min 用注射器取样 10 mL，同时补加相同温度的溶出介质 10 mL，用 0.45 μm 有机相微孔滤膜滤过，弃去初滤液，精密量取续滤液 5 mL 置 10 mL 量瓶中，冷却至室温，无水乙醇稀释至刻度，混匀。从中精密移取 2 mL 置于 10 mL 量瓶中，用 50％乙醇稀释至刻度，混匀后于 277 nm 处测定吸光度，按标准曲线回归方程计算不同时间各样品的累积溶出率，并对时间作图，绘制溶出曲线。

五、实验结果与分析

1．黄芩苷标准曲线的绘制与回归方程的建立

实验结果记录于表 3-19 中。

表 3-19　黄芩苷标准曲线测定数据

标准样品浓度 /μg·mL^{-1}	0	2	4	6	8	10
吸光度 A						
回归方程				相关系数 R		

2．累积溶出率的计算

根据回归方程，计算各取样时间溶出液中的药物浓度，获得各时间的累积溶出量，计算各取样时间药物的累积溶出率（表 3-20）。

表 3-20 黄芩苷试验样品溶出速度测定数据

样品	时间/min	稀释倍数	吸光度 A	实测浓度 c	矫正浓度 c'	累积溶出率/%
黄芩苷 原料药	0					
	5					
	10					
	15					
	20					
	30					
	40					
	50					
	60					
黄芩苷-PVP 固体分散体	0					
	5					
	10					
	15					
	20					
	30					
	40					
	50					
	60					
黄芩苷-PVP 物理混合物	0					
	5					
	10					
	15					
	20					
	30					
	40					
	50					
	60					
黄芩苷-PEG 固体分散体	0					
	5					
	10					
	15					
	20					
	30					
	40					
	50					
	60					
黄芩苷-PEG 物理混合物	0					
	5					
	10					
	15					
	20					
	30					
	40					
	50					
	60					

矫正浓度：

$$c_n' = c_n + (V/V_0)\sum_{i=1}^{n-1}c_i$$

式中，c_n'为校正浓度，$\mu g \cdot mL^{-1}$；V为每次取样体积，mL；c_n为n时间点的实测浓度，$\mu g \cdot mL^{-1}$；V_0为介质总体积，mL。

累积溶出率：

$$累积溶出率（\%）=\frac{c'(\mu g \cdot mL^{-1}) \times 溶出介质体积 \times 稀释倍数 \times 10^{-3}}{样品中黄芩苷质量（mg）} \times 100$$

3．溶出曲线的绘制

以黄芩苷累积溶出率（%）为纵坐标，以取样时间为横坐标，绘制试验样品的溶出曲线，比较不同方法制备的固体分散体与原料药、物理混合物的溶出度差异，讨论并说明固体分散体是否形成。

六、思考题

1．请解释黄芩苷固体分散体的溶出曲线。

2．采用溶剂法制备固体分散体（共沉淀物）时，载体材料是否需要预先进行筛分处理？为什么？

3．熔融法制备固体分散体（共熔融物）时，PEG 6000是否一定要进行粉碎？为什么？

4．可以采用哪些方法和制剂技术增加难溶性固体药物的溶解度和溶出速度？

实验十一　百里香油环糊精包合物的制备

一、实验目的

1．掌握饱和水溶液搅拌法制备包合物的工艺。

2．掌握测定包合物得率及挥发油包合物的含油率方法。

3．了解 β-环糊精（β-CD）的性质及其应用。

4．了解包合物的验证方法。

二、实验原理

包合物是指一种分子（客分子）被全部或部分包嵌于另一种分子（主分子）的空穴结构内所形成的特殊复合物。主分子具有较大的空穴结构，足以将客分子容纳在内形成分子囊。药物经包合后，可以增加药物的溶解度，提高稳定性，实现液体药物的粉末化，防止挥发性成分的挥发，掩盖药物的不良气味和味道，调节释药速率，提高药物的生物利用度、降低药物的刺激性和毒副作用。

制备包合物时，应用最多的包合材料是中空圆筒状结构的环糊精及其衍生物。常见的环糊精有 α、β、γ 三种，它们的空穴内径和物理性质差别较大。应用最为广泛的 β-环糊精（β-CD）的空穴内径为 0.7～0.8 nm，20 ℃水中溶解度为 18.5 g·L^{-1}，其溶解度随温度升高而增大。

包合物能否形成，而且是否稳定，主要取决于主分子和客分子的立体结构和两者的极性，同时，客分子的大小、极性、解离状态等均能影响环糊精包合物的形成及其稳定性。包合是物理过程而非化学反应。制备 β-CD 包合物的方法主要有饱和水溶液搅拌法、研磨法、冷冻干燥法、喷雾干燥法、中和法等。包合物的验证主要是鉴别药物是否已被环糊精包入空穴以及包合的方式，可采用显微镜、相溶解度、X 射线衍射、红外光谱、核磁共振、差热分析、薄层色谱等方法加以验证。

本实验的客分子为百里香挥发油，提取自唇形科多年生草本植物百里香（*Thymus mongolicus* Ronn.），其主要成分为百里香酚和香荆芥酚等，具有抗菌、抗炎、抗氧化、抗肿瘤、防止血栓形成、治疗关节炎以及减缓身体器官组织衰老等重要的药用价值，但容易挥发，制成环糊精包合物后可延缓和减少其挥发，同时使液态油改变成固体粉末，便于配方，兼具缓释作用。

三、仪器与试剂

1. 仪器：挥发油提取器、电热套、圆底烧瓶、具塞锥形瓶、量筒、烧杯、层析缸、薄层板、恒温水浴锅、红外光谱仪、真空干燥箱、干燥器、烘箱、抽滤瓶、滴管（或移液器）等。

2. 试剂：溴化钾（光谱纯）、β-CD、百里香、百里香油、无水乙醇、无水硫酸钠、硅胶G、香草醛、浓硫酸、乙酸乙酯、苯、纯化水等。

四、实验步骤

1. 百里香油的提取

在圆底烧瓶中加入经阴干切段的百里香植株地上部分（粉碎程度≤1.0 cm）100 g 和 10 倍量纯化水，浸泡适当时间后连接挥发油提取器与回流冷凝管，按照 2020 年版《中国药典》四部挥发油测定法置电热套中缓缓加热至微沸并保持 4 h，分液并收集油层。将所得百里香挥发油用无水硫酸钠脱水干燥，离心分离得黏稠状淡黄色油状液体，称重，备用。

2. 百里香油/β-环糊精包合物的制备

【处方】

β-CD 8.0 g、百里香油 1.0 mL、无水乙醇 1.0 mL、纯化水 100 mL。

【制备】

（1）百里香油乙醇溶液：精密吸取百里香油 1 mL（约 0.871 g），迅速加无水乙醇 1.0 mL，混匀溶解，加塞，备用。

（2）*β*-CD 饱和水溶液：称取 *β*-CD 8.0 g 置于 250 mL 具塞锥形瓶中，加纯化水 100 mL，并置于数显恒温磁力搅拌水浴锅中，在 60 ℃条件下搅拌溶解制成澄清的饱和水溶液，保温，备用。

（3）百里香油/*β*-CD 包合物：采用饱和水溶液搅拌法。在 60 ℃恒温磁力搅拌下，边搅拌边缓慢滴加精密量取的百里香油的无水乙醇溶液 1 mL（百里香油与无水乙醇按体积比 1∶1 配制而成），用 2 mL 无水乙醇洗涤滴管（或枪头），同时将洗涤液滴入 *β*-CD 饱和水溶液中，待出现浑浊并逐渐有白色沉淀析出，继续保温搅拌 2.5 h，停止加热，继续搅拌至溶液降至室温，最后用冰水浴冷却，待沉淀析出完全后，用 0.45 μm 有机相微孔滤膜抽滤，沉淀物用无水乙醇 5 mL 分 3 次洗涤至沉淀表面近无油渍，50 ℃以下真空干燥至恒重，称重，即得白色粉末状的百里香油 *β*-CD 包合物，计算得率。

【注解】

（1）主分子 *β*-CD 在 20 ℃时水中溶解度为 1.85 %，但在 50 ℃时溶解度可增至 4.0 %，60 ℃时可增至 8.0 %。包合物制备过程中应控制好温度，包合过程结束后通过降温使包合物从水中沉淀析出。

（2）包合物制备过程中搅拌时间要充分，应盖上瓶塞，防止百里香油挥发。包合过程结束后用无水乙醇洗涤是为了去除未包封的百里香油，但洗涤液不要过量。

（3）包封率取决于环糊精种类、药物与环糊精的配比以及包合时间，可通过工艺优化提高包封率。

3．百里香/*β*-环糊精包合物含油率的测定

（1）精密量取百里香油 1 mL，置圆底烧瓶中，加纯化水 100 mL，按挥发油测定法经挥发油提取器提取 2.5 h，脱水并称重计量百里香油。

（2）称取相当于 1 mL 百里香油的包合物置圆底烧瓶中，加纯化水 100 mL，按挥发油测定法经挥发油提取器提取 2.5 h，脱水并称重计量百里香油。

根据所测数值，分别计算挥发油空白回收率、挥发油利用率、包合物得率以及包合物含油率（1 mL 百里香油约重 0.871 g）。

$$挥发油空白回收率（\%）=\frac{收集的挥发油量（mL）}{加入的挥发油量（mL）}\times100$$

$$挥发油利用率（\%）=\frac{包合物中挥发油量（mL）}{投油量（mL）\times空白回收率}\times100$$

$$包合物得率（\%）=\frac{包合物收得量（g）}{\textit{β}-CD投入量（g）+挥发油投入量（g）}\times100$$

$$包合物含油率（\%）=\frac{包合物中挥发油的质量（g）}{包合物的质量（g）}\times100$$

4．包合物的验证

（1）薄层色谱法（TLC）

薄层板：硅胶 G 色谱板（110 ℃活化 1 h）。

样品 A：百里香油的无水乙醇溶液；样品 B：包合物中回收的百里香油无水乙醇溶液；

样品 C：β-CD 无水乙醇溶液；样品 D：包合物无水乙醇溶液；样品 E：百里香油与 β-CD 物理混合物的无水乙醇溶液。

操作：用毛细管分别吸取上述溶液点于同一硅胶 G 薄层板上，以苯-乙酸乙酯[8.5：1.5（体积比）]为展开剂，将点样后的硅胶板放入层析缸中饱和 5 min，再上行展开，晾干后喷以 5%香草醛浓硫酸乙醇溶液[1：4（体积比）]，在 105 ℃加热至斑点显色清晰，比较 5 个样品的薄层色谱图（样品 A、样品 B 和样品 E 在相应的 R_f 处显相同颜色斑点，即包合前后的百里香油化学成分无变化；样品 C 和样品 D 溶液均没有展开斑点，表明百里香挥发油确已被 β-CD 包合形成包合物）。

（2）红外光谱法（IR） 分别取 β-CD、百里香油、百里香油与 β-CD 的物理混合物（1：8，mL/mg）以及百里香油 β-CD 包合物适量，用 KBr 压片后于 4000～400 cm^{-1} 范围内进行红外吸收光谱扫描，并比较分析所得谱图。

五、实验结果与分析

1. 计算百里香油/β-CD 包合物的得率、含油率及挥发油利用率。
实验结果记录于表 3-21 中。

表 3-21 包合物得率、含油率及挥发油利用率

样品	包合物得率/%	挥发油利用率/%	包合物含油率/%
百里香油/β-CD 包合物			

2. 绘制 TLC 图，叙述包合前后特征斑点与 R_f 值的情况，说明包合物的形成。

六、思考题

1. 制备 β-CD 包合物的关键是什么？应如何进行操作？
2. 本实验采用饱和水溶液搅拌法制备 β-CD 包合物，还有哪些方法可以制备百里香油包合物？各有何优缺点？
3. 制备包合物时，对客分子有何要求？
4. 包合物在药物制剂中有何意义？

实验十二　吲哚美辛微囊的制备

一、实验目的

1. 掌握单凝聚法和复凝聚法制备微囊的原理与工艺。

2．熟悉光学显微镜法测定微囊粒径的方法。

3．了解影响微囊成型的因素。

二、实验原理

微囊是指利用天然的或合成的高分子材料（囊材）作为囊膜，将固态或液态药物（囊心物）包裹而成的药库型微小包囊，其粒径一般在 1～250 μm 范围内。

药物制成微囊后可以掩盖药物的不良气味或口味，提高药物（如活细胞、基因、酶等）的稳定性，防止药物在胃内失活或减少对胃的刺激，改善药物的流动性和可压性，使液态药物固态化便于应用与贮存，减少复方药物的配伍变化，可制备成缓释、控释及迟释制剂，使药物浓集于靶区以提高疗效、降低毒副作用等。

制备微囊常用的囊材有明胶、阿拉伯胶、海藻酸钠、壳聚糖、聚乳酸、丙交酯-乙交酯共聚物、聚乳酸-聚乙二醇嵌段共聚物等。制备微囊常用的方法有物理化学法、化学法以及物理机械法等。

以明胶为囊材，单凝聚法制备微囊的原理是：将药物分散在明胶溶液中，加入凝聚剂（如硫酸钠、乙醇等）后，由于明胶分子水合膜中的水分子与凝聚剂结合，分子间形成氢键，使明胶的溶解度降低，在搅拌条件下最后从溶液中析出而凝聚形成凝聚囊。加入交联剂甲醛或戊二醛，甲醛与明胶发生胺醛缩合反应，戊二醛则与明胶发生 Schiff 氏反应，使明胶分子交联形成网状结构而固化，即得不凝结、不粘连、不可逆的球形或类球形微囊。

以明胶和阿拉伯胶为囊材，复凝聚法制备微囊的原理是：将明胶溶液的 pH 值调至明胶的等电点（A 型明胶 pI=7～9）以下使之带正电（pH=4.0～4.5），而阿拉伯胶带负电。由于正负电荷的相互吸引交联形成络合物，溶解度降低而凝聚成囊。当溶液中存在药物时，就包在药物粒子的周围形成微囊，降低温度至胶凝点以下时，囊膜逐渐胶凝、硬化，加水稀释，再加入甲醛或戊二醛使囊膜变性固化，洗去甲醛或戊二醛，即得球形或类球形微囊。

三、仪器与试剂

1．仪器：电动搅拌器、恒温水浴锅、光学显微镜、电子天平、研钵、烧杯（1000 mL、500 mL、250 mL 及 50 mL）、制冰机、载玻片、盖玻片、抽滤瓶、布氏漏斗、真空泵、精密pH 试纸、滤纸等。

2．试剂：液体石蜡、A 型明胶、吲哚美辛、阿拉伯胶、甲醛、戊二醛、Schiff 试剂、乙酸、NaOH、无水 Na_2SO_4、纯化水等。

四、实验步骤

1．单凝聚法制备液体石蜡微囊

【处方】

液体石蜡 2 g、明胶 2 g、10 %乙酸溶液适量、40 %硫酸钠溶液适量、37 %甲醛溶液 2.4 mL、

20 % NaOH 适量、纯化水适量。

【制备】

(1) 明胶水溶液的制备

① 用于方法一：称取明胶 2 g，加纯化水 10 mL，浸泡膨胀后，50 ℃水浴加热助其溶解，即得。保温备用。

② 用于方法二：称取明胶 2 g，加纯化水 10 mL，浸泡膨胀后，50 ℃水浴加热助其溶解，并稀释至 60 mL，保温备用。

(2) 40 %硫酸钠溶液的配制　称取无水 Na_2SO_4 36 g，加纯化水 90 mL 混匀，于 50 ℃溶解并保温即得，备用。

(3) 硫酸钠稀释液的浓度计算与配制　根据成囊后系统中所含的硫酸钠浓度(如为 a %)，再增加 1.5 %，以 $(a+1.5)$ %算得稀释液浓度，再计算 3 倍于系统体积所需硫酸钠的质量。重新称量硫酸钠，配成该浓度后置 50 ℃保温放置即得，备用。

(4) 液体石蜡乳状液的制备

① 方法一：称取液体石蜡 2 g 于 150 mL 烧杯中，加入 10 mL 明胶水溶液，置于研钵中研磨成初乳，加纯化水稀释至 60 mL (或稀释后用组织捣碎机或电动搅拌器搅拌乳化 1～2 min，得初乳)，混匀，用 10 %乙酸调节 pH 至 3～4 (3.5～3.8，耗酸约 7 mL)，即得。取少许于载玻片上用显微镜观察，并记录结果。备用。

② 方法二：称取液体石蜡 2 g 于研钵中，加入少部分明胶溶液 (总量 60 mL)，研磨至两相液体 (淡黄色及无色) 逐渐变成近白色均相半固体 (约需 10 min 以上)，再用余下部分明胶溶液转移半固体于烧杯中，搅拌均匀得初乳。将初乳转移于 250 mL 烧杯中，用 10 %乙酸调节 pH 至 3～4 (3.5～3.8，耗酸约 7 mL)，即得。取少许于载玻片上用显微镜观察，并记录结果。

(5) 液体石蜡微囊的制备　将液体石蜡乳状液置于 50 ℃恒温水浴中，搅拌下将一定量的 40 %硫酸钠溶液缓慢滴入液体石蜡乳状液中，至显微镜观察已凝聚成囊为度 (需要硫酸钠溶液 10～12 mL)，记录硫酸钠溶液的用量，计算系统中的硫酸钠浓度百分数以及所需硫酸钠稀释液的浓度，并配制硫酸钠稀释液。搅拌下将成囊系统 3 倍体积的硫酸钠稀释液倒入成囊系统中，使凝聚囊分散，冰水浴降温至 5～10 ℃，加 37 %甲醛 2.4 mL，搅拌 15 min，加 20 % NaOH 调节 pH 至 8～9，继续搅拌 1 h，充分静置待微囊沉降完全后，倾去上清液，抽滤。用纯化水抽洗至洗出液无甲醛味，并用 Schiff 试剂检查洗出液至不显色为止，抽干，50 ℃下干燥即得。

【质量检查】

在光学显微镜下观察微囊的形状，测定微囊粒径及其分布[具体操作方法是：取少许湿微囊，加纯化水分散，盖上盖玻片 (注意除尽气泡)，用带有刻度标尺 (刻度已校正其每格的微米数) 的接目镜的显微镜，测量 600 个微囊，按不同大小计数。也可将视野内的微囊进行显微照相后再测量和计数]。

【注解】

(1) 根据生产方法的不同，明胶有 A 型和 B 型之分，A 型明胶的等电点为 pH=7～9，B 型明胶的等电点为 pH=4.8～5.2。

(2) 所用的水应为纯化水或去离子水，以免离子干扰凝聚。

（3）明胶为高分子化合物，其溶液配制不可过早加热。需先自然溶胀，再加热溶解。

（4）液体石蜡乳状液中的明胶，既是囊材又是乳化剂，可用组织捣碎机或电动搅拌器（约 650 r·min^{-1}）代替研钵，乳化 1～2 min，克服其乳化力不强的缺点。研钵的乳化力较差，需延长乳化时间。

（5）由于 40 %硫酸钠溶液浓度较高，温度低时会析出晶体，配好后应加盖，于 50 ℃保温备用。

（6）硫酸钠稀释液的浓度至关重要，在凝聚成囊并不断搅拌下，立即计算出稀释液的浓度。例如，成囊已经用去 40 %硫酸钠溶液 21 mL，而原液体石蜡乳状液体积为 60 mL，则凝聚系统中体积为 81 mL，其硫酸钠浓度为 （40 %×21 mL）/81 mL=10.4 %，则 （10.4 + 1.5）%即 11.9 %就是稀释液的浓度。浓度过高或过低时可使凝聚囊粘连成团或溶解。

（7）成囊后加入稀释液稀释使凝聚囊分散，可倾去部分上清液以除去未凝聚完全的明胶，避免加入固化剂时明胶交联形成胶状物。

（8）在 5～10 ℃下加入甲醛，甲醛可使囊膜的明胶变性固化，提高固化效率。甲醛用量的多少能影响明胶的变性程度，也可影响药物的释放速度。固化完成后应将甲醛洗净，以避免其毒性。

（9）用 20 %氢氧化钠溶液调节 pH 至 8～9 时，可增强甲醛与明胶的交联作用，使凝胶的网状结构孔隙缩小而提高其热稳定性。

（10）Schiff 试剂，又称品红-醛试剂，其制备及保存方法是：将 100 mL 纯化水于锥形瓶中加热至沸，去火，加入 0.5 g 碱性品红，时时摇荡，并保持微沸 5 min 后，室温冷却至 50 ℃时过滤，滤液中加入 10 mL 1 mol·L^{-1}盐酸，冷却至 25 ℃时再加 0.5 g 偏重硫酸钠，充分振荡后塞紧瓶塞，将溶液于暗处静置 12～24 h。待其颜色由红色褪至淡黄后，再加入 0.5 g 活性炭，搅拌 5 min，过滤，滤液为无色澄清液，置棕色瓶中密闭，外包黑纸，贮于 4 ℃冰箱中备用。贮存中若出现白色沉淀，则不可再用；若颜色变红，则可加入少许亚硫酸氢钠使之转变为无色后，仍可再用。Schiff 试剂应临用时新配。

Schiff 试剂是用作鉴定醛类的试剂。醛与无色 Schiff 试剂生成紫红色加成物，而酮不发生此反应。

2．单凝聚法制备吲哚美辛微囊

【处方】

吲哚美辛 2 g、明胶 2 g、10 %乙酸溶液适量、40 %硫酸钠溶液适量、37 %甲醛溶液 2.4 mL、20 % NaOH 适量、纯化水适量。

【制备】

称取吲哚美辛 2 g 于烧杯中，加入 60 mL 明胶溶液，搅拌均匀后用 10 %乙酸调节 pH 至 3～4（3.5～3.8，耗酸约 7 mL），即得吲哚美辛混悬液。取少许于载玻片上用显微镜观察，并记录结果。

将吲哚美辛混悬液置 50 ℃恒温水浴中，搅拌下将一定量的 40 %硫酸钠溶液缓慢滴入吲哚美辛混悬液中，至显微镜观察已凝聚成囊为度（需要硫酸钠溶液 10～12 mL），记录硫酸钠溶液的用量，计算系统中的硫酸钠百分浓度以及所需硫酸钠稀释液的浓度，并配制硫酸钠稀释液。搅拌下将成囊系统 3 倍体积的硫酸钠稀释液倒入成囊系统中，使凝聚囊分散，冰水浴降温至 5～10 ℃，加 37 %甲醛 2.4 mL，搅拌 15 min，加 20 %NaOH 调节 pH 至 8～9，继续搅拌 1 h，充分静置待微囊沉降完全后，倾去上清液，抽滤。用纯化水抽洗至洗出液无甲醛味，并用 Schiff 试剂检查洗出液至不显色为止，抽干，50 ℃下干燥即得。

【质量检查】

在光学显微镜下观察微囊的形状，测定微囊粒径及其分布。

3．复凝聚法制备液体石蜡微囊

【处方】

液体石蜡 6 mL（约 5.46 g）、明胶 5 g、阿拉伯胶 5 g、10 %乙酸溶液适量、37 %甲醛溶液 2.5 mL、20 % NaOH 适量、纯化水适量。

【制备】

(1) 5 %明胶溶液的制备：称取明胶 5 g，用纯化水适量浸泡待膨胀后，加热溶解，加纯化水至 100 mL，搅匀，即得。50 ℃水浴保温备用。

(2) 5 %阿拉伯胶溶液的制备：取纯化水 80 mL 置于 100 mL 烧杯中，加阿拉伯胶 5 g，加热至 50～60 ℃，轻轻搅拌使溶解，加纯化水至 100 mL，即得。

(3) 液状石蜡乳的制备：取液体石蜡 6 mL（或称取 5.46 g）与 5 %阿拉伯胶溶液 100 mL 用电动搅拌器搅拌乳化 1～2 min（或组织捣碎机乳化 10 s），即得乳剂。取液体石蜡乳 1 滴，置载玻片上，显微镜下观察，绘制乳剂形态图。

(4) 液体石蜡微囊的制备：将液状石蜡乳转入 1000 mL 烧杯中，置 50～55 ℃恒温水浴上，加 5 %明胶溶液 100 mL，轻轻搅拌使混合均匀。在不停搅拌下，滴加 10 %乙酸溶液于混合液中，调节 pH 约为 4.0（3.8～4.1），并于显微镜下观察至微囊形成。在不断搅拌下，加入温度约为 30 ℃的纯化水 400 mL 稀释上述微囊液。自恒温水浴锅上取出含微囊液的烧杯，在不停搅拌下自然冷却至 32～35 ℃，向其中加入冰块适量，继续搅拌急速降温至 5～10 ℃，加入 37 %甲醛溶液 2.5 mL，搅拌 15 min，加 20 %NaOH 调节 pH 至 8～9，继续搅拌 45 min，取样镜检，静置待微囊沉降完全，倾去上清液，抽滤（或离心分离），用纯化水抽洗至洗出液无甲醛味，并用 Schiff 试剂检查洗出液至不显色为止，抽干，50 ℃干燥即得。

【质量检查】

在光学显微镜下考察微囊的形状并绘制微囊形态图，测定微囊的粒径及其分布，比较乳剂和微囊的形态区别。

【注解】

(1) 离子可干扰凝聚成囊，操作过程中的水均应使用纯化水或去离子水。

(2) 制备微囊的过程中始终伴随搅拌，但搅拌速度应以产生泡沫最少为度，必要时可加入几滴戊醇或辛醇消泡，提高收率。在固化前切勿停止搅拌，以免微囊粘连成团。

(3) 加入 400 mL 30 ℃纯化水的目的一是微囊吸水膨胀，囊形较好；二是便于固化剂均匀分散。

(4) 用 10 %乙酸溶液调节 pH 是关键，调节 pH 时一定要将溶液搅拌均匀，使整个溶液的 pH 为 3.8～4.1。

4．复凝聚法制备吲哚美辛微囊

【处方】

吲哚美辛 1 g、明胶 1 g、阿拉伯胶 1 g、5 %乙酸溶液适量、25 %戊二醛溶液 3 mL、20 % NaOH

适量。

【制备】

(1) 明胶溶液的配制：处方量明胶用适量纯化水浸泡溶胀至溶解（必要时加热），加纯化水至 30 mL，搅匀，备用。

(2) 阿拉伯胶溶液的配制：于小烧杯中放适量纯化水，将处方量阿拉伯胶粉末撒于液面，待粉末润湿下沉后，搅拌溶解，加纯化水至 30 mL，搅匀，备用。

(3) 吲哚美辛微囊的制备：称取处方量的吲哚美辛置研钵中，尽量研细后，用少量 (1) 和 (2) 的混合液润湿，进行加液研磨（约 1 h），直至在显微镜下观察无大的晶体后，加入剩余的混合液混匀，倒入烧杯内于 50 ℃水浴恒温搅拌，混悬均匀。在不断搅拌下，滴加 5 % 乙酸溶液至 pH 约为 4 (3.8～4.1)，于显微镜下观察成囊后，加入 30 ℃纯化水 120 mL（约为成囊系统体积的两倍）稀释凝聚囊，将烧杯从 50 ℃水浴中取出，移至冰水浴中继续搅拌冷却至 10 ℃以下，加入 25 %戊二醛继续搅拌 2 h，静置待微囊沉降完全，倾去上清液，将微囊过滤。用纯化水洗至无醛味并用 Schiff 试剂检查至不显色为止，抽干，50 ℃干燥即得。

【质量检查】

在光学显微镜下考察微囊的形状，测定其粒径及其分布。

【注解】

(1) 用 5 %乙酸溶液调 pH 时，应逐滴滴入，特别是当接近 pH=4 左右时更应小心，并随时取样在显微镜下观察微囊的形成。

(2) 当降温接近凝固点时，微囊容易粘连，应不断搅拌并用适量纯化水稀释。

(3) 在研磨操作中，加液前应尽量研细成晶体状，增加表面积；加液量不可过量，否则因液体的流动性难以达到研磨成晶体状的效果；加液研磨一段时间后会发现液体转化为凝胶状，在显微镜下观察，直至无大晶体状为止。

五、实验结果与分析

1. 微囊的性状：记录微囊的外观、颜色、形状，并绘制光学显微镜下微囊和乳剂的形态图，说明两者之间的差别。

2. 粒径及其分布：记录微囊的粒径及其分布，提供粒径的平均值及其分布的数据或图形。

实验结果记录于表 3-22 中。

表 3-22　微囊的制备

项目	单凝聚法	复凝聚法
阿拉伯胶溶液	—	浓度：　　用量：
明胶溶液	浓度：　　用量：　　pH 值：	浓度：　　用量：　　pH 值：
液体石蜡用量/g		
吲哚美辛用量/g		
加稀释液总量/mL		
调节混合液 pH 所用乙酸量	用量：　　pH 值：	用量：　　pH 值：

项目	单凝聚法		复凝聚法	
显微镜观察微囊的平均粒径/μm	形态:	粒径:	形态:	粒径:
凝聚用硫酸钠量			—	
固化用甲醛量				
固化用戊二醛量	—			
碱化用 20%氢氧化钠液量	用量:	pH 值:	用量:	pH 值:
微囊的显微观察结果	形状:	颜色:	形状:	颜色:

六、思考题

1．难溶性固态药物与液态药物在制备微囊过程中各自有何特点？
2．乳状液和微囊在显微镜下的形态有何差别？
3．用单凝聚工艺与复凝聚工艺制备微囊时，药物必须具备什么条件？为什么？
4．单凝聚法与复凝聚法制备微囊的工艺有何异同？解释其成囊机理。
5．使用交联剂的目的和条件是什么？用 Schiff 试剂检查时显色的反应是什么？
6．将药物微囊化后有什么特点？如何判断所制备的微囊是否缓释？

实验十三　5-氟尿嘧啶明胶微球的制备

一、实验目的

1．掌握用交联固化法制备微球的方法。
2．熟悉制备微球的基本原理。
3．了解微球的常用辅料。

二、实验原理

　　微球是指药物分散或被吸附在高分子聚合物基质中而形成的微小球状实体，其粒径一般为 $1\sim250$ μm。控制微球的大小，可使微球具有物理栓塞性、淋巴导向性和肺靶向性，可以改善药物在体内的吸收与分布。

　　制备微球的方法主要有交联固化法、加热固化法、溶剂挥发法等。交联固化法的基本原理是将药物与适宜的高分子材料（如白蛋白），通过机械乳化法制成一定大小的乳粒，然后加入交联剂使之固化成粒。制备微球常用的载体材料有明胶、血清蛋白、聚乙二醇、聚乳酸等。材料的选用取决于动静脉注射部位、栓塞部位和预期栓塞的时间、药物载量等多种因素。明胶为非特异性蛋白，价廉易得，固化后机械强度好，化学性质稳定，遇水不溶胀，载药量较大，是较好的微球材料之一。

三、仪器与试剂

1．仪器：恒温水浴锅、电动搅拌器、高速离心机、烧杯（250 mL）、布氏滤器、显微镜、注射器、移液器等。

2．试剂：液体石蜡、B 型明胶（pI=4.8～5.2）、Span-80、甲醛、戊二醛、异丙醇、氢氧化钠、5-氟尿嘧啶、乙醚、纯化水等。

四、实验步骤

1．空白明胶微球的制备

【处方】

明胶 1.5 g、Span-80 0.5 mL、液体石蜡 40 mL、37 %甲醛 15 mL、异丙醇 25 mL、20 % NaOH 适量。

【制备】

（1）明胶溶液的配制：称取 1.5 g 明胶，用适量纯化水浸泡溶胀后，60 ℃加热溶解，加纯化水至 10 mL 制成浓度为 15 %的溶液，保温备用。

（2）甲醛-异丙醇混合液的制备：按 37 %甲醛：异丙醇为 3：5 的体积比配制 40 mL，混合均匀，即得。

（3）空白明胶微球的制备：采用乳化-化学交联法。量取 40 mL 液体石蜡置烧杯中，加入 0.5 mL Span-80，在 50 ℃恒温条件下搅拌均匀（400 r·min^{-1}）。在搅拌下将 3 mL 明胶溶液缓缓滴加到液体石蜡中，继续搅拌 15 min 使充分乳化，在显微镜下观察所形成的 W/O 型乳状液的大小以及均匀程度。将上述乳状液在搅拌下冰水浴迅速冷却至 0～4 ℃，加入甲醛-异丙醇混合液 40 mL，用 20 %氢氧化钠溶液调节 pH 至 8～9，继续搅拌 3 h，于显微镜下观察微球形态，高速离心，倾去上清液。用少量异丙醇洗涤微球至无甲醛气味（或用 Schiff 试剂试至不显色），抽干，50 ℃干燥，即得。

【注解】

（1）Span-80 为乳化剂，用量为油相重量的 1 %（质量/体积）左右。乳化剂用量太少，形成的乳液不稳定，在加热时容易粘连。

（2）乳化搅拌时间不宜过长，否则分散液滴碰撞机会增加、液滴粘连而增大粒径。搅拌速度增加有利于减小微球粒径，但以不产生大量泡沫和漩涡为度。

（3）甲醛和明胶会产生胺醛缩合反应使明胶分子相互交联达到固化目的。交联反应在 pH=8～9 时容易进行，应预先将明胶溶液调节至弱碱性以利于交联完全。

2．5-氟尿嘧啶明胶微球的制备

【处方】

5-氟尿嘧啶 0.6 g、明胶 0.5 g、Span-80 0.5 mL、液体石蜡 20 mL、25 %戊二醛 0.1 mL、

异丙醇适量、乙醚适量、纯化水适量。

【制备】

(1) 明胶溶液的配制：称取 0.5 g 明胶，用适量纯化水浸泡溶胀后，60 ℃加热溶解，加纯化水至 5 mL 制成浓度为 10 %的溶液，保温备用。

(2) 5-氟尿嘧啶明胶微球的制备：采用乳化-化学交联法。将 0.6 g 5-氟尿嘧啶加入到 5 mL 明胶溶液中，在 50 ℃恒温条件下搅拌得均匀混悬液。将 20 mL 液体石蜡与 0.5 mL Span-80 混合均匀，在 50 ℃恒温快速搅拌($400\,r\cdot min^{-1}$)下将含药的明胶混悬液缓缓滴入，继续搅拌 10 min 使充分乳化，在显微镜下观察所形成的 W/O 型乳状液的大小以及均匀程度。将上述乳状液在冰水浴下迅速冷却至 0~4 ℃，并低速搅拌 10 min 后加入 25 %的戊二醛 0.1 mL，继续搅拌交联 1 h，再以 40 mL 异丙醇脱水 2 h，于显微镜下观察微球形态，高速离心（或抽滤），用异丙醇、乙醚分别各洗涤 3 次微球，抽干，50 ℃干燥，即得。

五、实验结果与分析

1. 描述微球的性状，并计算微球的收率。
2. 绘制微球在光学显微镜下的形态。
3. 统计 200 个微球的平均粒径，以每隔 10 μm 为一单元，以微球分布的频率（%）为纵坐标，微球的直径（μm）为横坐标，绘制微球粒径分布直方图。

六、思考题

1. 化学交联剂甲醛为什么要用异丙醇配制成溶液？
2. 在化学交联过程中为什么要将 pH 调至 8~9？
3. 试述微球剂和微囊剂在性质和制备上的异同。
4. 制备明胶微球的关键是什么？甲醛和戊二醛作交联剂有何异同？

实验十四　盐酸小檗碱脂质体的制备

一、实验目的

1. 掌握薄膜分散法制备脂质体的工艺。
2. 掌握用阳离子交换树脂法测定脂质体包封率的方法。
3. 熟悉脂质体的形成原理与作用特点。
4. 了解"主动载药"与"被动载药"制备脂质体的概念。

二、实验原理

脂质体是由磷脂与（或不与）附加剂为骨架膜材制成的具有双分子层结构的封闭囊状体。将适量的磷脂加至水或缓冲溶液中，磷脂分子自组装定向排列，其亲水基团面向两侧的水相，疏水的烃链彼此相对缔合为双分子层，构成脂质体。

用于制备脂质体的磷脂有天然磷脂，如大豆卵磷脂、蛋黄卵磷脂等；合成磷脂，如二棕榈酰磷脂酰胆碱、二硬脂酰磷脂酰胆碱等。常用的附加剂为胆固醇。胆固醇与磷脂混合使用，可制得稳定的脂质体，其作用是调节双分子层的流动性，降低脂质体膜的通透性。此外，十八胺、磷脂酸能改变脂质体表面的电荷性质，从而改变脂质体的包封率、体内外稳定性、体内分布等参数。

制备脂质体的方法主要有薄膜分散法、注入法、相蒸发法、冷冻干燥法、熔融法等。在制备含药脂质体时，根据药物装载的机理不同，可分为"主动载药"与"被动载药"两大类。"主动载药"是通过脂质体内外水相的不同离子或化合物梯度（如 K^+-Na^+ 梯度和 H^+ 梯度等）进行载药。"被动载药"是先将药物溶于水相或有机相中，然后按所选择的脂质体制备方法制备含药脂质体。

评价脂质体质量的指标有粒径、粒度分布和包封率等。脂质体的包封率是衡量脂质体内在质量的一个重要指标，测定包封率的方法有分子筛法、超速离心法、超滤法、离子交换树脂法等。阳离子交换树脂法是利用离子交换作用，将荷正电的未包进脂质体内的药物（即游离药物）除去，包封于脂质体内的药物由于脂质体荷负电荷，不能被阳离子交换树脂吸附，从而达到分离目的，用以测定包封率。

本实验以盐酸小檗碱为模型药物，分别采用"被动载药法"与"主动载药法"制备脂质体，用阳离子交换树脂法测定其包封率。

三、仪器与试剂

1. 仪器：旋转蒸发仪、圆底烧瓶、恒温水浴锅、磁力搅拌器、光学显微镜、注射器（10 mL、5 mL）、玻璃棉、针头式过滤器（0.8 μm）、紫外-可见分光光度仪、电子天平、烧杯（100 mL、50 mL）、西林瓶、试管、量瓶（10 mL、50 mL、1000 mL）等。

2. 试剂：盐酸小檗碱、注射用大豆卵磷脂、胆固醇、乙醇、$Na_2HPO_4 \cdot 12H_2O$、$NaH_2PO_4 \cdot 2H_2O$、枸橼酸、枸橼酸钠、$NaHCO_3$、阳离子交换树脂、阴离子交换树脂、纯化水等。

四、实验步骤

1. 试液试药的配制

(1) 磷酸盐缓冲液（PBS）的配制：称取磷酸氢二钠（$Na_2HPO_4 \cdot 12H_2O$）0.37 g 与磷酸二氢钠（$NaH_2PO_4 \cdot 2H_2O$）2.0 g，加纯化水适量，溶解并稀释至 1000 mL（pH 约为 5.8），摇匀，即得。

(2) 枸橼酸缓冲液的配制：称取枸橼酸 10.5 g 和枸橼酸钠 7.0 g 置于 1000 mL 量瓶中，

加纯化水溶解并稀释至刻度（pH 值约为 3.8），混匀，即得。

（3）NaHCO$_3$ 溶液的配制：称取 NaHCO$_3$ 50.0 g，置于 1000 mL 量瓶中，加纯化水溶解并稀释至刻度（pH 值约为 7.8），混匀，即得。

（4）盐酸小檗碱溶液的配制：称取适量的盐酸小檗碱，用磷酸盐缓冲液配制成 1.0 mg·mL^{-1} 和 3.0 mg·mL^{-1}（60 ℃水浴加热溶解）两种浓度的溶液。

2．薄膜分散法制备空白脂质体

【处方】

注射用大豆磷脂 0.9 g、胆固醇 0.3 g、无水乙醇 2 mL、枸橼酸缓冲液适量，制成脂质体 30 mL。

【制备】

称取处方量大豆磷脂、胆固醇于 100 mL 烧杯中，加无水乙醇 2 mL，55～60 ℃水浴中磁力搅拌溶解，于旋转蒸发仪上旋转，使磷脂/胆固醇的乙醇液在壁上成膜，减压除乙醇，制备脂质膜。另取枸橼酸缓冲液 30 mL，置于小烧杯中，55～60 ℃水浴中保温，待用。将枸橼酸缓冲液 30 mL 加至圆底烧瓶中，转动下 55～60 ℃水化 10 min。取出脂质体液体于烧杯内，置于磁力搅拌器上，室温下，搅拌 20～30 min，如果液体体积减小，可补加纯化水至 30 mL，混匀，即得空白脂质体。

取样，在光学显微镜（油镜）下观察脂质体的形态，画出所见脂质体的结构，记录最多和最大的脂质体的粒径。然后将所得脂质体通过 0.8 μm 微孔滤膜两遍，进行整粒，再于油镜下观察脂质体的形态，画出所见脂质体的结构，记录最多和最大的脂质体的粒径。

【注解】

（1）在整个实验过程中禁止用火，实验室保持通风。

（2）磷脂和胆固醇的乙醇溶液应澄清，且不能在水浴中放置过长时间。

（3）磷脂、胆固醇形成的薄膜应尽量薄且均匀。

（4）55～60 ℃水浴中搅拌（或转动）水化 10 min 时，一定要充分保证所有脂质水化，不得存在脂质块。

3．被动载药法制备盐酸小檗碱脂质体

【处方】

注射用大豆磷脂 0.6 g、胆固醇 0.2 g、无水乙醇 2 mL、盐酸小檗碱溶液（1.0 mg·mL^{-1}）30 mL，制成脂质体 30 mL。

【制备】

称取处方量大豆磷脂、胆固醇于 100 mL 烧杯中，加无水乙醇 2 mL，余下操作除将枸橼酸缓冲液换成盐酸小檗碱溶液外，同"空白脂质体的制备"，即得"被动载药法"制备的盐酸小檗碱脂质体。

4．主动载药法制备盐酸小檗碱脂质体

（1）阴离子交换树脂分离柱的制备　称取已处理好的阴离子交换树脂适量，装于底部已垫有少量玻璃棉的 5 mL 注射器筒中，加入经 PBS 水化过的阴离子交换树脂，自然滴尽 PBS，即得。

（2）梯度空白脂质体的制备　准确移取上述制备的空白脂质体混悬液 1.0 mL，上样于已处理好的 D331 氯型阴离子交换树脂（柱长约 2 cm）的顶端，停留约 4 min 后，2000 r·min^{-1} 离心 4 min，收集离心液，即得梯度空白脂质体。

（3）主动载药　准确量取上述梯度空白脂质体混悬液 0.4 mL、药液（3.0 mg·mL^{-1}）0.2 mL、NaHCO$_3$ 溶液 20 μL，在振摇下依次加至 5 mL 西林瓶中，混匀，盖上塞，50 ℃水浴中保温 5 min，随后立即用冷水降温至室温，终止载药，即得。

【注解】

（1）"主动载药"过程中，加药顺序不能颠倒，加三种液体（梯度空白脂质体混悬液 0.4 mL、药液 0.2 mL、NaHCO$_3$ 溶液 20 μL）时，边加边摇（或者在磁力搅拌下混合），确保混合均匀，保证体系中各部位的梯度一致。

（2）水浴保温时，应注意随时轻摇（或每隔 1 min，手摇 20 s），只需保证体系均匀即可，无需剧烈摇动。

（3）用冷水降温过程中，应轻摇。

5．盐酸小檗碱脂质体包封率的测定

（1）阳离子交换树脂分离柱的制备　称取已处理好的阳离子交换树脂适量，装于底部已垫有少量玻璃棉的 5 mL 注射器筒中，加入经 PBS 水化过的阳离子交换树脂，自然滴尽 PBS，即得。

（2）柱分离度的考察

① 盐酸小檗碱与空白脂质体混合液的制备：精密量取 "4." 项下梯度空白脂质体混悬液 0.4 mL、NaHCO$_3$ 溶液 20 μL 于 5 mL 西林瓶（或小试管）中，50 ℃水浴中保温 5 min（脂质体内外的 pH 梯度消失），再加入药液（3.0 mg·mL^{-1}）0.2 mL，混匀，即得。

② 空白溶剂的配制：取乙醇（95 %）6 mL，置于 10 mL 量瓶中，加 PBS 至刻度，摇匀，即得（必要时过滤）。

③ 对照品溶液的制备：取①中制得的混合液 0.1 mL 置于 10 mL 量瓶中，加入 95 %乙醇 6.0 mL，振摇使之溶解澄明，再加 PBS 至刻度，摇匀，过滤，弃去初滤液，取续滤液 4.0 mL 于 10 mL 量瓶中，加②项中的空白溶剂至刻度，摇匀，即得。

④ 样品溶液的制备：取①中制得的混合液 0.1 mL，上样于阳离子交换树脂柱（柱长约 1 cm）顶端，待柱顶部的液体消失后，放置约 5 min，轻轻加入 PBS（注意不能将柱顶部离子交换树脂冲散）进行洗脱（需 2～3 mL PBS），同时收集洗脱液于 10 mL 量瓶中（用约 1 mL 的 PBS 溶液转移离心管内残留的洗脱液），加入 95 %乙醇 6.0 mL，振摇使之溶解，再加 PBS 至刻度，摇匀，过滤，弃去初滤液，取续滤液为样品溶液。

⑤ 柱分离度的计算：以空白溶剂为对照，在 345 nm 波长处分别测定样品溶液与对照品溶液的吸光度，计算柱分离度。分离度要求大于 0.95。

$$柱分离度=1-\frac{A_样}{A_对×2.5}$$

式中，$A_样$为样品溶液的吸光度；$A_对$为对照溶液的吸光度；2.5 为对照溶液的稀释倍数。

（3）包封率的测定　精密量取盐酸小檗碱脂质体 0.1 mL 两份，一份置 10 mL 量瓶中，按"柱分离度考察"项下③进行操作，另一份置于分离柱顶部，按"柱分离度考察"项下④进行操作，所得溶液于 345 nm 波长处测定吸光度，按下式计算包封率。

$$包封率 (\%) = \frac{A_i}{A_测 \times 2.5} \times 100$$

式中，A_i 为通过分离柱后收集脂质体中盐酸小檗碱的吸光度；$A_测$ 为未过柱盐酸小檗碱脂质体的吸光度；2.5 为未过柱脂质体的稀释倍数。

五、实验结果与分析

1. 绘制显微镜下脂质体的形态图。
2. 记录显微镜下可测定的脂质体的粒径。

实验结果记录于表 3-23 中。

表 3-23　显微镜下观察到的脂质体形态与粒径

脂质体类别	形态	最大粒径/μm	最多粒径/μm	备注
空白脂质体				
被动载药脂质体				
主动载药脂质体				

3. 计算柱分离度与包封率。

六、思考题

1. 本实验需要两次制备空白脂质体，其目的分别是什么？
2. 从显微镜下的形态上看，"脂质体""乳剂""微囊"之间有何差别？脂质体整粒前后的大小有无变化？如何变化？为什么？乳剂可以采用此种方法整粒吗？
3. 如何选择包封率的测定方法？本实验所用的方法与"分子筛法""超速离心法"相比，有何优缺点？
4. 请试着设计一个有关脂质体的实验方案。本实验方案还有哪些方面有待改进？

第 **4** 章

药物分析实验

实验一 《中国药典》的查阅

一、实验目的

1. 熟悉《中国药典》的基本结构。
2. 掌握查阅《中国药典》的基本方法。

二、实验原理

《中华人民共和国药典》（简称《中国药典》）是国家为提升药品质量、保障用药安全、服务药品监管而依法制定的药品法典。作为国家药品标准体系的核心，《中国药典》涵盖基本药物目录品种、医疗保险目录品种和临床常用药品，贯彻药品全生命周期的管理理念，其设置使得药品研发、生产、流通、使用等全过程质量控制实现了有法可依、有法必依，加强了对药品安全性和有效性的控制。

现行的 2020 年版《中国药典》为我国第 11 版药典，分为四部，收载品种 5911 种。一部收载中药（2711 种）；二部收载化学药品（2712 种）；三部收载生物制品（153 种）及相关通用技术要求；四部收载通用技术要求（361 个，其中制剂通则 38 个、检测方法及其他通则 281 个、指导原则 42 个）和药用辅料（335 种）。

《中国药典》主要由凡例、通用技术要求、品种正文以及索引构成。凡例是为正确使用《中国药典》，对品种正文、通用技术要求以及与药品质量检验和检定有关共性问题的统一规定和基本要求；通用技术要求包括《中国药典》收载的通则、指导原则以及生物制品通则和相关总论等，通则为总体规定，指导原则为非强制性、推荐性技术要求；品种正文为《中国药典》

各品种项下收载的内容，是具体要求；索引用于方便查找。

三、实验步骤

1. 自学凡例和通用技术要求中药物制剂和药物分析的基本知识。
2. 查阅 2020 年版《中国药典》，记录下列项目所在药典部数、页码及查阅结果（表 4-1）。

表 4-1 《中国药典》查阅结果

顺序	查阅项目	标准来源	页码	查阅结果
1	注射用水质量检查项目			
2	人参（鉴别）			
3	银杏叶提取物（制法）			
4	地奥心血康胶囊（含量测定）			
5	银黄口服液（处方）			
6	阿司匹林片（游离水杨酸杂质限量）			
7	头孢拉定（比旋度）			
8	布洛芬（制剂）			
9	地西泮片（含量测定）			
10	依诺沙星（类别）			
11	鱼肝油（贮藏方法）			
12	维生素 C 注射液（pH 值）			
13	重金属检查法（标准铅溶液的浓度）			
14	高效液相色谱法			
15	氢氧化钠滴定液的配制（标定的基准物）			
16	氨制硝酸银试液的配制			
17	滴眼剂质量检查项目			
18	微生物限度检查法			
19	热原检查法			
20	细粉			
21	精确度（恒重）			
22	甘露醇（熔点）			
23	磺胺嘧啶（鉴别方法）			
24	维生素 B_{12} 注射液（性状）			
25	崩解时限检查法			
26	氨茶碱英文名称			
27	氨-氯化铵缓冲液的配制（pH）			
28	丸剂重量差异检查法			
29	易溶、略溶的含义			
30	青霉素酶及其活力测定法			

说明：可查阅 2020 年版《中国药典》，也可登录相关网站在线查阅，如：药物在线 (http://www.drugfuture.com)、蒲标网 (http://db.ouryao.com)、国家药典委员会网站 (http://www.chp.org.cn)、药典在线 (http://www.newdruginfo.com)、药智网 (https://www.yaozh.com) 等。

四、注意事项

1. 试药可在品名目次中按试药名称笔画为序查阅，也可在英文索引或中文索引中按汉语拼音的顺序查阅。

2. 通用技术要求包括通则（制剂通则、其他通则、通用检测方法、试剂与标准物质等）和指导原则在 2020 年版《中国药典》四部中查阅，生物制品通则及其指导原则在 2020 年版《中国药典》三部中查阅。

五、思考题

1. 我国的药品质量标准有哪些？
2. 2020 年版《中国药典》中溶液百分比浓度表示方法有哪几种？
3. 谈谈你对药典的认识及怎样学好并正确使用药典。

实验二　纯化水的质量检查

一、实验目的

1. 熟悉纯化水需要检查的项目及各项检查的原理。
2. 掌握纯化水各项检查的操作技能。

二、实验原理

纯化水为饮用水经蒸馏法、离子交换法、反渗透法或其他适宜的方法制得的制药用水，不含任何添加剂。2020 年版《中国药典》规定，纯化水的检验项目包括：性状、酸碱度、硝酸盐、亚硝酸盐、氨、电导率、总有机碳、易氧化物、不挥发物、重金属、微生物限度的检查，以及类别和贮藏。

利用硝酸的氧化性，将二苯胺氧化成蓝色化合物可用于水中微量硝酸盐的检查。亚硝酸盐在酸性条件下与具有芳香第一胺结构的对氨基苯磺酰胺反应生成重氮盐，再与盐酸萘乙二胺偶合而显粉红色。利用氨与碱性碘化汞钾反应显色可用来检查水中的氨。易氧化物具有还原性，可与高锰酸钾发生氧化还原反应而使高锰酸钾褪色。利用硫代乙酰胺在酸性条件下水解产生的硫化氢与微量铅盐生成黄色至棕黑色的硫化物均匀混悬液可检查水中微量的铅。

三、仪器与试剂

1．仪器：烘箱、恒温水浴锅、电子天平、量瓶（100 mL）、刻度移液管（1 mL、5 mL、10 mL）、纳氏比色管、试管、蒸发皿、具塞量筒（50 mL）等。

2．试剂：纯化水、氯化钾、硫酸、硝酸钾、二苯胺、对氨基苯磺酰胺、盐酸、萘乙二胺、亚硝酸钠、碘化汞钾、氯化铵、高锰酸钾、乙酸铵、氨水、氢氧化钠、硫代乙酰胺、硝酸铅、甲基红指示剂、溴麝香草酚蓝指示剂等。

四、实验步骤

1．性状

（1）检测方法：目测法。取纯化水约 30 mL，置洁净纳氏比色管内，在自然光下观察。

（2）结果判定：无色、无臭的澄明液体，则判定为符合规定。

2．酸碱度的检查

（1）检测方法：取本品 10 mL，加甲基红指示液 2 滴，观察颜色变化；另取 10 mL，加溴麝香草酚蓝指示液 5 滴，观察颜色变化。

（2）结果判定：加甲基红指示液不得显红色，且加溴麝香草酚蓝指示液不得显蓝色，则判定为符合规定。

3．硝酸盐的检查

（1）检测方法：取本品 5 mL 置试管中，于冰浴中冷却，加 10 % 氯化钾溶液 0.4 mL 与 0.1 % 二苯胺硫酸溶液 0.1 mL，摇匀，缓缓滴加硫酸 5 mL，摇匀，将试管于 50 ℃ 水浴中放置 15 min，溶液产生的蓝色与标准硝酸盐溶液[取硝酸钾 0.163 g，加水溶解并稀释至 100 mL，摇匀，精密量取 1 mL，加水稀释成 100 mL，再精密量取 10 mL，加水稀释成 100 mL，摇匀，即得（每 1 mL 相当于 1 μg NO₃）]0.3 mL，加无硝酸盐的水 4.7 mL，用于同一方法处理后的颜色比较，观察结果。

（2）结果判定：样品管的蓝色不得比标准管的颜色更深，则样品硝酸盐的含量≤0.000006 %，判定为符合规定。

4．亚硝酸盐的检查

（1）检测方法：取本品 10 mL，置纳氏比色管中，加对氨基苯磺酰胺的稀盐酸溶液（1→100）1 mL 及盐酸萘乙二胺溶液（0.1→100）1 mL，产生的粉红色与标准亚硝酸盐溶液[取亚硝酸钠 0.750 g（按干燥品计算），加水溶解，稀释至 100 mL，摇匀，精密量取 1 mL，加水稀释成 100 mL，再精密量取 1 mL，加水稀释成 50 mL，摇匀，即得（每 1 mL 相当于 1 μg NO₂）]0.2 mL，加无亚硝酸盐的水 9.8 mL，用于同一方法处理后的颜色比较，观察结果。

（2）结果判定：样品管的粉红色不得比标准管的颜色更深，则样品亚硝酸盐的含量≤

0.000002 %，判定为符合规定。

5．氨的检查

（1）检测方法：取本品 50 mL，加碱性碘化汞钾试液 2 mL，放置 15 min；如显色，与氯化铵溶液（取氯化铵 31.5 mg，加无氨水适量使溶解并稀释成 1000 mL）1.5 mL，加无氨水 48 mL 与碱性碘化汞钾试液 2 mL 制成的对照液比较，观察结果。

（2）结果判定：供试品溶液产生的颜色与对照溶液产生的颜色比较，不得更深，则样品氨的含量≤0.00003 %，判定为符合规定。

6．易氧化物的检查

（1）检测方法：取本品 100 mL，加稀硫酸 10 mL，煮沸后，加高锰酸钾滴定液（0.02 mol·L⁻¹）0.10 mL，再煮沸 10 min，观察结果。

（2）结果判定：加高锰酸钾滴定液煮沸后，粉红色不得完全消失，则判定为符合规定。

7．不挥发物的检查

（1）检测方法：取本品 100 mL，置 105 ℃恒重的蒸发皿中，在水浴上蒸干，并在 105 ℃干燥至恒重，称定蒸发皿重量。

（2）结果判定：遗留残渣不得超过 1 mg，则判定为符合规定。

8．重金属（铅）的检查

（1）检测方法：取本品 100 mL，加水 19 mL，蒸发至 20 mL，放冷，加 pH=3.5 的乙酸盐缓冲液 [取乙酸铵 25 g，加水 25 mL 溶解后，加 7 mol·L⁻¹盐酸溶液 38 mL，用 2 mol·L⁻¹盐酸溶液或 5 mol·L⁻¹氨溶液准确调节 pH 至 3.5（电位法指示），用水稀释至 100 mL，即得] 2 mL 与水适量使成 25 mL，加硫代乙酰胺试液 2 mL，摇匀，放置 2 min，与标准铅溶液（取硝酸铅 0.160 g，加水溶解并转移至 1000 mL 量瓶中，摇匀，精密量取 5 mL 至 50 mL 量瓶中，加水定容成 50 mL，再精密量取 10 mL，加水稀释成 100 mL，摇匀，即得）1.0 mL，加水 19 mL，用于同一方法处理后的颜色比较。

（2）结果判定：样品管的颜色不得比标准管的颜色更深，则样品重金属的含量≤0.00001 %，判定为符合规定。

9．微生物限度的检查

（1）检测方法：取本品不少于 1 mL，经薄膜过滤法处理，采用 R2A 琼脂培养基，30～35 ℃培养不少于 5 d，依法检查（通则 1105）供试品中需氧菌总数。

（2）结果判定：1 mL 供试品中需氧菌总数不得超过 100 cfu，则判定为符合规定。

五、注意事项

1．比色时应将两支比色管同置白色衬底上，于光线充足处自上而下观察。

2．制备无氨水时，可取纯化水 1000 mL，加稀硫酸 1 mL 与高锰酸钾试液 1 mL，蒸馏，即得。

3．无硝酸盐的水与无亚硝酸盐的水可用无氨水或去离子水替代。

六、思考题

1. 如何制备无氨纯化水?
2. 根据《中国药典》的规定进行操作,纯化水的酸碱限度范围是什么?
3. 蒸馏水的重金属检查时,对照液中为什么不加硫代乙酰胺试液?
4. 请计算本次检查中硝酸盐、亚硝酸盐、氨、重金属的限量。

实验三　牛黄解毒片的鉴别

一、实验目的

1. 掌握中药制剂理化鉴别的方法和原理。
2. 熟悉牛黄解毒片的定性鉴别和薄层检识方法。

二、实验原理

牛黄解毒片是由人工牛黄、雄黄、石膏、大黄、黄芩、桔梗、冰片、甘草等八味药制备而成的素片、糖衣片或薄膜衣片,除去包衣后显棕黄色,有冰片香气,味微苦、辛。

根据中药制剂中某些有效成分的理化性质不同而进行鉴别;利用对照品、对照药材作为对照进行 TLC 检识,以鉴别中成药的真伪。

三、仪器与试剂

1. 仪器:磁力搅拌器、搅拌子、微量升华装置、TLC 装置、恒温水浴锅、超声波清洗器、显微镜、三用紫外分析仪、烘箱、玻璃板 (5 cm×15 cm)、漏斗、研钵、电子天平、定性滤纸、酒精灯等。

2. 试剂:牛黄解毒片 (规格 0.3 g/片)、胆酸对照品、黄芩苷对照品、冰片对照品、大黄对照药材、人工牛黄对照药材、乙醇、镁粉、盐酸、氢氧化钠、1 %香草醛硫酸溶液、5 %香草醛硫酸溶液、二氯甲烷、过氧化氢、硫酸、乙酸乙酯、甲酸乙酯、环己烷、甲醇、甲酸、石油醚 (60~90 ℃)、硅胶 GF_{254}、羧甲基纤维素钠等。

四、实验步骤

1. 牛黄解毒片的显微鉴别

取本品片芯,研成粉末,取少许,置显微镜下观察:草酸钙簇晶大,直径 60~140 μm (大黄）。不规则碎块呈金黄色或橙黄色，有光泽（雄黄）。

2．牛黄解毒片的理化鉴别

（1）黄芩和大黄的理化鉴别（化学反应法）　取本品 6 片（除去包衣），研细，加乙醇 10 mL，温热 10 min，过滤，滤液做如下反应：

① 取滤液 5 mL，加镁粉少量与盐酸 0.5 mL，加热，即显红色（黄芩）。

② 取滤液 4 mL，加氢氧化钠试液，即显红色，再加 30 %过氧化氢溶液，加热，红色不消失，加酸成酸性时，则红色变成黄色（大黄）。

（2）冰片的鉴别（升华法）　取本品 1 片，研细，进行微量升华，所得白色升华物，加新制的 1 %香草醛硫酸溶液 1～2 滴，液滴边缘渐显玫瑰红色（冰片）。

3．牛黄解毒片的 TLC 鉴别（薄层色谱法）

（1）薄层板的制备

① 羧甲基纤维素钠溶液的配制：称取羧甲基纤维素钠 1～2 g，在带有搅拌子的烧杯内加入 200～400 mL 纯化水，在开启搅拌并加热的情况下将羧甲基纤维素钠缓慢均匀地撒到烧杯内的水中，使羧甲基纤维素钠充分吸水溶胀并溶解，放凉，备用。

② 硅胶板的制作：取硅胶 GF_{254} 约 2 g，在玻璃棒搅动下缓慢加入 0.5 %羧甲基纤维素钠水溶液适量调成黏度适当的糊状，取少许硅胶糊均匀涂布于玻璃板（5 cm×15 cm）上，置水平台上，在空气中晾干（阴干），待硅胶板上湿圈消失后再于 110 ℃烘 0.5～1 h，取出，放置在干燥器中备用。

（2）冰片的 TLC 定性鉴别

① 供试品溶液的制备：取本品 2 片（包衣片除去包衣），研细，加石油醚（60～90 ℃）20 mL，超声处理 30 min，过滤，滤液自然挥干（滤渣备用），残渣加乙酸乙酯 1 mL 溶解，即得。

② 对照品溶液的制备：取冰片对照品，加甲醇制成 1 mL 含 1 mg 的溶液，即得。

③ 薄层色谱：吸取供试品溶液 2 μL、对照品溶液 5 μL，分别点于同一硅胶 G 薄层板上，以环己烷-乙酸乙酯[17∶3（体积比）]为展开剂展开，取出晾干，喷以 5 %香草醛硫酸溶液，在 105 ℃加热至斑点显色清晰。供试品色谱中在与对照品色谱相应的位置上，显相同颜色的斑点。

（3）大黄的 TLC 定性鉴别

① 供试品溶液的制备：取冰片鉴别项下的备用滤渣，挥干溶剂，加二氯甲烷 20 mL，超声处理 30 min，过滤，滤液蒸干（滤渣备用），残渣加乙酸乙酯 1 mL 溶解，即得。

② 对照药材溶液的制备：取大黄对照药材 0.1 g，加二氯甲烷 20 mL，同法制成对照药材溶液。

③ 薄层色谱：吸取上述 2 种溶液各 4 μL，分别点于同一以羧甲基纤维素钠为黏合剂的硅胶 G 薄层板上，以石油醚（60～90 ℃）-甲酸乙酯-甲酸[15∶5∶1（体积比）]的上层溶液为展开剂展开，取出晾干，置紫外光灯（365 nm）下检视。供试品色谱中在与对照药材色谱相应的位置上，显相同的 4 个橙黄色荧光主斑点。

（4）人工牛黄、雄黄与黄芩的 TLC 定性鉴别

① 供试品溶液的制备：取大黄鉴别项下的备用滤渣，挥干溶剂，加甲醇 20 mL，超声处理 30 min，过滤，滤液蒸干，残渣加甲醇 2 mL 溶解，即得。

② 对照药材溶液和对照品溶液的制备：取人工牛黄对照药材 5 mg，加甲醇 20 mL，同法制成对照药材溶液。取胆酸对照品和黄芩苷对照品，分别加甲醇制成 1 mL 含 1 mg 的溶液，即得。

③ 薄层色谱：吸取上述 4 种溶液各 2 μL，分别点于同一硅胶 G 薄层板上，以二氯甲烷-乙酸乙酯-甲醇-甲酸-水[7：3：1.3：1：1（体积比）]的下层溶液为展开剂，展开，取出，晾干，置日光下检视。供试品色谱中在与黄芩苷对照品色谱相应的位置上，显相同颜色的斑点；然后喷以 10 %硫酸乙醇溶液，在 105 ℃加热约 10 min，置紫外光灯（365 nm）下检视。供试品色谱中在人工牛黄对照药材色谱和胆酸对照品色谱相应的位置上，显相同颜色的荧光斑点。

五、注意事项

1. 注意微量升华操作的方法。
2. TLC 鉴别时注意点样量的控制和点的位置。

六、思考题

1. 牛黄解毒片鉴别反应各检识什么药物？
2. 试述理化定性反应与 TLC 法定性鉴别各有何特点。
3. 简述化学反应法鉴别大黄、黄芩的原理。

实验四　葡萄糖原料药的一般杂质限量检查

一、实验目的

1. 了解药物中一般杂质限量检查的项目和意义。
2. 掌握葡萄糖中氯化物、硫酸盐、铁盐、重金属、砷盐以及灼烧残渣等限量检查的基本原理和操作方法。

二、实验原理

药物中微量的氯化物在硝酸溶液中与硝酸银作用，生成氯化银微粒而显白色浑浊，与一定量的标准氯化钠溶液在相同条件下生成的浑浊液相比较，以判断供试品中氯化物的限量。

$$Cl^- + Ag^+ \longrightarrow AgCl（浑浊）$$

硫酸盐与氯化钡在酸性溶液中作用，生成硫酸钡微粒而显白色浑浊液，与一定量的标准硫酸钾溶液在相同条件下生成的浑浊液比较，以判断药物中硫酸盐的限量。

$$SO_4^{2-} + Ba^{2+} \longrightarrow BaSO_4(浑浊)$$

三价铁盐在硝酸酸性溶液中与硫氰酸盐生成红色可溶性的硫氰酸铁络离子，与一定量的标准铁溶液用同法处理后进行比色，以控制铁盐的限量。进行葡萄糖的铁盐检查时，需在显色前加硝酸 3 滴，煮沸 5 min，使 Fe^{2+} 氧化成 Fe^{3+}，以减少褪色并消除亚硝酸的干扰。

$$Fe^{3+} + 6\,SCN^- \longrightarrow \left[Fe(SCN)_6\right]^{3-}(红色)$$

硫代乙酰胺在酸性（pH=3.5 乙酸盐缓冲液）溶液中水解产生硫化氢，硫化氢与微量重金属离子结合生成黄色到棕黑色的硫化物均匀混悬液，与一定量的标准铅溶液经同法处理后所呈颜色比较，可判定药物中重金属的限量。

$$\overset{S}{\underset{\|}{CH_3CNH_2}} + H_2O \xrightarrow{pH=3.5} \overset{O}{\underset{\|}{CH_3CNH_2}} + H_2S\uparrow$$

$$Pb^{2+} + H_2S \longrightarrow PbS\downarrow + 2H^+$$

采用古蔡氏法检查砷盐时，利用金属锌与酸作用产生新生态的氢，与药物中的微量砷盐作用生成具挥发性的砷化氢，遇溴化汞（或氯化汞）试纸，产生黄色至棕色的砷斑，与同等条件下一定量标准砷溶液所生成的砷斑比较，可判断药物中砷盐的限量。由于五价砷在酸性溶液中也能被金属锌还原为砷化氢，但生成砷化氢的速度较三价砷慢，故在反应液中需要加入碘化钾及酸性氯化亚锡。

$$AsO_3^{3-} + 3Zn + 9H^+ \longrightarrow AsH_3 + 3Zn^{2+} + 3H_2O$$
$$AsH_3 + 2HgBr_2 \longrightarrow 2HBr + AsH(HgBr)_2(黄色)$$
$$AsH_3 + 3HgBr_2 \longrightarrow 3HBr + As(HgBr)_3(棕色)$$

采用炽灼残渣检查法时，有机药物经灼烧炭化后，再加硫酸润湿、低温加热至硫酸蒸气除尽后，于高温（700~800 ℃）灼烧至完全灰化，使有机物破坏分解变为挥发性物质逸出，残留的非挥发性无机杂质（多为金属氧化物或无机盐类）成为硫酸盐，称重，计算是否符合限量规定。

三、仪器与试剂

1. 仪器：电热恒温干燥箱、马弗炉、瓷坩埚、水浴锅、冷凝管、检砷瓶、纳氏比色管（50 mL）、电子天平、量筒、烧杯、量瓶（1000 mL、100 mL）等。

2. 试剂：葡萄糖、氢氧化钠、硫酸、氯化钠、氯化钡、硫酸钾、硝酸银、硝酸铅、硝酸、盐酸、硫酸铁铵、硫氰酸铵、乙酸铵、溴化钾、碘化钾、硫代乙酰胺、甘油、锌粒、锌粉、氯化亚锡、乙酸铅、三氧化二砷、溴化汞等。

四、实验步骤

1. 氯化物的检查

(1) 供试品溶液的制备：取本品 0.60 g，加水溶解使成 25 mL（溶液如显碱性，可滴加硝酸使遇石蕊试纸显中性反应），再加稀硝酸 10 mL，溶液如不澄清，应滤过。置 50 mL 纳氏比色管中，加水适量使成约 40 mL，摇匀，即得。

(2) 对照品溶液的制备：取 10 μg·mL^{-1} 标准 Cl$^-$ 溶液（称取氯化钠 0.165 g，置 1000 mL 量瓶中，加水适量使溶解并稀释至刻度，摇匀，作为贮备液。临用前，精密量取贮备液 10 mL，置 100 mL 量瓶中，加水稀释至刻度，摇匀，即得）6.0 mL，置 50 mL 纳氏比色管中，加稀硝酸 10 mL，加水使成 40 mL，摇匀，即得。

(3) 比浊检测：向供试品溶液与对照品溶液中分别加硝酸银试液 1.0 mL，用水稀释使成 50 mL，摇匀，在暗处放置 5 min，同置黑色背景上，从比色管上方向下观察，比浊。

(4) 结果判定：如发生浑浊，样品管不得比对照管更浓（0.01 %）。

2. 硫酸盐的检查

(1) 供试品溶液的制备：取本品 2.0 g，加水溶解使成 40 mL（溶液如显碱性，可滴加盐酸使遇石蕊试纸显中性反应）。溶液如不澄清，应滤过。置 50 mL 纳氏比色管中，加稀盐酸 2 mL，摇匀，即得。

(2) 对照品溶液的制备：取 100 μg·mL^{-1} 标准 SO$_4^{2-}$ 溶液（称取硫酸钾 0.181 g，置 1000 mL 量瓶中，加水适量使溶解并稀释至刻度，摇匀，即得）2.0 mL，置 50 mL 纳氏比色管中，加水使成约 40 mL，加稀盐酸 2 mL，摇匀，即得。

(3) 比浊检测：于供试品溶液与样品溶液中，分别加入 25 %氯化钡溶液 5 mL，加水稀释使成 50 mL，摇匀，放置 10 min，同置黑色背景上，从比色管上方向下观察，比浊。

(4) 结果判定：供试溶液所显浑浊度不得较对照液更浓（0.01 %）。

3. 铁盐的检查

(1) 供试品溶液的制备：取本品 2.0 g，加水 20 mL 溶解，摇匀，即得。

(2) 对照品溶液的制备：称取硫酸铁铵[FeNH$_4$(SO$_4$)$_2$·12H$_2$O]0.863 g，置 1000 mL 量瓶中，加水溶解后，加硫酸 2.5 mL，用水稀释至刻度，摇匀，作为贮备液。临用前，精密量取贮备液 10 mL，置 100 mL 量瓶中，加水稀释至刻度，摇匀，即得（每 1 mL 相当于 10 μg 的 Fe）。

(3) 比色检测：于 20 mL 供试品溶液与 2.0 mL 对照品溶液中，分别加入硝酸 3 滴，缓慢煮沸 5 min，放冷，加水稀释使成 45 mL，加硫氰酸铵溶液（30→100）3.0 mL，摇匀，同置白色背景上，比色，观察。

(4) 结果判定：如显色，供试溶液不得较对照液更深（0.001 %）。

4. 重金属（铅）的检查

(1) 供试品溶液的制备：取本品 4.0 g，置于 25 mL 纳氏比色管中，加 23 mL 水溶解，即得。

(2) 对照品溶液的制备：称取硝酸铅 0.1599 g，置 1000 mL 量瓶中，加硝酸 5 mL 与水 50 mL 溶解后，用水稀释至刻度，摇匀，作为贮备液。临用前，精密量取贮备液 10 mL，置 100 mL 量瓶中，加水稀释至刻度，摇匀，即得（1 mL 相当于 10 μg 的 Pb）。

(3) 比浊检测：于 23 mL 供试品溶液与 2 mL 对照品溶液中，分别加入 pH=3.5 的乙酸盐缓冲液[取乙酸铵 25 g，加水 25 mL 溶解后，加 7 mol·L^{-1} 盐酸溶液 38 mL，用 2 mol·L^{-1} 盐酸溶液或 5 mol·L^{-1} 氨溶液准确调节 pH 至 3.5（电位法指示），用水稀释至 100 mL，即得]2 mL，加水至 25 mL，加硫代乙酰胺试液[取硫代乙酰胺 4 g，加水使溶解成 100 mL，置于冰箱中保存。临用前取混合液（由 1 mol·L^{-1} 氢氧化钠溶液 15 mL，水 5.0 mL 及甘油 20 mL 组成）5.0 mL，加上述硫代乙酰胺溶液 1.0 mL，置水浴上加热 20 s，冷却，立即使用]2 mL，摇匀，放置 2 min 后，同置白纸上自上向下透视，比浊。

(4) 结果判定：供试品显出的颜色与标准铅溶液比较，不得更深，含重金属不得超过百万分之五（5×10^{-6}）。

5. 砷盐的检查

(1) 样品砷斑的制备：取本品 2.0 g，置检砷瓶中，加水 5 mL 溶解后，加稀硫酸 5 mL 与溴化钾-溴试液 0.5 mL，置水浴上加热约 20 min，使保持稍过量的溴存在，必要时，再补加溴化钾-溴试液适量，并随时补充蒸发的水分，放冷，加盐酸 5 mL 与水适量使成 28 mL，加碘化钾试液 5 mL 及酸性氯化亚锡试液（取氯化亚锡 1.5 g，加水 10 mL 与少量的盐酸使溶解，即得。本液应临用新配）5 滴，在室温下放置 10 min 后，加锌粒 2 g，迅速将瓶塞塞紧（瓶塞上已安放好装有乙酸铅棉及溴化汞试纸的检砷管），保持反应温度在 25～40 ℃（视反应快慢而定，但不应超过 40 ℃），反应 45 min 后，取出溴化汞试纸，观察生成的砷斑。

(2) 标准砷斑的制备：精密吸取标准砷溶液（称取三氧化二砷 0.132 g，置 1000 mL 量瓶中，加 20 %氢氧化钠溶液 5 mL 溶解后，用适量的稀硫酸中和，再加稀硫酸 10 mL，用水稀释至刻度，摇匀，作为贮备液。临用前，精密量取贮备液 10 mL，置 1000 mL 量瓶中，加稀硫酸 10 mL，用水稀释至刻度，摇匀，即得 1 μg·mL^{-1} 的标准砷溶液）2 mL，置另一检砷瓶中，加盐酸 5 mL 与水 21 mL，加碘化钾试液 5 mL 及酸性氯化亚锡试液 5 滴，在室温下放置 10 min 后，加锌粒 2 g，迅速将瓶塞塞紧（瓶塞上已安放好装有乙酸铅棉及溴化汞试纸的检砷管），保持反应温度在 25～40 ℃，反应 45 min 后，取出溴化汞试纸，观察，即得标准砷斑。

(3) 结果判定：样品砷斑与标准砷斑比较，颜色不得更深（0.0001 %）。

6. 炽灼残渣的检查

(1) 样品炽灼：取本品 1.0～2.0 g，置已炽灼至恒重的瓷坩埚中，精密称定，缓缓炽灼至完全炭化，放冷，加硫酸 0.5～1 mL 使润湿，低温加热至硫酸蒸气除尽后，在 700～800 ℃ 下炽灼使完全灰化，移置干燥器内，放冷，精密称定后，再在 700～800 ℃ 炽灼至恒重。

(2) 结果判定：所得炽灼残渣不得超过 0.1 %。

五、注意事项

1. 供试液与对照液应平行且同时操作，加入试剂的顺序应一致。

2．标准溶液应在临用前精密量取标准贮备液新鲜配制。

3．比色或比浊操作应在大小相等、玻璃色质一致、管上刻度高低一致的纳氏比色管中进行。比色管使用后应立即冲洗干净，避免久置，不可用毛刷或去污粉等洗刷。

4．比浊时，将供试管与对照管同置黑色（或白色）背景上，自上方向下观察；比色时，将供试管与对照管同置于白色背景上，从侧面观察。

5．检查铁盐时，光线和温度影响颜色的稳定性。为减少褪色现象并消除亚硝酸的干扰，葡萄糖在检查过程中须加硝酸处理，并加热煮沸除去氧化氮。

6．检查砷盐时，锌粒过细作用太快，过粗则作用太慢，可采用锌粒与锌粉各一半的方式加入。

7．检查炽灼残渣时，取样量应根据供试品的炽灼残渣限度决定。

六、思考题

1．一般杂质限量检查的意义是什么？主要包括哪些项目？

2．请计算本次检查中氯化物、硫酸盐、重金属、砷盐的限量。

3．在进行氯化物、硫酸盐和重金属检查时，样品有颜色应该如何处理？

4．重金属检查时 pH 为多少？为什么？

5．古蔡氏法检查砷时所加试剂的作用与操作注意点是什么？

6．炽灼残渣检查的成败关键是什么？恒重的概念和意义是什么？

实验五　阿司匹林原料药与肠溶片的质量分析

一、实验目的

1．掌握阿司匹林原料药及肠溶片的鉴别和特殊杂质检查的原理与方法。

2．掌握中和滴定法、两步滴定法、高效液相色谱法测定阿司匹林含量的原理和方法。

二、实验原理

阿司匹林（2-乙酰氧基苯甲酸）为芳酸类药物，其化学式为 $C_9H_8O_4$，结构式为：

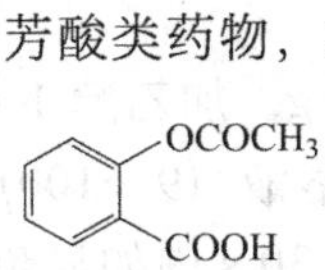

阿司匹林结构中含有酯键，其水解产物水杨酸在弱酸性（pH=4～6）条件下，与三氯化铁试液反应，生成紫堇色配合物。阿司匹林与碳酸钠试液加热水解产生水杨酸钠及乙酸钠，加入过量稀硫酸酸化后，水杨酸沉淀析出，并产生乙酸的臭味，水杨酸可以作为阿司匹林原

料药与片剂中的特殊杂质予以检查。

阿司匹林结构中含有游离羧基，以酚酞为指示剂，用碱液中和滴定，可用于定量分析。阿司匹林肠溶片中存在有其他酸类物质（如制片时加入枸橼酸或者酒石酸作为稳定剂；阿司匹林水解生成水杨酸和乙酸），不能直接滴定，可采用两步滴定法测定，即先于中性乙醇中用氢氧化钠滴定液将阿司匹林的羧基及其他酸类物质的羧基完全中和，再用返滴定法，于得到的中性供试品溶液中加入过量定量的氢氧化钠滴定液，加热使酯键水解，再用硫酸滴定液回滴定剩余的氢氧化钠，并将滴定的结果用空白试验校正以求出阿司匹林的含量。此外，高效液相色谱作为成熟检测技术应用在药品质量的控制中，其检测方法的灵敏度、专属性、适用性和可靠性显著提升。

三、仪器与试剂

1. 仪器：高效液相色谱仪、ODS C_{18} 色谱柱、电热恒温水浴锅、锥形瓶、酸式滴定管、移液管（或移液器）、纳氏比色管（50 mL）、量瓶（1000 mL、100 mL）、研钵、滤头、定性滤纸、电子天平等。

2. 试剂：阿司匹林原料药、阿司匹林肠溶片（50 mg/片）、水杨酸对照品、阿司匹林对照品、三氯化铁、硫酸铁铵、碳酸钠、硫酸、盐酸、乙醇、酚酞、氢氧化钠、酒石酸、冰醋酸、甲醇、乙腈、四氢呋喃、纯化水等。

四、实验步骤

1. 性状

（1）观察阿司匹林原料药的性状，本品应为白色结晶或结晶性粉末，无臭或略带乙酸臭，遇湿气即缓缓水解。

（2）观察阿司匹林肠溶片的性状，本品除去包衣后显白色。

2. 鉴别

（1）取本品的细粉适量（约相当于阿司匹林 0.1 g），加水 10 mL，煮沸，放冷，加三氯化铁试液 1 滴，即现紫堇色。

（2）取本品的细粉适量（约相当于阿司匹林 0.1 g），置于小锥形瓶中，加入碳酸钠试液 10 mL，煮沸 2 min 后，放冷，加入过量的稀硫酸，即析出白色沉淀，并发生乙酸的臭气。

3. 游离水杨酸的检查

（1）阿司匹林原料药

① 硫酸铁铵显色法：取本品 0.10 g，加乙醇 1 mL 溶解后，加冷水适量使成 50 mL，立即加新制的稀硫酸铁铵溶液[取盐酸溶液（9→100）1 mL，加硫酸铁铵指示液 2 mL 后，再加水适量使成 100 mL]1 mL，摇匀；30 s 内如显色，与对照液（精密称取水杨酸 0.1 g，加水溶解后，加冰醋酸 1 mL，摇匀，再加水使成 1000 mL，摇匀，精密量取 1 mL，加乙醇 1 mL、水 48 mL 与上述新制的稀硫酸铁铵溶液 1 mL，摇匀）比较，不得更深（0.1 %）。

② 高效液相色谱法：取本品约 0.10 g，精密称定，置 10 mL 量瓶中，加 1 %冰醋酸的甲

醇溶液振摇使溶解，并稀释至刻度，摇匀，作为供试品溶液；另取水杨酸对照品约 10 mg，精密称定，置 100 mL 量瓶中，加 1 %冰醋酸的甲醇溶液适量，振摇使溶解并稀释至刻度，摇匀，精密量取 5 mL，置 50 mL 量瓶中，加 1 %冰醋酸的甲醇溶液稀释至刻度，摇匀，作为对照品溶液。照 HPLC 法测定，用十八烷基硅烷键合硅胶为填充剂，以乙腈-四氢呋喃-冰醋酸-水[20∶5∶5∶70（体积比）]为流动相；检测波长 303 nm。理论塔板数按水杨酸峰计算不低于 5000，阿司匹林峰与水杨酸峰的分离度应符合要求。精密量取供试品溶液和对照品溶液各 10 μL，分别注入高效液相色谱仪，记录色谱图。供试品溶液色谱图中如有与水杨酸峰保留时间一致的色谱峰，按外标法以峰面积计算，不得超过 0.1 %。

（2）阿司匹林肠溶片

① 硫酸铁铵显色法：取本品 20 片，研细，取细粉适量（约相当于阿司匹林 0.1 g），精密称定，用乙醇 30 mL 分次研磨，并移入 100 mL 量瓶中，充分振摇，用水稀释至刻度，摇匀，立即滤过。精密量取续滤液 2 mL，置 50 mL 纳氏比色管中，用水稀释至 50 mL，立即加新制的稀硫酸铁铵溶液（取 1 mol·L^{-1}盐酸溶液 1 mL，加硫酸铁铵指示液 2 mL 后再加水适量使成 100 mL）3 mL 摇匀，30 s 内如显色，与对照液（精密量取 0.01 %水杨酸溶液 4.5 mL 加乙醇 3 mL、0.05 %酒石酸溶液 1 mL，用水稀释至 50 mL，再加上述新制的稀硫酸铁铵溶液 3 mL，摇匀）比较，不得更深（1.5 %）。

② 高效液相色谱法：取本品细粉适量（约相当于阿司匹林 0.1 g），精密称定，置 100 mL 量瓶中，加 1 %冰醋酸的甲醇溶液振摇使溶解并稀释至刻度，摇匀，滤膜滤过，取续滤液作为供试品溶液；另取水杨酸对照品约 15 mg，精密称定，置 100 mL 量瓶中，同法配置贮备液；精密量取贮备液 5 mL，置 50 mL 量瓶中，用 1 %冰醋酸的甲醇溶液配制成对照品溶液。照阿司匹林游离水杨酸项下的方法测定。供试品溶液色谱图中如有与水杨酸峰保留时间一致的色谱峰，按外标法以峰面积计算，不得超过阿司匹林标示量的 1.5 %。

4．阿司匹林的含量测定

（1）阿司匹林原料药

① 中和滴定法：取本品约 0.5 g，精密称定，加中性乙醇（取适量乙醇，加入酚酞指示液 3 滴，用 0.1 mol·L^{-1}氢氧化钠液滴定至淡红色，即得）20 mL 溶解后，再加酚酞指示液 3 滴，用氢氧化钠滴定液（0.1 mol·L^{-1}）滴定。1 mL 氢氧化钠滴定液（0.1 mol·L^{-1}）相当于 18.02 mg 阿司匹林。

按干燥品计算，本品含阿司匹林（C$_9$H$_8$O$_4$）不得少于 99.5 %。

$$阿司匹林的含量 （\%）=\frac{TVf}{W}\times 100$$

式中，T 为滴定度，18.02 mg·mL^{-1}；V 为消耗滴定液的体积，mL；W 为供试品量，mg；f 为浓度校正系数（$f = N'/N$，N' 为实际滴定液浓度，N 为标准滴定液浓度）。

② 高效液相色谱法：取本品细粉适量（约相当于阿司匹林 10 mg），精密称定，置 100 mL 量瓶中，用 1 %冰醋酸的甲醇溶液振摇使溶解并稀释至刻度，摇匀，滤膜滤过，取续滤液作为供试品溶液。另取阿司匹林对照品适量，精密称定，加 1 %冰醋酸的甲醇溶液溶解并定量稀释制成 1 mL 中约含 0.1 mg 的溶液，滤膜滤过，取续滤液作为对照品溶液。照阿司匹林游

离水杨酸项下的方法测定，检测波长 276 nm。理论塔板数按阿司匹林峰计算不低于 3000，阿司匹林峰与水杨酸峰的分离度应符合要求。精密量取供试品溶液与对照品溶液各 10 μL，注入高效液相色谱仪，记录色谱图，按外标法以峰面积计算。

（2）阿司匹林肠溶片

① 两步滴定法：取本品 20 片，精密称定，充分研细。精密称取适量（约相当于阿司匹林 0.5 g），用中性乙醇（对酚酞指示液显中性）70 mL 分数次研磨，并移入 100 mL 量瓶中，充分振摇，再用水适量洗涤研钵数次，洗涤液合并于 100 mL 量瓶中，再用水稀释至刻度，摇匀，过滤。精密量取滤液 10 mL 至锥形瓶中，加中性乙醇 20 mL，振摇，使阿司匹林溶解，加酚酞指示液 3 滴，不断振摇下滴加氢氧化钠滴定液（0.1 mol·L⁻¹）至溶液显粉红色，再精密加入氢氧化钠滴定液（0.1 mol·L⁻¹）40 mL，置水浴上加热 15 min 并时时振摇，迅速放冷至室温，用硫酸滴定液（0.05 mol·L⁻¹）滴定，并将滴定的结果用空白试验校正。1 mL 氢氧化钠滴定液（0.1 mol·L⁻¹）相当于 18.02 mg 阿司匹林。

本品含阿司匹林（$C_9H_8O_4$）应为标示量的 93.0 %～107.0 %。

$$阿司匹林含量（\%）=\frac{(V_0-V)fTD\overline{W}}{W\times 标示量}\times 100$$

式中，V_0 为空白试验消耗硫酸滴定液的体积，mL；V 为供试品消耗硫酸滴定液的体积，mL；f 为硫酸滴定液浓度校正系数；T 为滴定度，18.02 mg·mL⁻¹；$\overline{W}$ 为平均片重，mg；W 为供试品片粉取样量，mg；D 为稀释倍数。

② 高效液相色谱法：取本品细粉适量（约相当于阿司匹林 10 mg），精密称定，置 100 mL 量瓶中，用 1 %冰醋酸的甲醇溶液强烈振摇使阿司匹林溶解并稀释至刻度，摇匀，滤膜滤过，取续滤液作为供试品溶液。另取 1 mL 中约含 0.1 mg 阿司匹林的对照品溶液，按照阿司匹林游离水杨酸项下的方法测定，检测波长 276 nm。精密量取供试品溶液与对照品溶液各 10 μL，注入高效液相色谱仪，记录色谱图，按外标法以峰面积计算。

五、实验结果与分析

实验结果记录于表 4-2 中。

表 4-2　阿司匹林原料药与肠溶片质量分析结果

样品名称			样品批号		
生产单位			样品来源		
检验项目					
检验依据					
检验结果		原料药		肠溶片	
		现象或数据	结果或结论	现象或数据	结果或结论
	性状				

鉴别	三氯化铁反应				
	水解反应				
检查	硫酸铁铵显色法				
	高效液相色谱法				
含量测定	滴定法	样品称重/g				
		滴定前初读数/mL				
		滴定后终读数/mL				
		滴定消耗体积/mL				
		阿司匹林含量/%				
	高效液相色谱法	样品称重/mg				
		对照品峰面积/mAU·min				
		对照品含量/mg·mL^{-1}				
		供试品峰面积/mAU·min				
		阿司匹林含量/%				

六、注意事项

1. 为使阿司匹林溶解及防止在水溶液中滴定时酯的水解，宜采用中性乙醇为溶剂。

2. 阿司匹林呈弱酸性，用强碱滴定时，化学计量点偏碱性，指示剂宜选用在碱性区变色的酚酞。为了避免样品的水解，滴定时应使温度在 20 ℃以下，并不断搅拌（防止局部碱度过大）以较快速度滴定。

3. 阿司匹林片中因含酒石酸或枸橼酸及水解产物（水杨酸、乙酸），采用两步滴定法时，第一步先中和与供试品共存的酸，阿司匹林被中为钠盐；第二步阿司匹林中酯结构水解而消耗碱，但共存酸不干扰测定，供试品中阿司匹林的含量可由水解时消耗的碱量计算。

七、思考题

1. 阿司匹林原料药与阿司匹林肠溶片在质量检验方面有哪些不同之处？为何不同？

2. 检查游离水杨酸时，为防止阿司匹林水解，操作中应注意哪些问题？

3. 两步滴定法测定阿司匹林含量时，为什么要做空白试验？空白试验的操作如何进行？

4. 请分析比较硫酸铁铵显色法与高效液相色谱法检查阿司匹林中游离水杨酸的可信度、两步滴定法与高效液相色谱法测定阿司匹林含量的准确度。

实验六　维生素 C 及其制剂的含量测定

一、实验目的

1. 掌握常用辅料对制剂含量测定的影响及其排除方法。
2. 掌握碘量法、高效液相色谱法测定维生素 C 片剂和注射液含量的原理和方法。

二、实验原理

维生素 C 是一种含有 6 个碳原子的酸性多羟基化合物，其化学式为 $C_6H_8O_6$，分子量为 176.1，结构式为：

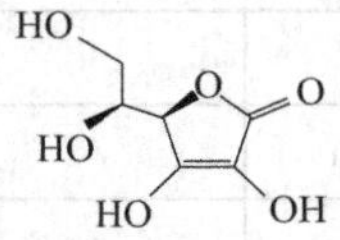

维生素 C 在酸性环境中稳定，遇空气中氧、热、光、碱性物质，特别是在氧化酶及痕量铜、铁等金属离子存在时，可促进其氧化破坏。维生素 C 分子中有烯二醇结构，具有极强的还原性，在乙酸酸性条件下，可被碘定量氧化，根据消耗碘滴定液的体积，即可计算维生素 C 的含量。

维生素 C 片剂测定时应过滤除去赋形剂的干扰；注射剂测定时要加丙酮 2 mL，以消除抗氧化剂（焦亚硫酸钠、亚硫酸钠等）的干扰。

三、仪器与试剂

1. 仪器：高效液相色谱仪、超声波清洗器、棕色酸式滴定管（25 mL）、碘量瓶（250 mL）、量瓶（25 mL、100 mL）、移液管或移液器（1 mL、5 mL）、电子天平等。

2. 试剂：维生素 C 注射液（0.25 g/2 mL）、维生素 C 片（0.1 g/片）、维 C 银翘片（0.5 g/片，内含维生素 C 49.5 mg，对乙酰氨基酚 105 mg，马来酸氯苯那敏 1.05 mg）、维生素 C 对照品、乙酸、淀粉指示液、碘滴定液（0.05 mol·L^{-1}）、丙酮、亚硫酸氢钠、磷酸、乙腈、磷酸二氢钾、纯化水等。

四、实验步骤

1. 维生素 C 原料药的含量测定

本品为白色结晶或结晶性粉末，含维生素 C（$C_6H_8O_6$）不少于 99.0 %。

采用碘量法。取本品约 0.2 g，精密称定，加新沸过的冷水 100 mL 与稀乙酸 10 mL 使溶解，加淀粉指示液 1 mL，立即用碘滴定液（0.05 mol·L^{-1}）滴定至溶液显蓝色并在 30 s 内不消褪。1 mL 碘滴定液（0.05 mol·L^{-1}）相当于 8.806 mg 的 $C_6H_8O_6$。

2. 维生素 C 片的含量测定

本品为白色或略带淡黄色片，含维生素 C（$C_6H_8O_6$）应为标示量的 93.0 %～107.0 %。

采用碘量法。取本品 20 片，精密称定，研细，精密称取适量（约相当于维生素 C 0.2 g），置 100 mL 量瓶中，加新沸过的冷水 100 mL 与稀乙酸 10 mL 的混合液适量，振摇使维生素 C 溶解并稀释至刻度，经干燥滤纸迅速滤过。精密量取续滤液 50 mL，加淀粉指示液 1 mL，用碘滴定液（0.05 mol·L^{-1}）滴定至溶液显蓝色并持续 30 s 不褪。

3. 维生素 C 注射液的含量测定

本品为维生素 C 的灭菌水溶液，是无色至微黄色的澄明液体。含维生素 C（$C_6H_8O_6$）应为标示量的 93.0 %～107.0 %。

采用碘量法。精密量取本品适量（约相当于维生素 C 0.2 g），加水 15 mL 与丙酮 2 mL，摇匀，放置 5 min，加稀乙酸 4 mL 与淀粉指示液 1 mL，用碘滴定液（0.05 mol·L^{-1}）滴定至溶液显蓝色并持续 30 s 不褪。

4. 维 C 银翘片的含量测定

本品由山银花、连翘、荆芥、淡豆豉、淡竹叶、牛蒡子、芦根、桔梗、甘草、马来酸氯苯那敏、对乙酰氨基酚、维生素 C、薄荷素油等十三味中药与西药组方而成。含维生素 C（$C_6H_8O_6$）应为标示量的 90.0 %～110.0 %。

（1）碘量法：取本品 10 片，除去包衣，精密称定，研细，混匀，精密称取适量（约相当于维生素 C 0.2 g），置 100 mL 量瓶中，加新沸过的冷水 100 mL 与稀乙酸 10 mL 的混合液适量，振摇使充分溶解并稀释至刻度，经干燥滤纸迅速滤过。精密量取续滤液 50 mL，加淀粉指示液 1 mL，用碘滴定液（0.05 mol·L^{-1}）滴定，至溶液显蓝色并持续 30 s 不褪。

$$维生素C含量\ (\%) = \frac{VfTD\overline{W}}{W \times 标示量} \times 100$$

式中，V 为供试品消耗碘滴定液的体积，mL；f 为碘滴定液浓度校正系数；T 为滴定度，8.806 mg·mL^{-1}；$\overline{W}$ 为平均片重，mg；W 为供试品片粉取样量，mg；D 为稀释倍数。

（2）高效液相色谱法：取本品 10 片，除去包衣，精密称定，研细，混匀，取约 0.1 g（约相当于维生素 C 10 mg），精密称定，置 50 mL 量瓶中，加入 0.5 %亚硫酸氢钠溶液（用磷酸调节 pH 值至 2.4）40 mL，超声处理（功率 300 W，频率 40 kHz）5 min，放冷，加 0.5 %亚硫酸氢钠溶液稀释至刻度，摇匀，滤过，精密吸取续滤液 1 mL，置 10 mL 量瓶中，加 0.5 %亚硫酸氢钠溶液稀释至刻度，摇匀，即得供试品溶液。照 HPLC 法测定，以氨基硅烷键合硅胶为填充剂，以乙腈-0.01 mol·L^{-1}磷酸二氢钾[用磷酸调节 pH 值至 2.4，70∶30（体积比）]为流动相；检测波长 246 nm。理论塔板数按维生素 C 峰计算应不低于 2000。精密吸取供试品溶液 10 μL，注入高效液相色谱仪，记录色谱图；另取维生素 C 对照品适量，精密称定，加 0.5 %亚硫酸氢钠溶液（用磷酸调节 pH 值至 2.4）制成 1 mL 含 20 μg 的溶液，同法测定。按外标法以峰面积计算。

五、实验结果与分析

实验结果记录于表 4-3 中。

表 4-3 维生素 C 及其制剂的含量测定结果

样品名称			样品批号	
生产单位			样品来源	
检验项目				
检验依据				
含量测定	维生素 C 原料药	维生素 C 片	维生素 C 注射液	维生素 C 银翘片
样品质量（体积）/mg(mL)				
滴定前初读数/mL				
滴定后终读数/mL				
滴定消耗体积/mL				
维生素 C 含量/% 碘量法				
HPLC 法	—	—	—	
结论				

六、注意事项

1. 维生素 C 在空气中易被氧化，过滤、滴定等操作应迅速。
2. 接近终点时应减慢滴定速度，滴定至溶液显蓝色并持续 30 s 不褪确认为终点。

七、思考题

1. 碘量法在操作中需要注意什么？样品为什么要加新沸过的冷水溶解？
2. 维生素 C 本身就是一个酸，为什么测定时还要加稀乙酸？用其他酸可以吗？
3. 片剂测定中过滤、注射剂测定中加入丙酮的目的分别是什么？
4. 请写出维生素 C 注射液含量测定的计算式。
5. 请分析比较碘量法和高效液相色谱法测定维生素 C 含量的准确度。

实验七　槐米中总黄酮的质量分析

一、实验目的

1. 熟悉槐米药材的薄层色谱鉴别法。

2．掌握比色法测定槐米中总黄酮含量的原理及方法。

二、实验原理

槐米为豆科植物槐树（*Sophora japonica* L.）的干燥花蕾。槐米的主要成分为芦丁，其鉴别及含量测定均以芦丁为指标成分。

芦丁（又称芸香苷、维生素 P）是一种天然的黄酮苷，具有抗炎、抗氧化、抗过敏、抗病毒等功效。芦丁的化学式为 $C_{27}H_{30}O_{16}$，其结构式如下（Glu 为葡萄糖，Rha 为鼠李糖）：

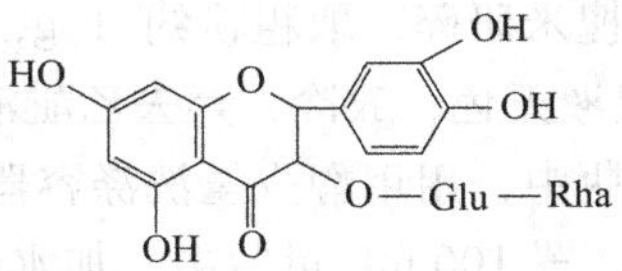

芦丁分子中含酚羟基，显弱酸性，易溶于稀碱液中，可溶于热水、热醇。黄酮类化合物在碱性条件下与铝盐发生配位反应，生成红色的配位化合物，使得最大吸收波长红移至可见光区，且具有较高的吸收系数，可采用比色法测定槐米中总黄酮（以芦丁计）的含量。

三、仪器与试剂

1．仪器：紫外-可见分光光度计、三用紫外分析仪、索氏提取器、量瓶（100 mL、25 mL）、具塞试管、移液管（10 mL、2 mL）、漏斗、玻璃棒、烧杯、胶头滴管、吸耳球等。

2．试剂：槐米药材、芦丁对照品、三氯化铝试液、5 %亚硝酸钠溶液、10 %硝酸铝溶液、$1 \ mol \cdot L^{-1}$氢氧化钠试液、甲醇、乙酸乙酯、甲酸、乙醚等。

四、实验步骤

1．薄层色谱鉴别

（1）供试品溶液的制备：取槐米粉末 0.2 g，置于具塞试管中，加甲醇 5 mL，密塞，振摇 10 min，滤过，取续滤液作为供试品溶液。

（2）对照品溶液的制备：取芦丁对照品适量，加甲醇制成浓度为 4 $mg \cdot mL^{-1}$的溶液，作为对照品溶液。

（3）测定法：吸取上述 2 种溶液各 10 μL，分别点于同一硅胶 G 薄层板上，以乙酸乙酯-甲酸-水[8：1：1（体积比)]为展开剂展开，取出，晾干，喷以三氯化铝试液（取三氯化铝 1 g，加入乙醇使溶解成 100 mL，即得），待乙醇挥干后，置紫外光灯（365 nm）下检视，供试品色谱中，在与对照品色谱相应的位置上显相同颜色的荧光斑点。

2．总黄酮含量的比色法测定

（1）对照品溶液的制备：取 120 ℃干燥至恒重的芦丁对照品 50 mg，精密称定，置于 25 mL量瓶中，加甲醇适量，置水浴上微热使溶解，放冷，加甲醇至刻度，摇匀。精密量取 10 mL

置于 100 mL 量瓶中，加水至刻度，摇匀，即得浓度为 0.2 mg·mL⁻¹的芦丁对照品溶液。

（2）标准曲线的制备：精密量取对照品溶液 1 mL、2 mL、3 mL、4 mL、5 mL、6 mL，分别置于 25 mL 量瓶中，各加水使成 6.0 mL，精密加 5 %亚硝酸钠溶液（取 2.5 g 亚硝酸钠，加水溶解成 50 mL，摇匀即得）1 mL，摇匀，放置 6 min，再加 10 %硝酸铝溶液（取 5.0 g 硝酸铝，加水溶解成 50 mL，摇匀即得）1.0 mL，摇匀，放置 6 min，加 1 mol·L⁻¹氢氧化钠溶液（取氢氧化钠 4.0 g，加水溶解成 100 mL，即得）10.0 mL，加水稀释至刻度，摇匀，放置 15 min，不加对照品溶液同法配制空白溶液，按照紫外-可见分光光度法，在 500 nm 波长处测定各溶液的吸光度，以吸光度为横坐标，质量浓度为纵坐标，绘制标准曲线并进行线性回归。

（3）供试品溶液的制备：将槐米研碎，取粗粉约 1 g，精密称定，置于索氏提取器中，加乙醚 120 mL，加热回流至提取液无色，放冷，弃去乙醚液。再加甲醇 90 mL，加热回流至提取液无色，转移至 100 mL 量瓶中，用甲醇少量洗涤容器，洗液并入同一量瓶中，加甲醇至刻度，摇匀。精密量取 10 mL，置 100 mL 量瓶中，加水至刻度，摇匀，作为供试品溶液。平行制备 3 组。

（4）总黄酮含量的测定：采用硝酸铝显色法。精密量取供试品溶液 3 mL，置 25 mL 量瓶中，按照标准曲线制备项下的方法，自"加水使成 6.0 mL"起，依法测定吸光度，平行测定 3 次，由回归方程计算出供试品溶液中芦丁的含量。

（5）方法学考察

① 精密度试验：取同一槐米样品溶液 5 mL，在 500 nm 处测吸光度，重复测定 5 次，计算相对标准偏差（RSD 不得大于 2.0 %）。

② 重复性试验：取槐米样品约 1 g，精密称定，共 6 份，按供试品制备方法制成供试品溶液，采用硝酸铝显色法在 500 nm 波长处测定各溶液的吸光度，由回归方程计算出供试品溶液中芦丁的含量并求 RSD 值（RSD 不得大于 2.0 %）。

③ 稳定性试验：取芦丁对照品和样品溶液 5 mL，于 0 min、15 min、30 min、45 min、60 min 采用硝酸铝显色法测定吸光度，计算吸光度平均值，求出 RSD，判断样品的稳定性（RSD 不得大于 3.0 %）。

④ 加标回收试验：取槐米样品 6 份，精密称定，每份 0.5 g，精密加入芦丁对照品适量，按照供试品溶液的制备法和测定法在 500 nm 波长处测定各样品的吸光度，计算含量（回收率要求在 95.0 %～105.0 %）。

五、实验结果与分析

实验结果记录于表 4-4 中。

表 4-4　槐米中总黄酮的质量分析结果

标准曲线	浓度/mg·mL⁻¹	0.000	0.008	0.016	0.024	0.032	0.040	0.048
	吸光度 A							
	回归方程			相关系数 R				

	样品编号	1		2		3		均值
总黄酮含量	吸光度 A							
	浓度/mg·mL^{-1}							
	含量/%							
精密度试验	测定次数/次	1	2	3	4	5		均值
	吸光度 A							
	RSD/%							
重复性试验	样品编号	1	2	3	4	5	6	均值
	吸光度 A							
	含量/%							
	RSD/%							
稳定性试验	时间/min	0	15	30	45	60		均值
	吸光度 A							
	RSD/%							
加标回收试验	样品编号	1	2	3	4	5	6	均值
	吸光度 A							
	对照品加入量/mg							
	未加标样品含量/mg							
	加标样品含量/mg							
	回收率/%							

六、注意事项

1. 使用乙醚时，实验室不得有明火。

2. 实验中遵守平行操作原则。

3. 注意检查比色皿的配对性。

4. 做加标回收试验时，对照品应在称样开始时加入，对照品的加入量与取样量中被测成分之和必须在标准曲线的线性范围之内；外加对照品的量要适当，过小则引起较大的相对误差，过大则干扰成分相对减少，真实性差，一般对照品加入量与所取样品含量之比控制在1：1左右。

七、思考题

1. 槐米总黄酮含量测定法中，为何先用乙醚回流提取并将提取液弃去？

2．简述比色法测定槐米中总黄酮含量的基本原理。

实验八　RP-HPLC 法测定芦丁片中芦丁的含量 _____

一、实验目的

1．掌握 RP-HPLC 法（外标法）测定芦丁片中芦丁含量的方法。
2．掌握样品的前处理方法。

二、实验原理

芦丁为黄酮苷，具有维持血管弹性，增强毛细血管抵抗力，降低其脆性与通透性，并促进细胞增生和防止血细胞凝集的作用。芦丁片为黄色或黄绿色片，主要用于脆性增加的毛细血管出血症，也用于高血压脑病、脑出血、视网膜出血、出血性紫癜、急性出血性肾炎、再发性鼻出血、创伤性肺出血、产后出血等的辅助治疗。

RP-HPLC（反相高效液相色谱）流动相的极性大于固定相的极性，应用范围远广于正相高效液相色谱。外标法（标准曲线法）是高效液相色谱最为常用的定量分析方法，分析时需要对照品或标准品，并制作标准曲线。

三、仪器与试剂

1．仪器：高效液相色谱仪、紫外-可见分光光度计、ODS C_{18} 分析柱、超声波清洗器、烘箱、恒温水浴锅、电子天平、量瓶（10 mL、25 mL、50 mL、100 mL）、刻度移液管或移液器（25 μL、100 μL、1 mL、5 mL）、漏斗、定性滤纸（直径 10 cm）、有机相滤头、有机相滤膜（直径 50 mm）、水相滤膜（直径 50 mm）、溶剂过滤器、微量进样器等。
2．试剂：芦丁片（市售，20 mg/片）、芦丁对照品、甲醇（色谱纯）、冰醋酸（分析纯）、乙醇、超纯水等。

四、实验步骤

1．反相高效液相色谱法测定芦丁片中芦丁的含量

（1）色谱分析条件　色谱柱：ODS C_{18} 柱（4.60 mm×250 mm，5 μm）；流动相：甲醇∶0.1 % 冰醋酸＝60∶40（体积比）；检测波长：362 nm；流速：0.8 mL·min^{-1}；柱温：35 ℃；进样量：5 μL，理论塔板数按芦丁峰计算应不低于 2000，外标法计算含量。

（2）对照品溶液的制备　取 120 ℃干燥至恒重的芦丁对照品约 10 mg，精密称定，置 100 mL 棕色量瓶中，加甲醇超声溶解，制成 1 mL 含 0.1 mg 的溶液，摇匀，作为对照品溶液，

经 0.45 μm 有机相滤头过滤后备用。

(3) 标准曲线与回归方程的建立　精密量取一定量芦丁对照品溶液，用流动相稀释配制成质量浓度分别为 6.25 μg·mL⁻¹、12.5 μg·mL⁻¹、25.0 μg·mL⁻¹、50.0 μg·mL⁻¹、75.0 μg·mL⁻¹、100.0 μg·mL⁻¹ 的系列对照品溶液，依次进样并平行测定 3 次，采用最小二乘法以芦丁质量浓度对峰面积作图，并进行线性回归，得回归方程和相关系数。

(4) 供试品溶液的制备　取本品 10 片，研细，精密称取适量（约相当于芦丁 10 mg），各取 3 份，分别置于 50 mL 棕色量瓶中，加甲醇适量，超声溶解，放冷，用流动相稀释至刻度，摇匀，经 0.45 μm 有机相滤头过滤。精密吸取续滤液 5 mL，置 50 mL 量瓶中，用流动相稀释至刻度后，摇匀，即得供试品溶液。

(5) 样品含量的测定　取供试品溶液，依照色谱分析条件进样并平行测定 3 次，以峰面积平均值计算出供试品中无水芦丁的含量，并与 1.089 相乘即得供试品中 $C_{27}H_{30}O_{16}\cdot 3H_2O$ 的含量。本品含芦丁（$C_{27}H_{30}O_{16}\cdot 3H_2O$）应为标示量的 90.0 %～110.0 %。

(6) 方法学考察

① 精密度试验：取对照品溶液 1 mL，置于 10 mL 量瓶中，加流动相稀释至刻度，依照色谱条件连续进样测定 6 次，每次进样 5 μL，计算对照品峰面积的 RSD（RSD 不得大于 2.0 %）。

② 重复性试验：取供试品溶液，依照色谱条件连续进样测定 6 次，每次进样 5 μL，计算供试品峰面积的 RSD（RSD 不得大于 2.0 %）。

③ 稳定性试验：取供试品溶液，分别在 0 h、2 h、4 h、6 h、8 h、10 h、12 h 依照色谱条件依次进样 5 μL，计算供试品峰面积的 RSD（RSD 不得大于 3.0 %）。

④ 加标回收试验：精密称取已知含量的供试品（约相当于芦丁 25 mg）各 6 份，分别精密加入一定量的芦丁对照品，按照供试品溶液的制备方法制成供试品溶液，并依照色谱条件进样测定，计算供试品的平均回收率和 RSD（回收率要求在 95.0 %～105.0 %）。

2．紫外-可见分光光度法测定芦丁片中芦丁的含量

(1) 对照品溶液的制备　精密称取 120 ℃干燥至恒重的芦丁对照品约 25 mg，置 100 mL 量瓶中，加 60 %乙醇适量，置热水浴中加热并振摇 5 min，放冷，用 60 %乙醇稀释至刻度，摇匀，精密量取 5 mL，置另一 100 mL 量瓶中，加 0.02 mol·L⁻¹ 乙酸 1 mL，加 60 %乙醇稀释至刻度，摇匀，即得。

(2) 供试品溶液的制备　取本品 10 片，研细，精密称取适量（约相当于芦丁 25 mg），置 100 mL 量瓶中，加 60 %乙醇适量，置热水浴中加热并振摇 5 min，放冷，加 60 %乙醇至刻度，摇匀，用干燥滤纸滤过，弃去初滤液，精密量取续滤液 5 mL，置另一 100 mL 量瓶中，加 0.02 mol·L⁻¹ 乙酸 1 mL，加 60 %乙醇稀释至刻度，摇匀，即得。

(3) 测定法　本实验采用直接测定法测定。取对照品溶液与供试品溶液，照分光光度法在（362 ± 1）nm 波长处分别测定吸光度，计算出供试品中无水芦丁的含量，并与 1.089 相乘，即得供试品中含有 $C_{27}H_{30}O_{16}\cdot 3H_2O$ 的量。

五、实验结果与分析

实验结果记录于表 4-5 中。

表 4-5　芦丁片中芦丁含量的测定结果

标准曲线	浓度/μg·mL⁻¹		0.0	6.25	12.5	25.0	50.0	75.0	100.0
	峰面积/mAU·min								
	回归方程						相关系数 R		
芦丁含量	样品号		1		2		3		均值
	HPLC	峰面积/mAU·min							
		浓度/μg·mL⁻¹							
		样品含量/%							
	UV-Vis 样品含量/%								
精密度试验	测定次数/次		1	2	3	4	5	6	均值
	峰面积/mAU·min								
	RSD/%								
重复性试验	样品编号		1	2	3	4	5	6	均值
	峰面积/mAU·min								
	RSD/%								
稳定性试验	时间/h		0	2	4	6	8	10	12
	峰面积/mAU·min								
	RSD/%								
加标回收试验	样品编号		1	2	3	4	5	6	均值
	峰面积/mAU·min								
	对照品加入量/μg								
	未加标样品含量/μg								
	加标样品含量/μg								
	回收率/%								

六、注意事项

1．HPLC 测定中，流动相使用前必须经滤膜过滤和超声脱气。

2．样品必须经过前处理，不能直接进样，否则会影响色谱柱的寿命。

3．样品和对照品溶液的进样量要保持一致，且进样量必须大于定量环容积的 2～3 倍。

4．HPLC 测定完毕后，必须用甲醇-水梯度冲洗系统 30 min 以上，然后再用甲醇平衡。

七、思考题

1．解释用 RP-HPLC 法测定芦丁片中芦丁含量的理论基础。

2．推导芦丁片中芦丁含量的计算公式。

3．怎样优化色谱分离条件?

4．分析比较 RP-HPLC 法与紫外-可见分光光度法（UV-Vis 法）测定芦丁片中芦丁含量的准确度。

实验九　气相色谱法测定姜酊中乙醇的含量

一、实验目的

1．掌握内标对比法的测定原理及其计算方法。

2．熟悉氢火焰离子化检测器在含水样品微量有机组分测定中的应用。

二、实验原理

内标对比法（已知浓度样品对照法）是在校正因子未知时内标法的一种应用。内标法是在试样溶液中加入内标物，再经过色谱分析，以试样中待测组分和内标物的响应信号（峰面积或峰高）之比确定待测组分的浓度或量。除内标对比法外，内标法还包括校正曲线法和校正因子法等。

在一定操作条件下，配制一系列不同浓度的对照品溶液，并加入相同量的内标物 s，进样分析，测得 A_i 和 A_s，以 A_i/A_s 对对照品溶液浓度作图，得回归方程，计算试样的含量。供试品溶液配制时也需加入与对照品溶液相同量的内标物。若测定结果截距近似为零，则可用内标对比法定量。

内标对比法分析时，先配制待测组分 i 的已知浓度的对照品溶液，加入一定量的内标物 s（相当于测定校正因子），再将内标物按相同量加入到同体积的供试品溶液中，分别注入色谱仪，测得对照品溶液中的组分 i 和内标物 s 的峰面积 $A_{i对照}$ 和 $A_{s对照}$，及供试品溶液中待测组分 i 和内标物 s 的峰面积 $A_{i试样}$ 和 $A_{s试样}$。因对照品溶液和供试品溶液中的内标物浓度相同，故可按下式计算供试品溶液中待测组分的浓度：

$$c_{i试样} = \frac{(A_i/A_s)_{试样}}{(A_i/A_s)_{对照}} \times c_{i对照}$$

酊剂是将饮片用规定浓度的乙醇提取制成的澄清液体制剂，也可用流浸膏稀释制成，或用浸膏、化学药物溶解制成。酊剂应检查乙醇量和甲醇量。姜酊为淡黄色的液体，有姜的香气，味辣，20 ℃时其乙醇量应为 80 %～88 %。

三、仪器与试剂

1．仪器：气相色谱仪（配有 FID）、毛细管柱 SE-30、微量进样器、有机相滤头、移液管或移液器、量瓶、滤纸等。

2．试剂：姜酊（市售）、无水乙醇、正丁醇等。

四、实验步骤

1．气相色谱分析条件

色谱柱：毛细管柱 SE-30；柱温：70 ℃；汽化室温度：150 ℃；检测器温度：150 ℃；载气：氮气；燃气：氢气；助燃气：空气；检测器：氢火焰离子化检测器（FID）；进样量：2 μL；内标物：正丁醇。

2．对照品溶液的配制

精密移取无水乙醇 1.00 mL 及正丁醇（内标物）1.00 mL，置 10 mL 量瓶中，加水稀释至刻度，摇匀。

3．供试品溶液的配制

精密移取供试样品 2.00 mL 及正丁醇（内标物）1.00 mL，置 10 mL 量瓶中，加水稀释至刻度，摇匀。

4．姜酊中乙醇含量的测定

待基线平直后，将对照品溶液和供试品溶液分别进样 3 次，每次 2 μL，从色谱图上测定各组分的峰面积（或峰高），计算乙醇的含量。

五、实验结果与分析

实验结果记录于表 4-6 中。

表 4-6　姜酊中乙醇含量测定结果

试样	组分	t_R/min			H			A			A_i/A_s			c_i/%			平均 c_i/%
		1	2	3	1	2	3	1	2	3	1	2	3	1	2	3	
对照品	无水乙醇																
	正丁醇																
样品	乙醇																
	正丁醇																

六、注意事项

1．FID 的响应值取决于单位时间内进入检测器的组分质量。当进样量一定时，峰面积与载气流速无关，但峰高与载气流速成正比，因此，若用峰高定量时应保持载气流速恒定。在内标对比法中因所测参数为组分峰响应值之比（即相对响应值），故以峰高定量时载气流速等实验条件的变化对测定结果影响较小。

2. 采用内标对比法定量时，最好考虑内标工作曲线（以对照液中组分与内标峰响应值之比为纵坐标，以对照液浓度为横坐标作图）的线性关系及范围，若已知工作曲线通过原点且在其线性范围内时，再采用内标对比法定量；为提高测定的准确度，对照液的浓度应与样品溶液中待测组分的浓度尽量接近，并在对照液与样品试液中加入等量内标物（可不必知道内标物的准确加入量），即可在相同条件下进行测定。

七、思考题

1. 比较外标法与内标法、内标对比法定量的优缺点。
2. 本实验中各次进样量的重复性是否会影响定量结果？为什么？
3. 如何选择内标物以及内标物的加入量？
4. 实验中试样溶液和对照品溶液中的内标物浓度是否必须相同？为什么？
5. 在什么情况下可采用内标对比法定量？

实验十　高效液相色谱法测定血浆中苯妥英钠的浓度

一、实验目的

1. 熟悉用高效液相色谱法（内标法）测定血药浓度的操作。
2. 练习用倍数稀释法将标准溶液稀释成工作液。
3. 掌握血液样品的前处理方法。

二、实验原理

高效液相色谱法测定血药浓度的关键是生物样品的前处理。常见的生物样品前处理的方法主要有蛋白沉淀法、有机溶剂提取法、液-固萃取法等。蛋白沉淀法是利用甲醇、乙腈、饱和硫酸铵、10%三氯乙酸、6%高氯酸等蛋白沉淀剂使结合型的药物释放出来，以便测定药物的总浓度；有机溶剂提取法是利用乙醚、氯仿、乙酸乙酯等有机溶剂，按有机相与水相（体液样品）体积比 1∶1 或 (2~5)∶1 的比例在碱性或近中性条件下提取，以除去杂质；液-固萃取法（柱色谱法）经过活化、上样、淋洗、洗脱、吹干等步骤，消除了乳化现象，样品用量少，提取效率高，尤其适于处理挥发性及对热不稳定的药物。

苯妥英钠为白色粉末，无臭，微有引湿性；在水中易溶，在乙醇中溶解，在氯仿或乙醚中几乎不溶，在空气中渐渐吸收二氧化碳，分解成苯妥英；水溶液显碱性反应，常因部分水解而发生浑浊。苯妥英钠的常用制剂为片剂和注射剂，为抗癫痫药和抗心律失常药。本实验以卡马西平为内标，采用高效液相色谱法测定血浆中苯妥英钠的含量。

三、仪器与试剂

1. 仪器：高效液相色谱仪、溶剂过滤器、漩涡混合器、离心机、微孔滤膜（有机相、水相）、滤头（有机相）、微量进样器、移液器、量瓶、eppendorf 管（艾本德管）、滤纸等。

2. 试剂：苯妥英钠、空白血浆、含药血浆、乙酸乙酯、磷酸二氢钠、磷酸氢二钠、甲醇、卡马西平、纯化水等。

四、实验步骤

1. 标准溶液的配制和稀释

（1）苯妥英钠标准溶液

① 贮备液：精密称取苯妥英钠适量，用纯化水溶解并定量稀释成 600 $\mu g \cdot mL^{-1}$ 的准确浓度，置冰箱内 4 ℃保存。

② 工作液：用 5 支洁净、干燥的 eppendorf 管，采用倍数稀释法用纯化水稀释成 5 种浓度梯度的苯妥英钠工作液（表 4-7）。

表 4-7　苯妥英钠工作液的配制

试管编号	1	2	3	4	5
苯妥英钠贮备液或稀释液移取量/mL	0.1（贮） （含 60 μg）	0.5 （含 30 μg）	0.5 （含 15 μg）	0.5 （含 7.5 μg）	0.5 （含 3.75 μg）
纯化水加入量/mL	0.9	0.5	0.5	0.5	0.5
稀释后的浓度/ $\mu g \cdot mL^{-1}$	60	30	15	7.5	3.75

（2）内标（卡马西平）溶液　精密称取卡马西平适量，用甲醇溶解并定量稀释成 200 $\mu g \cdot mL^{-1}$ 的准确浓度。

2. 标准曲线的制备

（1）标准药物浓度血浆的配制　取洁净、干燥的 eppendorf 管 5 支，采用倍数稀释法制成已知药浓的标准血浆（表 4-8）。

表 4-8　标准药物浓度血浆的配制

试管编号	A	B	C	D	E
空白血浆/mL	0.1	0.1	0.1	0.1	0.1
苯妥英钠工作液加入量/mL	0.1 （含 6 μg）	0.1 （含 3 μg）	0.1 （含 1.5 μg）	0.1 （含 0.75 μg）	0.1 （含 0.375 μg）
进样时的血浆药浓/ $\mu g \cdot mL^{-1}$	30	15	7.5	3.75	1.88

（2）标准血浆药物浓度测定方法及标准曲线的建立　于 A、B、C、D、E 各管中分别加入内标（卡马西平）溶液 0.1 mL，混匀后加入 0.2 mL NaH$_2$PO$_4$ - Na$_2$HPO$_4$ 缓冲液（0.1 mol·L^{-1}， pH=7.5)，混匀，加入乙酸乙酯 1.5 mL，置漩涡混合器上萃取 10 min 后离心 (2000～2500 r·min⁻¹) 5 min，吸取上层有机相 1.2 mL 于另一 eppendorf 管中，将 eppendorf 管置水浴中 (35～40 ℃) 并向管内液面上通入压缩空气，使乙酸乙酯萃取液缓缓挥干。于残渣中加入流动相 50 μL 重新溶解后，进样 5 μL 作色谱检测。用色谱数据处理机记录苯妥英钠和内标的峰高，以峰高比（苯妥英钠/内标）与对应的血浆标准药浓作标准曲线，并计算出回归方程与线性度。

色谱条件如下所述。色谱柱：ODS C₁₈ 柱 (250 mm×4.6 mm, 5 μm)；流动相：0.01 mol·L⁻¹ NaH₂PO₄ (pH=2.5)：甲醇[50：50 (体积比)]，用前经过滤并超声脱气处理；流速：1 mL·min⁻¹；检测器：UV 254 nm；进样量：5 μL。

3. 血浆样品中苯妥英钠浓度的测定

取供测血浆样品 0.1 mL，补加 0.1 mL 纯化水后完全照前述标准血浆药浓测定项下方法，自"分别加入内标（卡马西平）溶液 0.1 mL……"起同法操作，得到供测血浆样品的峰高比（苯妥英钠/卡马西平），将峰高比代入回归方程计算血浆样品中苯妥英钠的浓度。

五、注意事项

1. 采用倍数稀释法稀释苯妥英钠标准溶液时，临用前直接在 eppendorf 管内稀释。
2. 实验中溶液的加入均采用移液器。
3. 进样体积 5 μL，微量进样器取样为 10～15 μL，使用定量环定量，并注意排除进样器中的气泡。

六、思考题

1. 何谓溶剂峰和杂质峰？
2. 如何判断杂质峰是来源于血浆基质，还是来源于试剂或试液？杂质峰对组分峰（药物、内标）有干扰时可采取哪些方法予以排除？
3. 合适的内标应具备什么条件？内标的加入量是否需准确知道？对内标纯度有何要求？
4. 推导苯妥英钠含量的计算公式。

实验十一　双黄连口服液的制备与薄层色谱鉴别

一、实验目的

1. 掌握对照品对照法和对照药材对照法鉴别复方制剂中药材的方法。
2. 掌握双黄连口服液中金银花、黄芩和连翘的质量检验方法。

二、实验原理

对照品是指含有单一成分、组合成分或混合组分，用于化学药品、抗生素、部分生化药品、药用辅料、中药材（含饮片）、提取物、中成药、生物制品（理化测定）等检验及仪器校准用的国家药品标准物质。对照药材是指基原明确、药用部位准确的优质中药材经适当处理后，用于中药材（含饮片）、提取物、中成药等鉴别用的国家药品标准物质。

本实验采用对照品对照法和对照药材对照法分别鉴别双黄连口服液中的金银花、黄芩和连翘三味主药。

三、仪器与试剂

1．仪器：旋转蒸发仪、pH 计、比重瓶、三用紫外分析仪、恒温水浴锅、圆底烧瓶、冷凝管、电热恒温干燥箱、电子天平、量瓶、移液管（或移液器）、毛细管、硅胶 G 薄层板、聚酰胺薄膜（5 cm×7 cm）等。

2．试剂：黄芩、金银花、连翘、黄芩苷对照品、绿原酸对照品、连翘对照药材、乙醇、氯仿、甲醇、硫酸、乙酸、盐酸、氢氧化钠、蔗糖、纯化水等。

四、实验步骤

1．口服液的制备

黄芩 375 g，加水煎煮 3 次，第 1 次 2 h，第 2、3 次各 1 h，合并煎液，滤过，滤液浓缩并在 80 ℃时加入 2 mol·L⁻¹ 盐酸溶液适量，调节 pH 值至 1.0～2.0，保温 1 h，静置 12 h，滤过，沉淀加 6～8 倍量水，用 40 %氢氧化钠溶液调节 pH 值至 7.0，再加等量乙醇，搅拌使溶解，滤过，滤液用 2 mol·L⁻¹ 盐酸溶液调节 pH 值至 2.0，60 ℃保温 30 min，静置 12 h，滤过，沉淀用乙醇洗至 pH 值 7.0，挥尽乙醇备用；金银花 375 g、连翘 750 g，加水温浸 30 min 后，煎煮 2 次，每次 1.5 h，合并煎液，滤过，滤液浓缩至相对密度为 1.20～1.25（70～80 ℃）的清膏，冷至 40 ℃时缓缓加入乙醇，使含醇量达 75 %，充分搅拌，静置 12 h，滤取上清液，残渣加 75 %乙醇适量，搅匀，静置 12 h，滤过，合并乙醇液，回收乙醇至无醇味，加入上述黄芩提取物，并加水适量，以 40 %氢氧化钠溶液调节 pH 值至 7.0，搅匀，冷藏（4～8 ℃）72 h，滤过，滤液加入蔗糖 300 g，搅拌使溶解，再加入香精适量并调节 pH 值至 7.0，加水制成 1000 mL，搅匀，静置 12 h，滤过，灌装，灭菌，即得。

2．口服液的性状

观察双黄连口服液的性状，本品应为棕红色的澄清液体，味甜，微苦。

3．口服液的 pH 值和相对密度

采用 pH 计测定双黄连口服液的 pH 值，采用比重瓶法测定双黄连口服液的相对密度，本品的 pH 值应为 5.0～7.0，相对密度应不低于 1.12。

4．口服液的薄层色谱鉴别

（1）对照品对照法：取本品 1 mL，加 75 %乙醇 5 mL，摇匀，作为供试品溶液。另取黄芩苷对照品、绿原酸对照品，分别加 75 %乙醇制成 1 mL 含 0.1 mg 的溶液，作为对照品溶液。照薄层色谱法试验，吸取上述三种溶液各 1～2 μL，分别点于同一聚酰胺薄膜（5 cm×7 cm）上，以乙酸为展开剂，展开，取出，晾干，置紫外光灯（365 nm）下检视。供试品色谱中，在与黄芩苷对照品色谱相应的位置上，显相同颜色的斑点；在与绿原酸对照品色谱相应的位置上，显相同颜色的荧光斑点。

（2）对照药材对照法：取本品 1 mL，加甲醇 5 mL，振摇使溶解，静置，取上清液，作为供试品溶液。另取连翘对照药材 0.5 g，加甲醇 10 mL，置水浴上加热回流 20 min，滤过，滤液作为对照药材溶液。照薄层色谱法试验，吸取上述两种溶液各 5 μL，分别点于同一以羧甲基纤维素钠为黏合剂的硅胶 G 薄层板上，以氯仿-甲醇[5∶1（体积比）]为展开剂，展开，取出，晾干，喷以 10 %硫酸乙醇溶液，在 105 ℃加热至斑点显色清晰。供试品色谱中，在与对照药材色谱相应的位置上，显相同颜色的斑点。

五、注意事项

1. 中药对照品是基于化学标准而研究出的中药标准物质，用于中药成分定量或定性分析以及中药质量评价。中药对照药材为已确认品种的原生药材粉末，主要供中药材、中药饮片、中药提取物、中成药的薄层鉴别用。使用时应注意其储存条件和有效期。
2. 对照品溶液和对照药材溶液的使用不得超过其储存期限。

六、思考题

1. 请区别对照品与标准品、对照药材与对照提取物。
2. 采用对照品对照法和对照药材对照法鉴别双黄连口服液中金银花、黄芩和连翘时的影响因素有哪些？
3. 薄层色谱鉴别法中为何有时采用对照品和对照药材同时对照？

实验十二　气相色谱法测定风油精中薄荷脑的含量 ____

一、实验目的

1. 掌握气相色谱条件建立和优化的方法。
2. 掌握薄荷脑含量测定的操作条件及要点。

二、实验原理

气相色谱是利用不同物质在流动相与固定相间具有不同的分配系数，当两相作相对运动时，试样的各组分就在两相中经反复多次地分配，使得原来分配系数只有微小差别的各组分产生很大的分离效果，从而将各组分分离开来，然后再进入检测器对各组分进行鉴定。

内标法是将一定量的纯物质作为内标物加到一定量的被分析样品混合物中，然后对含有内标物的样品进行色谱分析，分别测定内标物和待测组分的峰面积（或峰高）及相对校正因子，再求出被测组分在样品中的百分含量。内标法的测定结果不受进样量和操作条件变化的影响。

相对校正因子为：

$$f' = \frac{A_S / c_S}{A_R / c_R}$$

式中，A_S 为内标物的峰面积或峰高；A_R 为对照品的峰面积或峰高；c_S 为内标物的浓度；c_R 为对照品的浓度。

内标法计算的含量为：

$$c_x = \frac{f' A_x}{A_S / c_S}$$

式中，A_x 为供试品（或其杂质）的峰面积或峰高；c_x 为供试品（或其杂质）的浓度；f' 为相对校正因子；A_S 为内标物的峰面积或峰高；c_S 为内标物的浓度。

三、仪器与试剂

1．仪器：气相色谱仪（配有氢火焰离子化检测器）、弹性石英毛细管柱、微量进样器、量瓶。

2．试剂：风油精（含薄荷脑 32 %）、薄荷脑对照品、正辛醇、乙酸乙酯。

四、实验步骤

1．GC 分析条件

色谱柱：弹性石英毛细管柱（30 m×0.32 mm×0.25 μm，最高使用温度 350 ℃），柱温：90 ℃，进样口温度：200 ℃，氢火焰离子化检测器温度：250 ℃，载气：氮气，燃气：氢气，助燃气：空气，进样量为 1 μL。

2．系统适用性试验

按薄荷脑计算理论塔板数不得低于 300，在此条件下薄荷脑与内标峰的分离度应大于 2。

3．校正因子的测定

取薄荷脑对照品 50 mg，精密称定，置 10 mL 量瓶中，精密加内标物正辛醇 100 μL，密塞，加乙酸乙酯溶解并稀释至刻度。取 1 μL 注入气相色谱系统，计算相对校正因子。

4．样品含量的测定

精密吸取风油精样品 50 μL，置 10 mL 量瓶中，精密加内标物正辛醇 100 μL，密塞，加乙酸乙酯溶解并稀释至刻度。取 1 μL 注入气相色谱仪，测定，按内标法计算供试品百分含量。

五、注意事项

1. 应先打开载气后再打开气相色谱仪。
2. 待汽化室温度达到设定温度后打开氢气和空气。
3. 实验结束后一定要等温度低于 50 ℃后方可关闭载气。
4. 进样速度要快。

六、思考题

1. 简述内标法定量的原理、方法及特点。
2. 思考气相色谱方法建立与条件优化的基本思路。

第 **5** 章

制药分离实验

实验一 薄层板的制备与应用

一、实验目的

1. 了解薄层色谱的基本原理及应用范围。
2. 掌握薄层板的制备及薄层色谱的操作方法。
3. 应用薄层色谱法检识中草药化学成分。

二、实验原理

薄层色谱是将吸附剂或者支持剂均匀地铺在玻璃板上形成薄层,把欲分离的样品点在薄层板的一端,然后将点样端浸入适宜的展开剂中,在密闭的层析缸中展开,使混合物得以分离的方法。薄层色谱可用于纯物质的鉴定,混合物的分离、提纯及含量测定,还可用来摸索和确定柱色谱的洗脱条件。

常用的薄层色谱为吸附薄层,其吸附剂主要为硅胶和氧化铝(硅胶的活化温度为 105~110 ℃,氧化铝的活化温度为 150~160 ℃)。吸附薄层是利用吸附剂对样品中各成分的吸附能力及展开剂对它们的解吸附能力的不同,使各成分达到分离。

展开剂的选择视被分离物的极性、吸附剂的性质而定。在同一吸附剂上,饱和碳氢化合物不易被吸附,而不饱和碳氢化合物易被吸附,分子中双键愈多,则吸附得愈紧密;当碳氢化合物被一个功能基取代后,吸附性增大。吸附性较大的化合物一般需用极性较大的展开剂才能推动它。极性大的化合物需用极性大的展开剂,而极性小的化合物则需用极性小的展开剂。一般情况下,先选用单一展开剂如苯、氯仿、乙醇等。若样品各组分的 R_f 值较大,可改用或加入适量极性小的展开剂展开；若样品各组分的 R_f 值较小，则可加入适量极性较大的展开剂展开。在实际工作中，为调配展开剂的极性和改善分离效果，常用两种或两种以上溶剂的混合物作展开剂，使 R_f 值在 0.2~0.8。

常用溶剂极性大小的次序为：石油醚＜二硫化碳＜四氯化碳＜三氯乙烯＜苯＜二氯甲烷＜氯仿＜乙醚 ＜乙酸乙酯＜乙酸甲酯＜丙酮＜正丙醇＜甲醇＜水。

三、仪器与试剂

1. 仪器：烘箱、载玻片、毛细管、层析缸、滴瓶、喷雾瓶、干燥器、三用紫外分析仪、涂布器、直尺等。

2. 试剂：芦丁对照品、槐米的总黄酮提取物、盐酸小檗碱对照品、黄连的盐酸小檗碱提取物、小檗胺对照品、黄连的小檗胺提取物、甘草酸单钾盐对照品、甘草酸提取物、硅胶 G 或 GF$_{254}$、硅胶 H、羧甲基纤维素钠（CMC-Na）、甲醇、乙酸乙酯、甲酸、氯仿、氨水、氢氧化钠、冰醋酸、1 %三氯化铝乙醇溶液、改良碘化铋钾、10 %硫酸乙醇溶液等。

四、实验步骤

1. 薄层板的制备

（1）硅胶 G 薄层板的制备

【调浆】取硅胶 G 或硅胶 GF$_{254}$ 1 份，置烧杯中加水 3~5 份混合成均匀的膏状。

【涂布】用药匙取一定量膏状浆液，分别倒在一定大小、洁净、干燥的玻璃板上（或倒入涂布器中，调节涂布器的高度，推动涂布），均匀涂布成 0.25~0.5 mm 厚度，轻轻振动玻璃板，使薄层面平整均匀。

【干燥】室温下水平放置，待薄层发白近干。

【活化】将晾干的薄层板置于烘箱中 105 ℃活化 0.5~1 h，冷凉后贮于干燥器内备用。

本实验采用下述简易操作涂布薄层：取表面光滑、直径一致的玻璃棒（或玻璃管）一支，依据所制备薄层的宽度、厚度要求，在玻璃棒（或玻璃管）两端套上厚度为 0.3~1 mm 的塑料圈或金属环，倒入吸附剂，匀速向前滚动玻璃棒（或玻璃管）使吸附剂均匀地涂布在玻璃板上。

（2）硅胶 H 薄层板的制备　取羧甲基纤维素钠 0.8 g，撒于盛有 100 mL 水的烧杯中，在水浴上加热搅拌使充分吸胀溶解，按 3.3∶1 的比例加入薄层色谱用硅胶（粒度 10~40 µm）并混合研磨成均匀的稀糊，按照硅胶 G 薄层涂布法制备薄层。或取 0.8 %羧甲基纤维素钠 10 mL，倒入广口瓶（高 10~12 cm）中，然后逐步加入薄层色谱用硅胶 3.3 g，不断振摇使成均匀的稀糊，把两块载玻片面对面结合在一起，使每块载玻片只有一面与硅胶糊接触，将载玻片浸入硅胶稀糊中，然后慢慢取出，分开两块载玻片，将未黏附硅胶糊的那一面水平放在一张清洁的纸上，让其自然阴干，105 ℃下活化 30 min，冷凉后置于干燥器内备用。未消耗的硅胶稀糊可贮存在广口瓶内，以供再用。

2．薄层色谱的应用

（1）薄层色谱的操作步骤

【点样】将样品溶于与展开剂极性相近、挥发性高的有机溶剂中，用毛细管（0.5 mm以下）或专业点样器进行点样。

【展开】在层析缸中加入展开剂约1 cm厚，加盖平衡0.5 h。当样点上的溶剂充分挥干后，将薄层板点样端浸入扩展剂，扩展剂液面应低于点样线。盖好层析缸盖，上行展层。当展开剂前沿离薄层板顶端2 cm时，停止展层，取出薄层板，用铅笔描出溶剂前沿界线，用热风吹干。

【显色】若化合物本身有颜色，可直接观察其斑点。若无色，可先在紫外光灯下观察有无荧光斑点（有苯环的物质都有），并用铅笔在薄层板上画出斑点的位置；对于在紫外光灯光下不显色的，可放在含少量碘蒸气的容器中显色或者用适当的显色剂处理来检查色斑，显色后，立即用铅笔标出斑点的位置，以便计算各斑点的比移值。

【比移值的计算与定性、定量】以R_f作为衡量斑点位置的指标，并与对照品R_f比较定性，通过扫描斑点的面积可实现定量。

$$R_f = \frac{色斑中心至原点中心的距离}{溶剂前缘至原点中心的距离}$$

（2）薄层色谱的应用

例1：槐米中黄酮成分的TLC检识

吸附剂：硅胶G/CMC-Na薄层板；样品：槐米总黄酮提取物的甲醇溶液、芦丁对照品的甲醇溶液；展开剂：乙酸乙酯-甲醇-水[8∶1∶1（体积比）]；显色剂：1%三氯化铝乙醇溶液。

例2：黄连中生物碱成分的TLC检识

吸附剂：硅胶/CMC-Na薄层板；样品：黄连的盐酸小檗碱提取物乙醇液、盐酸小檗碱对照品乙醇液、黄连的小檗胺提取物乙醇液、小檗胺对照品乙醇液；展开剂：氯仿-甲醇-氨水[15∶4∶0.5（体积比）]；显色剂：改良碘化铋钾。

例3：甘草中甘草酸的TLC检识

吸附剂：用1% NaOH溶液制备的硅胶G薄层板；样品：甘草酸单钾盐对照品、甘草酸提取物；展开剂：乙酸乙酯-甲酸-冰醋酸-水[15∶1∶1∶2（体积比）]；显色剂：10%硫酸乙醇溶液；检测：紫外光灯下检视。

五、实验结果与分析

实验结果记录于表5-1中。

表5-1　薄层色谱分析结果

检识样品	展开剂	色谱图	R_f
槐米黄酮			
黄连生物碱			
甘草三萜皂苷			

六、注意事项

1. 薄层色谱分析时，薄层板的制备要厚薄均匀，表面平整光洁。
2. 薄层板需放在 105～115 ℃的烘箱内活化 30 min，取出冷凉后置干燥器中保存备用。
3. 样点位置应在距离薄层板底边 1.5～2 cm 处，样品原点直径应小于 0.5 cm，相邻两斑点中心间距应大于 1.5 cm 且处于同一条直线上。
4. 先用展开剂蒸气饱和再入液展开；样点不能泡在展开剂中；薄层浸入时不能歪斜进入。
5. 当展开剂前沿上升到离薄层板顶端 2～3 cm 处时，停止展开。

七、思考题

1. 薄层板为什么要进行"活化"？
2. 对薄层板的涂布和点样有何要求？为什么要这样做？
3. 展开前层析缸内空间为什么要用溶剂蒸气预先进行饱和？
4. 在一定的操作条件下为什么可利用 R_f 值来鉴定化合物？
5. 在混合物薄层色谱中，如何判定各组分在薄层上的位置？
6. 展开剂的高度若超过了点样线，对薄层色谱有何影响？

实验二　中药材化学成分的理化鉴识

一、实验目的

1. 掌握中药材化学成分一般定性鉴识的方法。
2. 应用理化鉴识方法鉴识中药材的常见化学成分。

二、实验原理

中药材鉴定包括性状鉴定、显微鉴定、生物鉴定、理化鉴定等。理化鉴定是用物理的或化学的方法，对中药材及其制剂所含的有效成分、主成分或特征性成分进行定性、定量分析，以鉴定真伪、评价品质。对于化学成分不清楚或因次要成分的干扰而无法进行主成分分析时，可结合色谱、波谱技术进行鉴定和识别。

中药材化学成分因结构或官能团的不同，常与某些特定试剂发生反应，产生不同的颜色或沉淀。如生物碱与碘化铋钾生成橙色沉淀，蒽醌类与碱液反应产生橙、红、蓝色，黄酮类与盐酸镁粉的反应，香豆精和内酯类的异羟肟酸铁反应，皂苷类的 Liebermann-Burchard 反应，强心苷的 K-K 反应，酚类的三氯化铁反应，鞣质的明胶沉淀反应，氨基酸的茚三酮反应，糖类的苯酚-硫酸反应等，据此可判断中药材中是否含有某种化学成分。

三、仪器材料与试剂

1．仪器：挥发油提取器、恒温水浴锅、烧杯、试管、锥形瓶、圆底烧瓶、电热套、冷凝管、广泛 pH 试纸等。

2．材料：槐米、黄连、松针、薄荷、陈皮、茶叶等。

3．试剂：盐酸、乙醇、碘-碘化钾试剂、碘化汞钾试剂、碘化铋钾试剂、硅钨酸试剂、碳酸钠、乙醚、α-萘酚、硫酸、斐林试剂、氢氧化钠、镁粉、乙酸铅、三氯化铝、氨水、三氯化铁、无水硫酸钠、2,4-二硝苯肼、荧光素、香草醛、溴、碘化钴、纯化水等。

四、实验步骤

（一）生物碱的鉴别

1．检品溶液的制备

取粉碎的中药材样品约 2 g，加纯化水 20～30 mL，并滴加数滴盐酸，使呈酸性。在 60 ℃水浴上加热 15 min，过滤，得滤液。

2．鉴别试验

（1）取检品酸水浸液 4 份（每份 1 mL 左右），分别滴加碘-碘化钾试剂、碘化汞钾试剂、碘化铋钾试剂、硅钨酸试剂，观察是否有沉淀产生。若四者均有或大多有沉淀反应，表明该样品可能含有生物碱，再进行下项试验，进一步识别。

（2）取检品酸水浸液，加 Na_2CO_3 溶液呈碱性，置分液漏斗中，加入乙醚约 10 mL 振摇，静置后分出乙醚层，再用乙醚 3 mL 如前萃取，合并乙醚液。将乙醚液置分液漏斗中，加酸水液 10 mL 振摇，静置分层，分出酸水液，再以酸水液 5 mL 如前提取，合并酸水液，用此酸水提取液 4 份，分别做以下沉淀反应。

【碘化汞钾试验】酸水提取液滴加碘化汞钾试剂，产生白色沉淀。

【碘化铋钾试验】酸水提取液滴加碘化铋钾试剂，产生橘红色或红棕色沉淀。

【碘-碘化钾试验】酸水提取液滴加碘-碘化钾试剂，产生棕色沉淀。

【硅钨酸试验】酸水提取液滴加硅钨酸试剂，产生淡黄色或灰白色沉淀。

若此酸水提取液与以上 4 种试剂均（或大多）产生沉淀反应，即预示本样品含有生物碱。

以上（1）、（2）沉淀反应结果：沉淀的多少以"+++""++""+"表示，无沉淀产生则以"-"表示。若（1）项试验全呈负反应，可另选几种生物碱沉淀试剂进行试验，若仍为负反应，则可否定样品中有生物碱的存在，不必再进行（2）项试验。

（二）苷类的鉴别

1．苷的一般鉴别反应

（1）检品溶液的制备

① 中药材水浸液：取中药材粉末 2 g，加纯化水约 20 mL，70 ℃水浴，浸渍 10 min，过滤，滤液供鉴别用。

② 中药材醇浸液：取中药材粉末少许于试管中，加乙醇 10 mL，在温水浴上浸渍 10 min，过滤，滤液供鉴别用。

（2）鉴别试验

【α-萘酚试验】取醇浸液 1 mL，加 10 % α-萘酚醇液 1 滴，摇匀，沿管壁缓慢加入浓 H_2SO_4 10 滴，不振摇，观察两液界面间是否出现紫红色环（此反应检识糖、苷类化合物，反应较灵敏。若有微量滤纸纤维或中药材粉末存在于溶液中，都能产生上述反应，故在过滤时应加以注意）。

【水解反应】取水浸液 3 mL 于试管中，加 10 % HCl 溶液 1 mL，置沸水浴上加热 20 min，观察是否有絮状沉淀产生。

【碱性酒石酸铜试验】取水浸液 2 mL，加入新配制的斐林试剂（甲+乙等量混合）1 mL，在沸水浴上加热数分钟，如产生红色的氧化亚铜沉淀，则进行过滤，滤液中加 10 % HCl 调成酸性，置水浴上加热 10 min，进行水解，如有絮状沉淀则滤去。然后用 10 % NaOH 中和，再加入斐林试剂 1 mL，仍置沸水浴上加热 5 min，观察是否有黄色、砖红或棕色沉淀产生（此反应检识多糖、苷类），从反应结果说明供试中药材中是否含有苷（此试验方法也可采用同体积同浓度的中药材浸液 2 份，一份先经酸水解过滤碱化，另一份再同时进行如上的还原反应，对比生成的氧化亚铜量，依据 2 份是否有差异来判断）。

若中药材对苷的一般鉴别是正反应，则可进一步做个别苷类的鉴定。

2. 黄酮苷的鉴别

（1）检品溶液的制备　取槐米约 1 g，压碎，于试管中加乙醇 10～20 mL，在水浴上加热 20 min。过滤，滤液供以下试验。

（2）鉴别试验

【盐酸-镁粉反应】取醇浸液 2 mL，加浓盐酸 2～3 滴及镁粉少量，放置（或于水浴中微热），产生红色反应。

【乙酸铅试验】取醇浸液 1 mL，滴加乙酸铅溶液数滴，产生黄色沉淀。

【纸片法】将醇浸液滴于滤纸上，分别进行以下试验：

① 先在紫外光灯下观察荧光，然后喷以 1 % $AlCl_3$ 试剂，再观察荧光是否加强。

② 氨熏后出现黄色、棕黄色荧光斑点。与氨接触而显黄色，或者原呈黄色但与氨接触后黄色加深，滤纸片离开氨蒸气数分钟，黄色或加深后的黄色又消退。

③ 喷以 3 % $FeCl_3$ 乙醇溶液，出现绿、蓝或棕色斑点。

（三）挥发油的鉴别

1. 检品溶液的制备

取松针、薄荷、陈皮等材料，置挥发油提取器中提取，乙醚萃取、无水硫酸钠脱水后进行以下试验。

2. 鉴别试验

【色香味】取各种挥发油（松针油、薄荷油、陈皮油），观察其色泽，是否有特殊香气及辛辣烧灼味感。

【挥发性】取滤纸一小块，滴加薄荷油 1 滴，放置 2 h 或微热后观察滤纸上有无清晰的油迹（与菜油做对照实验）。

【pH 检查】取样品 1 滴，加乙醇 5 滴，以预先用纯化水湿润的广泛 pH 试纸进行检查，如显酸性，提示有游离的酸或酚类化合物。

【FeCl₃ 反应】取样品 1 滴，溶于 1 mL 乙醇中，加入 1 % 的 FeCl₃乙醇溶液 1～2 滴，如显蓝紫或绿色，提示有酚类化合物。

【苯肼试验】取 2,4-二硝苯肼试液 0.5～1 mL，加 1 滴样品的无醛醇溶液，用力振摇，如有酮醛化合物，应析出黄-橙红色沉淀。如无反应，可放置 15 min 后再观察。

【荧光素试验法】将样品乙醇液滴在滤纸上，喷洒 0.05 %荧光素水溶液，然后趁湿将纸片暴露在碘蒸气中，含有双键的萜类（如挥发油）呈黄色，背景很快转变为浅红色。

【香草醛-浓硫酸试验】取挥发油乙醇液 1 滴于滤纸上，滴以新配制的 0.5 %香草醛的浓硫酸乙酸液，呈黄色、棕色、红色或蓝色反应。

五、实验结果与分析

实验结果记录于表 5-2 中。

表 5-2　中草药化学成分理化鉴识结果

样品类别	鉴别试验	现象	结论
生物碱	碘化汞钾试验		
	碘化铋钾试验		
	碘-碘化钾试验		
	硅钨酸试验		
黄酮苷	α-萘酚试验		
	水解反应		
	碱性酒石酸铜试验		
	盐酸-镁粉反应		
	乙酸铅试验		
	纸片法		
挥发油	色香味		
	挥发性		
	pH 检查		
	FeCl₃ 反应		
	苯肼试验		
	荧光素试验法		
	香草醛-浓硫酸试验		

六、注意事项

1. 适量配制试剂，尽可能即配即用。
2. 遵循鉴识方法与步骤。

七、思考题

1. 对未知成分的中草药，在分离其有效成分之前，先做初步定性检查，有何意义？
2. 常用中草药化学成分一般定性鉴别方法有哪些？
3. 中草药化学成分预实验方法主要有单项试验法和系统预试法，论述其基本原理。

实验三　百合多糖的提取、纯化与鉴定

一、实验目的

1. 熟悉提取和纯化植物多糖的一般工艺流程、原理与方法。
2. 学会热水浸提、有机溶剂沉淀、Sevage 脱蛋白等多糖提取的操作技术和工艺。
3. 熟悉用离子交换色谱和凝胶过滤色谱纯化多糖的技术和方法。
4. 掌握用苯酚-硫酸比色法测定总糖含量的原理和方法。

二、实验原理

药食兼用的百合为百合科植物卷丹 (*Lilium lancifolium* Thunb)、百合 (*L. brownii* F.E. Brown var. *viridulum* Baker) 或细叶百合 (*L. pumilum* DC.) 的干燥肉质鳞叶，具有养阴润肺、清心安神之功效，常用于阴虚燥咳、劳嗽咳血、虚烦惊悸、失眠多梦、精神恍惚。百合多糖是百合的主要功能成分之一，具有抗肿瘤、降血脂、抗病毒、抗突变和增强免疫力等药理活性。

提取多糖的方法主要有热水浸提法、酸碱法、微波辅助提取法、超声辅助提取法及复合酶法等。百合多糖的提取多采用热水浸提法，其分离纯化过程一般包括预处理、分离、纯化和纯度鉴定几个阶段。其中纯化是关键，纯化的效果直接影响后续阶段的研究，多采用离子交换色谱和凝胶过滤色谱对其进行纯化。多糖脱蛋白的方法有 Sevage 法、三氯三氟乙烷法和生物酶法等，Sevage 法因对多糖的结构与生理活性几乎无影响，在多糖脱蛋白中最为常用。

三、仪器材料与试剂

1. 仪器：恒温水浴锅、台式高速离心机、旋转蒸发仪、真空泵、真空干燥箱、紫外-可见分光光度计、色谱柱、恒流泵、自动馏分收集器、电导率仪、高效液相色谱仪、电子天平、烧杯、圆底烧瓶、量筒、分液漏斗、透析袋等。

2. 材料：市售鲜百合或百合干。

3. 试剂：氯仿、正丁醇、乙醇、丙酮、硫酸、苯酚、葡萄糖、DEAE-Sepharose Fast Flow、Sephadex G-100、葡聚糖 T-2000、葡聚糖 T-70、葡聚糖 T-40、葡聚糖 T-10、纯化水等。

四、实验步骤

1. 百合多糖的提取

(1) 百合脱脂　称取 100 g 经粉碎的干燥百合于 500 mL 圆底烧瓶中，加入 3 倍量丙酮，在 50 ℃下冷凝回流脱脂 3 h，真空抽滤后得脱脂百合粉。

(2) 热水浸提　称取一定量的脱脂百合粉，按固液比 1∶(8~12)(g/mL) 加入纯化水，在 60~80 ℃水浴条件下提取 1.5~2.5 h，提取液冷却后于 4000 r·min^{-1} 下离心 15 min，留取上清液，沉渣用同法重复提取 2 次，重提液再离心，合并提取液，65 ℃下用旋转蒸发仪减压浓缩提取液至原体积的 1/4~1/3，得百合多糖浓缩液。

(3) Sevage 法脱蛋白　取一定体积的百合多糖浓缩液，加入 1/2 体积的 Sevage 试剂（氯仿、正丁醇体积比为 5∶1），剧烈振荡 10 min，分液漏斗静置使其分层，除去下层蛋白。于上层多糖液中继续加入 1/2 体积的 Sevage 试剂，重复操作 3 次，合并上清液。

(4) 乙醇沉淀　在合并的上清液中加入 4 倍体积的无水乙醇（乙醇终体积分数为 80 %），置于 4 ℃冰箱中静置过夜，使其充分沉淀。4000 r·min^{-1} 离心 15 min，取沉淀物并于 50 ℃真空干燥，得百合粗多糖。百合粗多糖样品中总糖含量采用苯酚-硫酸比色法测定，粗多糖得率按下式计算：

$$粗多糖得率 (\%) = \frac{粗多糖质量 (g)}{干燥百合质量 (g)} \times 100$$

2. 百合多糖的纯化

(1) 离子交换色谱（DEAE-Sepharose Fast Flow）初步纯化　称取适量的百合粗多糖（约 0.1 g）溶于约 5 mL 去离子水中，上样于色谱柱（1.6 cm×25 cm）。依次用去离子水、0.1 mol·L^{-1}、0.2 mol·L^{-1}、0.4 mol·L^{-1}、0.6 mol·L^{-1}、1 mol·L^{-1} NaCl 溶液梯度洗脱，洗脱液流速为 1 mL·min^{-1}。自动馏分收集器收集洗脱液，每管收集 3 mL，每个梯度 30 管。苯酚-硫酸比色法隔管检测 A_{490}，以收集的管数为横坐标、A_{490} 为纵坐标，绘制百合多糖 DEAE-Sepharose Fast Flow 洗脱曲线图。合并检测到多糖峰的各收集管洗脱液，50 ℃旋转蒸发浓缩，浓缩液置于透析袋中用去离子水透析，用电导率仪检测透析液的电导率，直至电导率不变为止，最后将透析液真空冷冻干燥。

(2) 凝胶过滤色谱（Sephadex G-100）进一步纯化　称取经离子交换色谱纯化的百合多

糖样品适量（约 0.02 g），溶于 2 mL 去离子水中，上样于 Sephadex G-100 色谱柱（1.6 cm× 45 cm）。用去离子水洗脱，洗脱流速为 0.5 mL·min^{-1}。自动馏分收集器收集洗脱液，每管收集 3 mL，苯酚-硫酸比色法隔管检测 A_{490}，以收集的管数为横坐标、A_{490} 为纵坐标，绘制 Sephadex G-100 色谱柱洗脱曲线图。合并各洗脱峰洗脱液，50 ℃ 旋转蒸发浓缩，去离子水透析，用电导率仪检测透析液的电导率，直至电导率不变为止，最后将透析液真空冷冻干燥，得精多糖。按下式计算精多糖的得率：

$$精多糖得率（\%）=\frac{精多糖质量（g）}{干燥百合质量（g）}\times100$$

3．百合多糖的纯度鉴定

（1）紫外光谱扫描分析多糖纯度　以不同提取与纯化步骤所得百合多糖的水溶液（1 mg·mL^{-1}）为样品，以去离子水为对照，用紫外-可见分光光度计在 200～400 nm 波长区间进行紫外光谱扫描，观察百合多糖在 260～280 nm 波长附近有无吸收，判断百合多糖样品中是否含有核酸或蛋白质。

（2）凝胶过滤色谱分析多糖纯度　采用高效液相色谱仪，Ultrahydrogel^{TM} 500 凝胶色谱柱（7.8 mm×300 mm），RI 2410 检测器，DAD 2996 检测器（检测波长 280 nm），流动相为超纯水，洗脱流速 0.6 mL·min^{-1}，柱温与示差检测器温度 35 ℃，进样量 20 μL。样品溶液和洗脱液用 0.45 μm 水相微孔滤膜过滤。比较凝胶过滤色谱示差谱图和紫外谱图，分析百合多糖的洗脱峰，判断样品纯度。

4．百合多糖分子量的测定

采用凝胶过滤色谱法测定百合多糖的分子量，其色谱条件同 3．（2）。以系列分子量葡聚糖（T-2000、T-70、T-40 和 T-10）为标准，配成等浓度溶液，依次上样分析，以保留时间为横坐标，以标准多糖分子量的对数为纵坐标绘制标准曲线并进行线性回归，根据精制百合多糖样品的保留时间计算多糖的分子量。

5．百合多糖的含量测定

（1）葡萄糖标准曲线的制备与回归方程的建立　精确称取经 105 ℃ 干燥至恒重的无水葡萄糖对照品 10.0 mg，加去离子水溶解，定容于 100 mL 量瓶中，摇匀，配成浓度为 0.1 mg·mL^{-1} 的葡萄糖对照品溶液。精密量取葡萄糖对照品溶液 1.0 mL、2.0 mL、3.0 mL、4.0 mL、5.0 mL 和 6.0 mL，置 10 mL 量瓶中，加去离子水至刻度，摇匀。分别精密量取 1.0 mL 置棕色具塞试管中，加去离子水 1.0 mL、6.0 % 苯酚溶液 1.0 mL 和浓硫酸 5.0 mL，室温放置 40 min，以 2.0 mL 去离子水、1.0 mL 苯酚溶液、5.0 mL 浓硫酸混合液按上述操作做空白，于 490 nm 波长处测定吸光度 A，对测得的数据进行线性回归，得回归方程。

（2）苯酚-硫酸比色法测定总糖含量　精密称取适量百合多糖，用去离子水溶解并定容于 100 mL 量瓶中，吸取 1 mL 适当稀释倍数的百合多糖样品溶液，加入试剂，同标准曲线制作的操作方法，比色测定。将所得吸光度 A 值代入回归方程，即可算出样品中的总糖含量。

$$多糖含量（\%）=\frac{测定含量（mg·mL^{-1}）\times定容体积（mL）\times稀释倍数}{样品质量（mg）}\times100$$

五、实验结果与分析

实验结果记录于表 5-3 中。

表 5-3　百合多糖的提取、纯化与鉴定

		提取方法		工艺参数	
提取		投入量		溶剂用量	
		产出量		得率	
纯化	离子交换	投入量		溶剂用量	
		产出量		得率	
	凝胶过滤	投入量		溶剂用量	
		产出量		得率	
纯度	UV				
	GPC				
分子量	GPC				
含量	UV-Vis				

六、注意事项

1. 可根据实际条件设计不同的提取工艺参数、选择适合规格的实验容器、选做部分实验内容。
2. 丙酮、氯仿、苯酚、浓硫酸等危险化学试剂的使用务必要规范操作，并做好个人防护和实验室通风。
3. 葡萄糖需干燥至恒重，苯酚应临时配制。

七、思考题

1. 在热水提取百合多糖时，如何权衡料液比、提取温度、提取次数和提取时间？可采用什么方法对这些重要的提取工艺参数进行优化？
2. 在对百合粗多糖提取物进行透析脱杂质处理时，应如何选择透析袋？
3. 在对多糖进行色谱纯化时，为什么一般先用离子交换色谱，然后用凝胶过滤色谱？
4. 结合糖的性质和苯酚-硫酸比色法的原理，讨论溶液颜色与多糖含量之间的关系。

实验四　甘草中甘草酸的提取、纯化与鉴定

一、实验目的

1. 掌握运用热回流提取等技术从甘草中提取、分离甘草酸的原理和方法。

2．熟悉皂苷的性质和鉴定方法。

3．掌握甘草酸的鉴别和含量测定方法。

二、实验原理

甘草为豆科植物乌拉尔甘草（*Glycyrrhiza uralensis* Fisch.）、胀果甘草（*G. inflata* Bat.）或光果甘草（*G. glabra* L.）的干燥根和根茎，具有补脾益气，清热解毒，祛痰止咳，缓急止痛，调和诸药之功效，用于脾胃虚弱，倦怠乏力，心悸气短，咳嗽痰多，脘腹、四肢挛急疼痛，痈肿疮毒，缓解药物毒性、烈性。甘草的主要成分为三萜皂苷类成分甘草酸及其苷元甘草次酸，以及黄酮类化合物、生物碱等。甘草酸可抗炎、抗变态反应、抗氧化及促肾上腺皮质激素样活性，对肿瘤细胞的生长有抑制作用，对艾滋病的抑制率高达 90 %，有较强的增加人体免疫功能作用，而且也是很好的食品添加剂和香料基料。

甘草酸的化学式为 $C_{42}H_{62}O_{16}$，分子量为 822.93，其结构式如下：

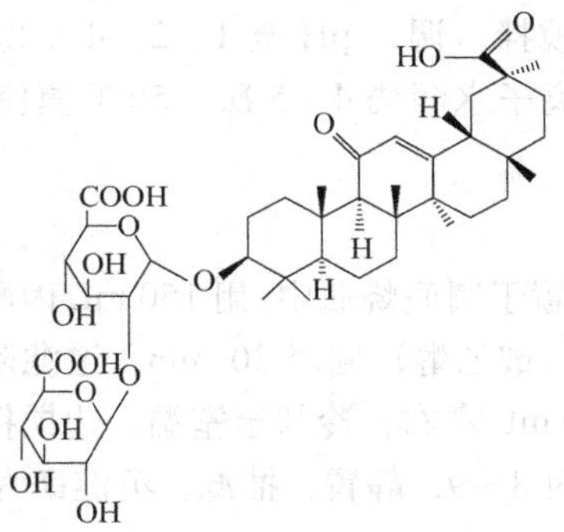

甘草酸结构中含有较多的羟基和羧基，表现出很强的亲水性。甘草酸易溶于热水、热稀乙醇和丙酮，难溶于无水乙醇或乙醚，故可用热水、热稀乙醇、丙酮提取甘草酸。甘草酸对热、碱和盐稳定，pH≤3 时会出现沉淀，在提取过程中加入稀氨水能提高甘草酸的提取效率。甘草酸以钾盐或钙盐的形式存在于甘草中，其盐易溶于水，可用水提取甘草酸钾盐，水提液加硫酸酸化后生成游离甘草酸，甘草酸因在冷水中的溶解度较小而沉淀析出。

提取甘草酸的方法主要有热水提取法、稀氨水提取法、乙醇提取法、氨性乙醇提取法、渗漏法、回流法、超声波辅助提取法、微波辅助提取法、超临界流体萃取法等。纯化的方法有结晶法、大孔树脂法、超滤法和高速逆流色谱法等。

本实验采用热回流装置，用氨性乙醇从甘草中提取甘草酸，并用丙酮（或乙醇）热回流纯化甘草酸，再加氢氧化钾生成甘草酸三钾盐结晶，由于甘草酸三钾盐结晶极易吸潮而不便保存，加冰醋酸后可转变为具有完好的晶形、易于保存的甘草酸单钾盐。

三、仪器材料与试剂

1．仪器：粉碎机、药筛（60 目）、恒温水浴锅、离心机、真空泵、真空干燥箱、白瓷板、圆底烧瓶、冷凝管、试管、烧杯、薄层板、层析缸、三用紫外分析仪、高效液相色谱仪、电子天平、毛细管等。

2．材料：甘草饮片。

3．试剂：甘草酸单钾盐对照品、丙酮、浓硫酸、氯仿、醋酐、乙醇、氨水、氢氧化钾、乙酸乙酯、甲酸、冰醋酸、乙酸铵等。

四、实验步骤

1．甘草酸的提取

采用热回流提取装置，用氨性乙醇从甘草中提取甘草酸。称取过 60 目筛的甘草粗粉 50 g，加含氨水 0.3 %～0.8 %（体积分数）、乙醇 20 %～60 %（体积分数）的提取液 400～600 mL（或直接用去离子水），于 60～80 ℃恒温水浴中回流提取 90 min，趁热脱脂棉抽滤，药渣再用 400 mL 相同溶剂在同样条件下回流提取 60 min，抽滤，合并滤液。滤液于旋转蒸发仪中减压浓缩脱醇至原体积的 1/5，过滤（或离心）除去沉淀物，向所得澄清提取液中缓慢滴加 3 mol·L^{-1}硫酸并不断搅拌，调节 pH 至 1～2，4 ℃低温静置至不再析出甘草酸沉淀为止。抽滤（或离心），用去离子水润洗 4～5 次，50 ℃真空干燥至恒重，磨成细粉，即得棕黄色甘草酸粗品。

2．甘草酸的纯化

将上述制备的甘草酸粗品置于圆底烧瓶中，用 150 mL 丙酮（或乙醇）溶解并回流提取 1 h，过滤，残渣再用 100 mL 丙酮（或乙醇）回流 30 min，过滤除去不溶于丙酮（或乙醇）的杂质，合并滤液，减压浓缩至 50 mL 左右，冷却至室温，边搅拌边加入 20 % KOH 溶液至不再有沉淀析出，此时溶液的 pH 为 8～9，静置，抽滤，沉淀即为甘草酸三钾盐结晶，50 ℃真空干燥至恒重，称重。

将甘草酸三钾盐置于烧杯中，加入适量冰醋酸，在热水浴上加热溶解，趁热过滤，再用少量热的冰醋酸洗涤滤纸上吸附的甘草酸，滤液冷却后，有白色晶体析出，抽滤，用无水乙醇洗涤，即得乳白色甘草酸单钾盐，干燥至恒重后称量，按下式计算纯化收率（%）。

$$y = \frac{m_1}{m_2} \times 100$$

式中，y 为纯化收率，%；m_1 为纯化后样品质量，mg；m_2 为纯化前样品质量，mg。

3．甘草酸的鉴定

（1）泡沫实验　取甘草酸单钾盐水溶液 2 mL，置试管中用力振摇，放置 10 min 后观察泡沫。

（2）醋酐-浓硫酸反应　取甘草酸单钾盐少量，置于白瓷板上，加醋酐 2～3 滴使其溶解，再小心加半滴浓硫酸，观察颜色变化。

（3）氯仿-浓硫酸反应　取甘草酸单钾盐少量，置试管中，加 1 mL 氯仿，再沿试管壁滴加浓硫酸 1 mL，观察两层的颜色变化及荧光。

（4）薄层色谱鉴识　将甘草酸单钾盐对照品与纯化过的样品分别点样于同一块经 105 ℃

活化 30 min 的硅胶 G 板上，进行薄层色谱比较分析。

硅胶板：用 1 % NaOH 溶液制备的硅胶 G 薄层板（10 cm×20 cm）；

展开剂：乙酸乙酯-甲酸-冰醋酸-水[15：1：1：2（体积比）]；

显色剂：10 %硫酸乙醇溶液；

检视：展开后取出薄层板，晾干，喷以 10 %硫酸乙醇溶液，在 105 ℃加热至斑点显色清晰，置紫外光灯（365 nm）下检视。供试品色谱中，在与对照品色谱相应的位置上，显相同的橙黄色荧光斑点。

4．甘草酸的含量测定

对照品溶液的制备：取甘草酸单钾盐对照品适量，精密称定，用 70 %乙醇配制成 1 mL 含甘草酸单钾盐 0.2 mg 的溶液，用 0.45 μm 针头式过滤器滤过。

供试品溶液的制备：取纯化前后的甘草酸提取物适量，精密称定，用 70 %乙醇配制成 2 mg·mL^{-1} 的溶液，用 0.45 μm 针头式过滤器滤过。

色谱条件：ODS C$_{18}$（250 mm×4.6 mm，5 μm）色谱柱，紫外检测器，检测波长为 250 nm，流动相：甲醇：0.2 mol·L^{-1} 醋酸铵：冰醋酸[64：35：1（体积比）]，柱温 30 ℃，流速 1 mL·min^{-1}，进样量 20 μL。

测定：HPLC 法测定，外标法定量。

五、实验结果与分析

实验结果记录于表 5-4 中。

表 5-4　甘草酸的提取、纯化与鉴定

		提取方法		工艺参数	
	提取	投入量		溶剂用量	
		产出量		得率	
纯化	甘草酸三钾盐	投入量		溶剂用量	
		产出量		得率	
	甘草酸单钾盐	投入量		溶剂用量	
		产出量		得率	
鉴定	泡沫实验				
	醋酐-浓硫酸反应				
	氯仿-浓硫酸反应				
	薄层色谱鉴识				
含量	HPLC				

六、注意事项

1. 甘草饮片不能粉碎太细，否则会影响过滤。

2. 提取甘草酸粗品时，水提液酸化后析出的沉淀中杂质较多难以过滤，可先倾出上清液再行抽滤。

3. 滴加浓硫酸时应缓慢加入并不断搅拌以防溅出。同时，浓硫酸不能滴加过多，否则沉淀会碳化。

4. 氨性乙醇可用相同浓度的 $NaHCO_3$-乙醇替代。

七、思考题

1. 除本实验的方法外，还可以采用哪些方法提取纯化甘草酸？

2. 请设计实验方案，优化甘草酸提取的氨水浓度、乙醇浓度、料液比、回流提取温度等工艺参数。

3. 如何鉴别中药材中的皂苷？如何区别三萜皂苷和甾体皂苷？

4. 如何以甘草酸为原料水解制取甘草次酸？

实验五　大黄中蒽醌类化合物的提取、分离与鉴定

一、实验目的

1. 掌握两相酸水解法提取大黄总蒽醌苷元的方法。

2. 掌握 pH 梯度萃取法分离大黄游离蒽醌类成分的原理及操作技术。

3. 熟悉大黄中总蒽醌类化合物的理化性质和鉴定方法。

二、实验原理

大黄为蓼科植物掌叶大黄（*Rheum palmatum* L.）、唐古特大黄（*R. tanguticum* Maxim. ex Balf.）或药用大黄（*R. officinale* Baill.）的干燥根或根茎，具有泻下、健胃、清热解毒的功效。大黄的主要有效成分为羟基蒽醌类化合物，含量 2%～5%，以部分游离、大部分与葡萄糖结合成苷的形式存在，游离苷元有大黄酚、大黄素、大黄素甲醚、芦荟大黄素、大黄酸等。大黄中主要游离蒽醌成分的结构如下：

大黄酚	$R_1=CH_3$, $R_2=H$
大黄素	$R_1=CH_3$, $R_2=OH$
大黄素-6-甲醚	$R_1=CH_3$, $R_2=OCH_3$
芦荟大黄素	$R_1=H$, $R_2=CH_2OH$
大黄酸	$R_1=H$, $R_2=COOH$

两相酸水解法的一相为酸水相、一相为与酸水互不相溶的有机相，通过加热回流的方法水解。由于大黄中羟基蒽醌类化合物多数以苷的形式存在，故先用稀酸溶液把蒽醌苷水解成苷元，再根据游离蒽醌不溶于水，可溶于氯仿（或乙酸乙酯、乙醚）等亲脂性有机溶剂的性质，用氯仿（或乙酸乙酯、乙醚）将其提取出来。

由于各羟基蒽醌结构上的不同所表现的酸性也不同（酸性：大黄酸 > 大黄素 > 芦荟大黄素 > 大黄素甲醚≈大黄酚），可用碱性强弱不同的溶剂进行梯度萃取分离。如具有羧基（大黄酸）或 2 个及以上 β-酚羟基（大黄素）的蒽醌可溶于 5 % NaHCO$_3$ 溶液；具有 1 个 β-酚羟基的蒽醌可溶于 5 % Na$_2$CO$_3$ 溶液；具有 α-酚羟基的蒽醌只溶于 NaOH 溶液。尽管大黄酚和大黄素甲醚的酸性相近，但其极性不同（极性：大黄酸 > 大黄素 > 芦荟大黄素 > 大黄素甲醚 > 大黄酚），可用柱色谱将两者分开。

三、仪器材料与试剂

1. 仪器：圆底烧瓶、冷凝管、分液漏斗、抽滤瓶、旋转蒸发仪、真空泵、恒温水浴锅、薄层板、层析缸、三用紫外分析仪、烧杯等。

2. 材料：大黄饮片。

3. 试剂：浓硫酸、浓盐酸、氢氧化钠、碳酸氢钠、无水碳酸钠、氯仿、丙酮、乙酸乙酯、石油醚、乙醚、乙醇、乙酸、乙酸镁、磷酸、硅胶 G、大黄素对照品、大黄酚对照品、大黄酸对照品、毛细管、去离子水等。

四、实验步骤

1. 大黄中游离总蒽醌的提取

称取 100 g 大黄粗粉，置于 1 L 圆底烧瓶中，加入 20 % H$_2$SO$_4$ 溶液 200 mL 和乙酸乙酯 500 mL，水浴加热回流提取 2～3 h，放冷后过滤，得滤液。将滤液置于 1 L 分液漏斗中，静置分层，取乙酸乙酯层。乙酸乙酯层含总蒽醌苷元，酸水层含亲水性苷类。乙酸乙酯层用去离子水洗 2～3 次，每次 40 mL（水须除干），置旋转蒸发仪上浓缩至 50～100 mL，得大黄总游离蒽醌苷元的乙酸乙酯提取物，同时回收乙酸乙酯。

2. 大黄中总蒽醌苷元的分离和精制

（1）大黄酸的分离和精制　将含游离总蒽醌的乙酸乙酯溶液置于 500 mL 分液漏斗中，用 5 %的 NaHCO$_3$ 溶液（pH≈8）以 1/2 体积相比萃取 2～3 次，至碱液层颜色变浅，合并碱液置于锥形瓶中。边搅拌边在碱液中滴加浓 HCl 使 pH 为 2～3，静置，充分沉淀后抽滤，得沉淀物，用少量去离子水洗沉淀物至洗出液呈中性，抽干，得深褐色大黄酸粗品。用少量冰醋酸加热溶解大黄酸粗品，趁热过滤，滤液冷却析晶，过滤，用少量冰醋酸淋洗结晶，即得黄色针晶状大黄酸。

（2）大黄素的分离和精制　将经 NaHCO$_3$ 溶液萃取过的乙酸乙酯相置于 500 mL 分液漏斗中，以 1/2 相比加入 5 %的 Na$_2$CO$_3$ 水溶液（pH≈10），萃取 2～3 次，至碱液层颜色变浅，合并碱液置于锥形瓶中。边搅拌边在碱液中滴加浓 HCl 使 pH 为 2～3，静置，充分沉淀后抽滤，沉淀用去离子水洗至洗出液呈中性，抽干，得棕黄色大黄素粗品。用少量丙酮加热溶解大黄素粗品，趁热过滤，滤液冷却析晶，过滤，用少量丙酮淋洗结晶，即得大黄素。

(3) 芦荟大黄素的分离和精制　在经 Na_2CO_3 溶液萃取过的乙酸乙酯相中以 1/2 相比加入 5 % Na_2CO_3 - 5 % NaOH 水溶液[9∶1 (体积比)]，置分液漏斗中萃取 2～3 次，合并碱液置于锥形瓶中。边搅拌边在碱液中滴加浓 HCl 使 pH 为 2～3，静置，充分沉淀后抽滤，沉淀用去离子水洗至中性，抽干，得芦荟大黄素粗品。沉淀物经乙酸乙酯精制后得黄色芦荟大黄素。

(4) 大黄酚和大黄素甲醚的硅胶柱色谱分离　上述萃取后剩余的乙酸乙酯层用 3 %的 NaOH 溶液萃取 2～3 次，合并碱液，加浓 HCl 酸化至 pH=3，静置，析出黄色沉淀，过滤，水洗至中性，干燥，用于分离大黄酚和大黄素甲醚。剩余乙酸乙酯相经水洗后减压浓缩回收乙酸乙酯。

制样与上样：将样品用少量氯仿溶解分散，用 3～5 倍量的硅胶拌匀。将含样品的硅胶湿法装柱(色谱柱底端垫少量脱脂棉)，在填充的硅胶层表面盖一张与柱内径相匹配的圆形滤纸。

洗脱：用石油醚（沸程 60～90 ℃）-乙酸乙酯作为洗脱剂，以 98∶2 (体积比) 与 95∶5 (体积比)的比例分段洗脱并收集，每份 5 mL，经 TLC 检测，相同成分者合并，回收溶剂，用甲醇重结晶。先洗脱出的为大黄酚，后洗脱出的为大黄素甲醚。

3．大黄蒽醌类成分的鉴定

(1) 化学鉴定

① 乙酸镁试验：分别取各蒽醌结晶少许，置于试管中，加 1 mL 乙醇使其溶解，滴加 0.5 % 乙酸镁乙醇溶液数滴，观察记录颜色变化。羟基蒽醌呈橙色至蓝紫色。

② 碱液试验：分别取各蒽醌结晶少许，置于试管中，加 1 mL 乙醇使其溶解，滴加 2 % NaOH 溶液数滴，观察记录颜色变化。含有互为邻位或对位羟基的蒽醌呈蓝紫至蓝色，其他羟基蒽醌呈红色。

③ 浓 H_2SO_4 试验：分别取各蒽醌结晶少许，置于试管中，加 1 mL 乙醇使其溶解，滴加浓 H_2SO_4 数滴，观察记录颜色变化。

(2) 光谱鉴定

① UV：取少量大黄素和大黄酚，用适量乙醇溶解后，用紫外-可见分光光度计扫描 200～400 nm 区间的光谱，并与标准谱图比对。

② IR：用溴化钾压片法，测定大黄素和大黄酚的红外光谱，并与标准谱图比对。

(3) 薄层色谱鉴识

① 样品：提取的大黄酸、大黄素、芦荟大黄素、大黄素甲醚和大黄酚的氯仿溶液以及各对照品的氯仿溶液。

② 吸附剂：硅胶 G 薄层板。50 g 薄层色谱硅胶 G 置于研钵中，加入 75 mL 0.1 %的羧甲基纤维素钠溶液，搅匀，在玻璃板上均匀涂铺后自然晾干，使用前于 105 ℃活化 1 h。

③ 展开剂：石油醚-乙酸乙酯-乙酸[15∶5∶1 (体积比)]。

④ 展开方式：上行展开。

⑤ 检视：可见光下观察，记录黄色斑点的位置，然后用浓氨水熏或者喷 5 %乙酸镁甲醇溶液，斑点显红色。

⑥ 观察记录：记录谱图并计算 R_f 值。

五、实验结果与分析

实验结果记录于表 5-5 中。

表 5-5 大黄中蒽醌类化合物的提取、分离与鉴定

提取	提取方法			工艺参数		
	投入量			溶剂用量		
	产出量			得率		
分离	游离总蒽醌	大黄酸	大黄素	芦荟大黄素	大黄素甲醚	大黄酚
溶剂用量						
提取物量						
鉴定	醋酸镁试验					
	碱液试验					
	H_2SO_4 试验					
	UV					
	IR					
	TLC					

六、注意事项

1. 游离蒽醌的提取要控制温度，回流不能太剧烈。

2. 液-液萃取时容易发生乳化，在混合振荡时不要用力过猛，轻轻振摇。

3. 为了验证分离所选用的萃取剂是否合适，应做缓冲纸色谱试验。在各层析滤纸条带上依 pH 由低到高的顺序涂布实际所用溶液 {5 % NaHCO₃、5 % Na₂CO₃、5 % Na₂CO₃-5 % NaOH [9∶1 (体积比)]、3 % NaOH}，晾至半干后取样品游离蒽醌的氯仿溶液，点样，用氯仿上行展开，记录结果，确定选择的萃取剂是否合理。

4. pH 梯度萃取分离时，为保证提取充分可用薄层色谱作检测。

七、思考题

1. 如何理解大黄中 5 种游离羟基蒽酮类化合物的酸性和结构的关系？

2. 两相酸水解萃取法的原理是什么？该方法还可以用在哪些中药成分的提取？

3．简述 pH 梯度萃取法的原理。如何利用该方法分离大黄中的 5 种游离羟基蒽醌类化合物？

4．请绘制从大黄中提取分离 5 种游离羟基蒽醌类化合物的工艺流程框图。

实验六　银杏叶总黄酮的提取、纯化与鉴定

一、实验目的

1．掌握用固-液浸提、液-液萃取技术从银杏叶中提取总黄酮的原理和方法。

2．掌握用大孔吸附树脂、结晶法纯化精制银杏叶黄酮的方法。

3．掌握黄酮类化合物的鉴别和含量测定方法。

二、实验原理

黄酮是指两个具有酚羟基的苯环通过中央三碳原子相互连接而成的一系列化合物，其基本母核为 2-苯基色原酮。

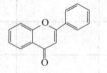

2- 苯基色原酮　　　　　　　　　　　$C_6—C_3—C_6$

黄酮类化合物结构中常连接有酚羟基、甲氧基、甲基、异戊烯基等官能团，因分子中含有酚羟基而显酸性。黄酮苷一般易溶于水、乙醇、甲醇等极性强的溶剂和碱液，难溶于或不溶于苯、氯仿、石油醚等非极性有机溶剂中，糖链越长则水溶性越大。

银杏黄酮和银杏内酯是银杏叶发挥独特药理活性的主要有效成分。银杏黄酮具有清除自由基、软化血管、抗氧化等作用，对冠状动脉粥样硬化、高血压及心绞痛等疾病疗效明显。目前，从银杏叶中分离得到的黄酮类化合物有 40 余种，如槲皮素、山奈酚、异鼠李素、杨梅黄酮及木犀草素等。

提取银杏黄酮的主要方法包括有机溶剂萃取法、微波辅助提取法、超声波辅助提取法、酶解辅助提取法和超临界二氧化碳萃取法等。纯化银杏黄酮的方法主要有大孔树脂吸附法、超滤法、溶剂气浮分离技术和离子交换法等。本实验主要采用固-液浸提、液-液萃取、大孔树脂吸附和结晶技术从银杏叶中提取分离总黄酮。

三、仪器材料与试剂

1．仪器：粉碎机、圆底烧瓶、冷凝管、恒温水浴锅、干燥箱、抽滤瓶、真空泵、ODS C_{18}

色谱柱、薄层板、紫外-可见分光光度计、高效液相色谱仪、三用紫外分析仪、电子天平等。

2．材料：银杏叶。

3．试剂：石油醚（30～60 ℃）、乙醇、乙酸乙酯、浓盐酸、氢氧化钠、三氯化铝、亚硝酸铝、硝酸铝、镁粉、乙酸镁、三氯化铁、聚酰胺树脂、芦丁对照品、槲皮素对照品、山奈酚对照品、异鼠李素对照品等。

四、实验步骤

1．提取

称取适度粉碎的干燥银杏叶粉末 50 g，用 6～8 倍量的石油醚在热水浴（40～50 ℃）上回流提取 2 次，每次 1 h。回流提取结束后抽滤，去除石油醚提取液，得滤渣，在通风橱中风干叶渣。

叶渣用 70 %的乙醇在 60～80 ℃水浴下回流浸提 3 次，每次 1 h。溶剂用量分别为叶重的 10 倍、8 倍和 6 倍。抽滤合并 3 次提取液，弃去残渣。滤液经 50～60 ℃水浴减压浓缩回收乙醇，得棕黑色的银杏叶浸膏提取物，称重，计算产率。

2．纯化

（1）聚酰胺吸附树脂联合结晶纯化法　将聚酰胺树脂以纯化水冲洗，除去浮起的白色漂浮物，吸水纸吸走树脂水分，将树脂置于锥形瓶中，以 95 %乙醇浸泡 24 h，纯化水淋洗树脂至无醇味，用 2 % HCl 溶液浸泡树脂 2 h 后再用纯化水淋洗，用 pH 试纸检测淋洗后的液体为中性时（pH=7），用 2 % NaOH 溶液浸泡树脂 2 h，纯化水淋洗树脂，再用 pH 试纸检测淋洗液为中性后，用吸水纸吸去树脂表面的水分，湿法装柱。

将总黄酮提取液上样至聚酰胺吸附柱，上样液浓度控制在 0.5～1.0 mg·mL^{-1}、pH=5～7。吸附饱和后用 2～3 倍柱体积的纯化水洗涤至流出液呈无色，然后用 1.5～2 倍柱体积的 20 %～30 %乙醇水溶液洗涤，最后用 2 倍柱体积的 70 %乙醇溶液洗脱，收集洗脱液，减压浓缩。洗脱流速控制在 1～2 mL·min^{-1}。

4 ℃下冷储洗脱浓缩液，静置析晶，抽滤，干燥，得粗晶体。将粗晶体用 40 %～50 %乙醇充分溶解后过滤，滤液经适当浓缩后静置冷却析晶，过滤，干燥，得银杏叶总黄酮晶体，称重，计算产率。

（2）乙酸乙酯萃取联合结晶纯化法　取 70 %乙醇提取的银杏叶浸膏提取物，加适量热水调整浓度并搅拌均匀，将此溶液转移至分液漏斗中，用等体积的乙酸乙酯（或二氯甲烷）萃取 3 次，合并乙酸乙酯（或二氯甲烷）相适当旋蒸浓缩后，低温放置析晶，过滤，干燥，得银杏叶总黄酮晶体，称重，计算产率。必要时进行重结晶。

3．鉴定

（1）显色反应

① 镁粉-HCl 试验：分别取芦丁对照品和黄酮供试液 1～2 mL，置于试管中，加入少许镁粉，滴加浓 HCl 数滴（1 次加入），在泡沫处呈紫红色，溶液由黄色逐渐变为红色。

② 乙酸镁反应：分别吸取芦丁对照品和黄酮供试液滴加于定性滤纸上，再在其上滴加

1～2 滴 1 %乙酸镁试剂，吹干，紫外光灯（365 nm）下呈黄色斑点。

③ 三氯化铁反应：分别取芦丁对照品和黄酮供试液 1～2 mL，置于试管中，滴加 1 %三氯化铁乙醇溶液 1～2 滴，观察颜色变化。

④ 三氯化铝反应：分别吸取芦丁对照品和黄酮供试液滴加于定性滤纸上，再在其上滴加 1～2 滴三氯化铝乙醇溶液，吹干，可见光下呈灰黄色，紫外光灯（365 nm）下呈黄色荧光斑点。

（2）薄层色谱鉴识

① 样品：槲皮素对照品、山奈酚对照品、异鼠李素对照品以及银杏叶黄酮提取物，用适量甲醇溶解。

② 吸附剂：硅胶 G 薄层板。

③ 展开剂：氯仿-甲醇-甲酸[7：2.5：0.5（体积比）]。

④ 显色剂：8 %三氯化铝乙醇溶液。

⑤ 检视：日光与紫外光（365 nm）下显黄色或黄绿色斑点。

4．含量测定

（1）紫外-可见分光光度法　在 15 mL 离心管中加入 1 mL 待测液，加入 0.5 mL 5 % $NaNO_2$ 溶液，摇匀后静置 5 min，再加入 0.5 mL 10 % $Al(NO_3)_3$ 溶液，摇匀，静置 5 min 后，加入 4 mL 4 % NaOH 溶液，再加入 4 mL 纯化水，摇匀，静置 15 min 后在 510 nm 波长处测定吸光度，以芦丁为对照品，外标法定量。

（2）高效液相色谱法　对照品溶液的制备：取槲皮素对照品、山奈酚对照品、异鼠李素对照品适量，精密称定，加甲醇制成每 1 mL 含槲皮素 30 μg、山奈酚 30 μg、异鼠李素 20 μg 的混合溶液，即得。

供试品溶液的制备：取纯化前后的银杏叶黄酮提取物适量，精密称定，用 70 %乙醇配制成 0.2 mg·mL^{-1} 的溶液，用 0.45 μm 针头式过滤器滤过。

色谱条件：ODS C_{18}（250 mm×4.6 mm，5 μm）色谱柱，紫外检测器，检测波长 360 nm，流动相甲醇：0.4 %磷酸[50：50（体积比）]，柱温 30 ℃，流速 1 mL·min^{-1}，进样量 10 μL。

测定法：分别精密吸取对照品溶液与供试品溶液各 10 μL，注入液相色谱仪，测定，分别计算槲皮素、山奈酚和异鼠李素的含量，按下式换算成银杏叶中总黄酮醇苷含量。

$$总黄酮醇苷含量=（槲皮素含量+山奈酚含量+异鼠李素含量）×2.51$$

五、实验结果与分析

实验结果记录于表 5-6 中。

表 5-6　银杏叶总黄酮的提取、纯化与鉴定

	提取方法		工艺参数	
提取	投入量		溶剂用量	
	产出量		得率	

纯化	聚酰胺吸附树脂联合结晶纯化法	投入量		溶剂用量	
		产出量		得率	
	乙酸乙酯萃取联合结晶纯化法	投入量		溶剂用量	
		产出量		得率	
鉴定	镁粉-HCl 试验				
	乙酸镁反应				
	三氯化铁反应				
	三氯化铝反应				
	薄层色谱鉴识				
含量	UV-Vis				
	HPLC				

六、注意事项

1. 银杏叶粉碎要适度,粉碎过细过滤困难,溶出杂质较多。
2. 乙醇提取时要控制好料液比和提取次数,提取液总体积不宜过大。
3. 减压浓缩要保证提取液或洗脱液中的有机溶剂回收完全。
4. 吸附分离时要控制好上样液浓度、体积,洗脱时要控制好流速,洗脱不宜过快。
5. 液-液萃取的两相混合操作要注意力度,防止产生严重的乳化现象。

七、思考题

1. 银杏叶总黄酮的主要化学成分有哪些? 与其他黄酮类化合物有何区别?
2. 除了溶剂浸提法,还可以用哪些方法提取银杏叶总黄酮?
3. 鉴别测定黄酮类化合物的方法有哪些?
4. 试设计用碱溶酸沉法提取分离银杏叶总黄酮的技术工艺。

实验七 秦皮中香豆素类化合物的提取、分离与鉴定

一、实验目的

1. 掌握秦皮中香豆素类化合物的提取分离原理与操作技术。

2．熟悉固-液浸提、液-液萃取和结晶操作方法。

3．掌握香豆素类化合物的鉴别方法。

二、实验原理

香豆素类化合物是邻羟基桂皮酸内酯类成分的总称，其母核为苯骈 α-吡喃酮，其环上常有羟基、烷氧基、苯基和异戊烯基等取代基，其中异戊烯基的活泼双键与苯环上的邻位羟基可形成呋喃环或吡喃环的结构。根据香豆素中取代基的类型和位置，主要分为简单香豆素、呋喃香豆素、吡喃香豆素和其他香豆素四大类。香豆素类化合物具有抗凝血、抗肿瘤、抗病毒、增强自身免疫力、抗细胞增生、抗菌、抗艾滋病、抗疲劳及钙拮抗性等功效。

秦皮为木犀科植物苦枥白蜡树（*Fraxinus rhynchophylla* Hance）、白蜡树（*F. chinensis* Roxb.）、尖叶白蜡树（*F. szaboana* Lingelsh.）或宿柱白蜡树（*F. stylosa* Lingelsh.）的干燥枝皮或干皮，具有清热燥湿、收涩止痢、止带、明目等功效，主治湿热泻痢、赤白带下、目赤肿痛、目生翳膜。秦皮中主要含有秦皮甲素（七叶苷）和秦皮乙素（七叶内酯）等成分，具有抗炎、镇痛、止咳、祛痰与平喘等功效。

秦皮甲素的化学式为 $C_{15}H_{16}O_9$，分子量为 340.28；秦皮乙素的化学式为 $C_9H_6O_4$，分子量为 178.14，二者的结构式如下：

秦皮甲素　　　　　　　　秦皮乙素

秦皮甲素易溶于热水、甲醇、乙醇、碱水，难溶于乙酸乙酯，不溶于乙醚和氯仿，在稀酸中可水解，水溶液有蓝色荧光。秦皮乙素溶于稀碱显蓝色荧光，可溶于甲醇、乙醇、丙酮、乙酸乙酯及冰醋酸，几乎不溶于乙醚、氯仿和水。本实验根据秦皮甲素和秦皮乙素均可溶于热乙醇，并利用二者在乙酸乙酯中的溶解性差异，采用固-液浸提、液-液萃取和结晶等方法从秦皮粗粉中提取两种主要有效成分。

三、仪器材料与试剂

1．仪器：圆底烧瓶、电热套、冷凝管、烧杯、量筒、小型粉碎机、抽滤瓶、真空泵、薄层板、三用紫外分析仪、高效液相色谱仪、分液漏斗、电子天平等。

2．材料：秦皮。

3．试剂：乙醇、氯仿、乙酸乙酯、无水硫酸钠、甲醇、三氯化铁、氢氧化钠、浓盐酸、羟胺、乙腈、磷酸、甲酸、秦皮甲素对照品、秦皮乙素对照品、硅胶 G 或 GF_{254} 等。

四、实验步骤

1．提取

称取秦皮粗粉 100 g 于 1 L 圆底烧瓶中，加 75 %乙醇 800 mL 热回流提取 2 h，抽滤得滤渣和滤液，滤渣中继续加相同成分的萃取剂 600 mL 回流提取 2 次，每次 1 h。合并三次提取液，减压浓缩回收乙醇，得粗提浸膏，称重，计算得率。

2．分离

在浸膏中加水约 50 mL，加热溶解后过滤，滤液冷却后用等体积的氯仿萃取 2～3 次以除去脂溶性的杂质。经上述处理后的水溶液适度减压浓缩去除氯仿，冷却后用等体积的乙酸乙酯萃取 3 次，合并乙酸乙酯萃取液，加适量无水 Na_2SO_4 脱水，放置，过滤后滤液减压浓缩回收乙酸乙酯至完全。将浓缩物溶于 10～20 倍量的热甲醇中，适度浓缩，4 ℃低温放置，析晶，抽滤，得黄色晶体，再用适量甲醇重结晶 2 次后得秦皮乙素（七叶内酯）。

将乙酸乙酯萃取后的水相减压浓缩至适当体积，4 ℃低温放置，析晶，过滤，得微黄色结晶，再用适量甲醇重结晶 2～3 次，得秦皮甲素（七叶苷）。

3．鉴定

（1）显色反应

① 三氯化铁反应：取样品甲醇溶液 2 mL，滴加 $FeCl_3$ 溶液，观察颜色变化，具有酚羟基取代的香豆素类在水溶液中可与 Fe^{3+} 络合而产生绿色至墨绿色沉淀。

② 荧光反应：滴 1～2 滴样品溶液于滤纸片上，于紫外光灯下观察荧光颜色；继续在原斑点上滴加 1 滴 1 %NaOH 溶液，观察颜色变化。

③ 异羟肟酸铁反应：取样品甲醇溶液 2 mL，加 1 %NaOH 溶液 2～3 滴，加 HCl 羟胺溶液 2～3 滴，于水浴上加热数分钟至反应完全，冷却，再用 HCl 调 pH 为 3～4，加 1 %FeCl$_3$ 1～2 滴，观察颜色变化，应显红色或紫红色。

（2）紫外检测　香豆素类的紫外光谱是由苯环、α-吡喃酮和含氧取代基等官能团的吸收所产生的。取秦皮甲素对照品、秦皮乙素对照品和提取试样的甲醇溶液，在 200～400 nm 波长范围内扫描，检测在 274 nm、311 nm 处是否有特征吸收峰。

（3）薄层色谱鉴识

① 样品：秦皮甲素对照品、秦皮乙素对照品以及提取物试样，用适量甲醇溶解；

② 吸附剂：硅胶 G 或 GF$_{254}$ 薄层板板；

③ 展开剂：氯仿-甲醇-甲酸[6∶1∶0.5（体积比）]；

④ 检视：硅胶 G 板置紫外光灯（365 nm）下检视，供试品色谱中，在与对照品色谱相应的位置上，显相同颜色的斑点或荧光斑点；硅胶 GF$_{254}$ 板喷 FeCl$_3$-铁氰化钾试液[1∶1（体积比）]，斑点变为蓝色。

4．含量测定

对照品溶液的制备：取秦皮甲素对照品、秦皮乙素对照品适量，精密称定，加甲醇制成 1 mL 含秦皮甲素 0.1 mg、秦皮乙素 60 μg 的混合溶液，即得。

供试品溶液的制备：取纯化前后的秦皮香豆素提取物适量，精密称定，用甲醇配制成

0.2 mg·mL^{-1} 的溶液，用 0.45 μm 针头式过滤器滤过。

　　色谱条件：ODS C$_{18}$（250 mm×4.6 mm，5 μm）色谱柱，紫外检测器，检测波长 334 nm，流动相为乙腈：0.1 %磷酸[8∶92（体积比）]，柱温 40 ℃，流速 1 mL·min^{-1}，进样量 10 μL。

　　测定法：分别精密吸取对照品溶液与供试品溶液各 10 μL，注入液相色谱仪，测定，即得。

五、实验结果与分析

　　实验结果记录于表 5-7 中。

表 5-7　秦皮香豆素的提取、分离与鉴定

提取	提取方法		工艺参数	
	投入量		溶剂用量	
	产出量		得率	
分离	分离方法		工艺参数	
	投入量		溶剂用量	
	产出量		得率	
鉴定	三氯化铁反应			
	荧光反应			
	异羟肟酸铁反应			
	紫外检测			
	薄层色谱鉴识			
含量	HPLC			

六、注意事项

　　1. 液-液萃取操作时容易产生乳化现象，注意操作方式和混合力度。
　　2. 氯仿有毒，萃取分离操作时应在通风橱中进行，注意个人防护。

七、思考题

　　1. 秦皮中化学成分的溶解性有什么特点？如何利用其特点进行提取分离？
　　2. 在进行乙酸乙酯萃取时，为什么要加入无水硫酸钠？
　　3. 液-液两相萃取操作有哪些注意事项？应如何防止和解决乳化问题？
　　4. 用乙醇回流提取和减压浓缩时各应注意什么问题？

5. 请绘制从秦皮中提取分离秦皮甲素和秦皮乙素的工艺流程框图。

实验八　黄花蒿中青蒿素的提取、纯化与鉴定

一、实验目的

1. 掌握用回流提取法从黄花蒿中提取青蒿素的技术和方法。
2. 掌握用结晶法分离纯化青蒿素的方法。
3. 掌握青蒿素的分析鉴定方法。

二、实验原理

黄花蒿 (*Artemisia annua* L.) 又名青蒿、臭蒿、苦蒿，为菊科蒿属一年生草本植物。青蒿素是抗疟特效药，对脑型疟疾和抗氯喹疟疾具有速效和低毒的特点，世界卫生组织已把青蒿素的复方制剂列为国际上防治疟疾的首选药物。青蒿素及其衍生物（双氢青蒿素、青蒿琥酯、蒿甲醚和蒿乙醚等）还具有抗白血病、抗血吸虫、抗心律失常、抗平喘、抗内毒素、抗变态反应、抗红斑狼疮以及调节免疫等作用。

青蒿素是一种含有过氧基的倍半萜内酯类化合物，其化学式为 $C_{15}H_{22}O_5$，分子量为 282.34，熔点为 156～157 ℃，其结构式如下：

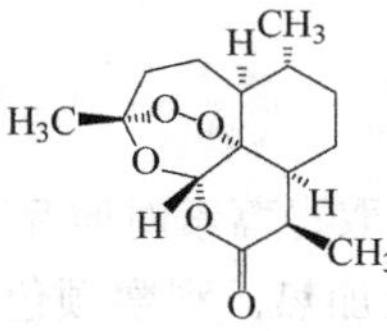

青蒿素为无色针状结晶，易溶于丙酮、乙酸乙酯、氯仿、苯和冰醋酸，可溶于甲醇、乙醇、乙醚、热石油醚，微溶于冷石油醚，几乎不溶于水。因其具有特殊的过氧基团而对热不稳定，易受湿、热（150 ℃以上）和还原性物质的影响而分解。

青蒿素的获得主要是从黄花蒿植株的地上部分提取，叶片和花表面的腺毛是青蒿素的主要合成和储存部位。青蒿素的提取方法主要为有机溶剂萃取、超临界 CO_2 萃取、超声波辅助提取、微波辅助提取、大孔吸附树脂提取、分子蒸馏以及快速溶剂萃取等。本实验采用经典的溶剂回流萃取法和结晶法从黄花蒿中提取分离青蒿素。

三、仪器材料与试剂

1. 仪器：圆底烧瓶、冷凝管、旋转蒸发仪、抽滤瓶、漏斗、烧杯、量筒、电子天平、恒

温干燥箱、恒温水浴锅、层析缸、三用紫外分析仪、毛细管、紫外-可见分光光度计等。

2. 材料：黄花蒿。

3. 试剂：石油醚（沸程 30～60 ℃、60～90 ℃）、甲醇、乙醇、乙酸乙酯、对二甲氨基苯甲醛、盐酸、羟胺、三氯化铁、2,4-二硝基苯肼、间二硝基苯、氢氧化钠、氢氧化钾、硅胶 G、乙醚、青蒿素对照品、茴香醛、冰醋酸、浓硫酸、活性炭等。

四、实验步骤

1. 提取

（1）石油醚回流提取　将 50 g 黄花蒿粉末（过 20～40 目筛）用石油醚（沸程 30～60 ℃）于 50 ℃下恒温回流提取 2 次，第 1 次以固-液比 1∶10 回流提取 2 h，第 2 次以固-液比为 1∶8 回流提取 1 h，过滤，合并滤液，将滤液置于旋转蒸发仪上减压浓缩至最小体积后再用石油醚定容至 50 mL。

（2）活性炭脱色　在石油醚提取液中按 1 %～2 %的比例加入已于 105 ℃活化 30 min 的活性炭粉末，在室温下密闭搅拌 20～30 min 后过滤除去活性炭，收集滤液，真空浓缩至最小体积，得青蒿素浸膏。

2. 纯化

将青蒿素浸膏用 10～20 倍量、70 %的甲醇水溶液溶解洗涤 2～3 次，每次充分振摇后过滤以脱除蜡质和其他杂质，合并的滤液置于 4 ℃冰箱中冷却析晶，至结晶完全后过滤收集青蒿素粗晶体。结晶滤液经真空浓缩回收甲醇。

将青蒿素粗晶体用 15～20 倍量的 50 %乙醇溶解后过滤，重结晶，过滤收集晶体，50 ℃真空干燥后制得青蒿素晶体。

3. 鉴定

（1）显色反应

① 对二甲氨基苯甲醛缩合反应：取青蒿素对照品和供试品少许，加 2 mL 乙醇溶解，加对二甲氨基苯甲醛试剂 1 mL 置水浴上加热，观察颜色变化，溶液应呈蓝紫色。

② 异羟肟酸铁反应：取青蒿素对照品和供试品约 5 mg，加无水乙醇 0.5 mL 溶解后，加盐酸羟胺试液 0.5 mL 与氢氧化钠试液 0.25 mL，置水浴中微沸，放冷后加盐酸 2 滴和三氯化铁试液 1 滴，溶液应立即显深紫红色。

③ 2,4-二硝基苯肼反应：取青蒿素对照品和供试品少许，溶于 1 mL 氯仿后，滴于滤纸片上，以 2,4-二硝基苯肼试液喷洒，在 80 ℃烘箱中烘 10 min，观察颜色变化，应产生黄色斑点。

④ 碱性间二硝基苯反应：取青蒿素对照品和供试品少许，溶于 2 mL 乙醇中，加入 2 %间二硝基苯的乙醇液和饱和的 KOH 乙醇液各数滴，水浴微热，观察颜色变化，溶液应呈红色。

（2）紫外检测　青蒿素的 λ_{max} 为 205 nm，吸收系数小，杂质干扰严重，不能直接用此峰进行定量分析。青蒿素遇稀碱后结构发生定量转化，产生具有紫外吸收的化合物（α, β-不饱和酮酸盐），该产物在 292 nm 处有强吸收峰，故可用紫外分光光度法进行检测。

分别称取适量青蒿素对照品和提取样品，加适量甲醇溶解制成 50 μg·mL⁻¹ 的溶液，量取 5 mL 置于 25 mL 量瓶中，用 0.2 % 的 NaOH 溶液稀释定容，50 ℃水浴中碱转化 30 min，冷却后取适量溶液在 200～400 nm 波长范围内进行紫外光谱扫描，检测在 292 nm 波长处是否有特征吸收峰。

（3）薄层色谱鉴识

① 样品：青蒿素对照品，青蒿素提取样品（用适量乙醇溶解制成 1 mL 中约含 3 mg 的溶液）；

② 吸附剂：硅胶 G 薄层板；

③ 展开剂：石油醚（60～90 ℃）-乙醚[4：5（体积比）]；

④ 显色剂：含 2 %香草醛的 10 %硫酸乙醇溶液；

⑤ 检视：105 ℃加热至斑点显色清晰，置紫外光灯（365 nm）下检视。供试品色谱中，在与对照品色谱相应的位置上，显相同颜色的荧光斑点。

4．含量测定

样品溶液的制备：分别取青蒿素对照品、青蒿素提取物适量，精密称定，用流动相制成 1 mL 含 1 mg 溶液，即得。

色谱条件：ODS C$_{18}$反相色谱柱（4.6 mm×150 mm，5 μm）；柱温：25 ℃；流动相为乙腈-水[50：50（体积比）]；流速 1 mL·min⁻¹；检测波长 210 nm；进样量 20 μL。

测定法：精密吸取对照品溶液与供试品溶液各 20 μL，分别注入液相色谱仪，记录色谱图，按外标法以峰面积计算。

五、实验结果与分析

实验结果记录于表 5-8 中。

表 5-8　青蒿素的提取、纯化与鉴定

提取		提取方法	工艺参数	
		投入量	溶剂用量	
		产出量	得率	
纯化		纯化方法	工艺参数	
		投入量	溶剂用量	
		产出量	得率	
鉴定	对二甲氨基苯甲醛缩合反应			
	异羟肟酸铁反应			
	2,4-二硝基苯肼反应			
	碱性间二硝基苯反应			
	紫外检测			
	薄层色谱鉴识			
含量	HPLC			

六、注意事项

1. 在青蒿素的整个提取分离过程中要注意控制好温度，进行低温萃取。
2. 在脱色操作时要注意活性炭加入量和脱色时间。
3. 在结晶操作时要注意缓慢降温，适当搅拌。

七、思考题

1. 在提取青蒿素时为什么要用低沸点溶剂进行低温萃取？
2. 青蒿素的提取，可否采用中药提取中常见的"煎煮法"？为什么？
3. 试设计用超临界 CO_2 萃取结合吸附柱色谱分离纯化青蒿素的工艺。
4. 诺贝尔奖获得者屠呦呦及其团队在经历了 190 次失败之后，在第 191 次低沸点实验中发现了抗疟疾效果为 100 %的青蒿素提取物。诺贝尔奖评审委员会称屠呦呦的获奖是为了奖励她对药物的这种孜孜不倦的寻找过程，你对此有何思考？

实验九　穿心莲总内酯的提取、纯化与鉴定

一、实验目的

1. 掌握从穿心莲中提取和分离穿心莲总内酯的操作方法。
2. 熟悉穿心莲内酯类成分理化性质和检识方法。
3. 学会去除叶绿素的方法。

二、实验原理

穿心莲为爵床科植物穿心莲[*Androgharphis paniculata* (Burm. f.) Nees]的干燥地上部分，具有清热解毒、凉血消肿等功能。用于感冒发热，咽喉肿痛，口舌生疮，顿咳劳嗽，泄泻痢疾，热淋涩痛，痈肿疮疡，蛇虫咬伤。穿心莲中的内酯类化合物是穿心莲制剂的主要活性成分，已报道的穿心莲内酯类化合物主要有穿心莲内酯、脱水穿心莲内酯、穿心莲新苷、1,4-去氧穿心莲内酯、去氧穿心莲内酯苷、穿心莲内酯苷等。现代药理研究表明，穿心莲内酯类化合物具有抗炎抗菌、抗病毒、抗肿瘤、免疫调节、治疗心脑血管疾病、保肝利胆等作用。

穿心莲内酯的化学式为 $C_{20}H_{30}O_5$，分子量为 350.45，熔点 230～231 ℃；脱水穿心莲内酯的化学式为 $C_{20}H_{28}O_4$，分子量为 332.42，熔点 204 ℃，二者均具有内酯的通性，它们的结构式如下：

穿心莲内酯   脱水穿心莲内酯

穿心莲中的内酯类化合物易溶于甲醇、乙醇、丙酮等溶剂，可用其提取；遇碱加热内酯可开环成穿心莲酸盐，遇酸闭环又恢复为内酯，故可选用碱水提取穿心莲内酯；穿心莲中含有大量的叶绿素，可用活性炭脱色除去叶绿素类杂质；利用穿心莲内酯和脱水穿心莲内酯在乙酸乙酯中的溶解度不同可初步将二者分离；利用穿心莲内酯和脱水穿心莲内酯结构上的差异，可用氧化铝柱实现二者的分离。本实验采用乙醇回流提取、活性炭脱除叶绿素、低温析晶等方法从穿心莲中提取分离穿心莲总内酯。

三、仪器材料与试剂

1. 仪器：圆底烧瓶、冷凝管、旋转蒸发仪、抽滤瓶、漏斗、烧杯、量筒、电子天平、恒温水浴锅、层析缸、薄层板、三用紫外分析仪、毛细管、紫外-可见分光光度计、高效液相色谱仪、ODS C_{18} 反相色谱柱等。

2. 材料：穿心莲。

3. 试剂：乙醇、丙酮、甲醇、氯仿、甲苯、氢氧化钾、3,5-二硝基苯甲酸、硫酸、活性炭、硅胶 G、穿心莲内酯对照品等。

四、实验步骤

1. 回流提取

称取干燥的穿心莲地上部分 100 g，置于 1 L 圆底烧瓶中，分别加 95 %乙醇 800 mL、600 mL、400 mL 于 60～70 ℃回流提取 3 次，每次提取 1 h，抽滤，合并 3 次提取液，减压浓缩回收乙醇至原液体积的 1/5～1/4 量，自然冷却，得穿心莲内酯总提取物。

2. 脱色

在上述提取液中按 10 %～20 %的比例加入活性炭，加热回流 30 min，趁热过滤。

3. 结晶纯化

取脱色后的滤液，减压浓缩回收乙醇至原液体积的 1/5～1/4 量，4 ℃放置，析晶，过滤取结晶，用少量水洗涤粗晶体，再用 40～60 倍量的丙酮加热溶解粗晶体，过滤，滤液浓缩回收丙酮至原液体积的 1/3 量，4 ℃放置，析晶，过滤收集晶体，即为穿心莲总内酯。

4．鉴定

（1）显色反应

① α, β-不饱和内酯反应：取穿心莲内酯对照品、穿心莲内酯提取物少许，用适量甲醇加热溶解，加 2 % 3, 5-二硝基苯甲酸的乙醇溶液与 5 %氢氧化钾的乙醇溶液各 2 滴，摇匀后，即显紫红色。

② 10 % KOH-乙醇溶液反应：取穿心莲内酯对照品、穿心莲内酯提取物少许，加乙醇制氢氧化钾试液 2～3 滴，渐显红色，放置后变为黄色。

（2）紫外检测　取穿心莲内酯对照品及穿心莲内酯提取物适量，加无水乙醇制成 1 mL中含 100 μg 的溶液，用紫外-可见分光光度计在 200～400 nm 波长范围内扫描，在 224 nm 的波长处有最大吸收。

（3）薄层色谱鉴识

① 样品：穿心莲内酯对照品、穿心莲内酯提取物（用适量甲醇溶解）；

② 吸附剂：硅胶 G 薄层板；

③ 展开剂：氯仿-甲苯-甲醇[8∶1∶1（体积比）]；

④ 显色剂：10 %硫酸乙醇溶液；

⑤ 检视：105 ℃加热至斑点显色清晰，置紫外光灯（365 nm）下检视。供试品色谱中，在与对照品色谱相应的位置上，显相同颜色的荧光斑点。

5．含量测定

样品溶液的制备：分别取穿心莲内酯对照品及穿心莲内酯提取物适量，精密称定，用甲醇制成 1 mL 含 0.1 mg 溶液，即得。

色谱条件：ODS C_{18} 反相色谱柱（4.6 mm×250 mm，5 μm）；柱温 30 ℃；流动相为甲醇-水[60∶40（体积比）]；流速 1 mL·min^{-1}；检测波长 224 nm；进样量 10 μL。

测定法：精密吸取对照品溶液与供试品溶液各 10 μL，分别注入液相色谱仪，记录色谱图，按外标法以峰面积计算。

五、实验结果与分析

实验结果记录于表 5-9 中。

表 5-9　穿心莲内酯的提取、纯化与鉴定

提取	提取方法		工艺参数	
	投入量		溶剂用量	
	产出量		得率	
纯化	纯化方法		工艺参数	
	投入量		溶剂用量	
	产出量		得率	
鉴定	α, β-不饱和内酯反应			

	KOH-乙醇溶液反应	
鉴定	紫外检测	
	薄层色谱鉴识	
含量	HPLC	

六、注意事项

1. 穿心莲内酯的性质不稳定，易氧化聚合而树脂化，因此，要用当年产的、未受潮变质的穿心莲的茎叶部分。

2. 加入的活性炭不能过多，否则会吸附穿心莲内酯而导致产率降低。

3. 结晶操作时注意控制好提取物量与结晶溶剂用量的比例，而且应在乙醇浓度稍高的条件下析晶。溶液含水量较高或黏稠度太大时不易析出晶体。

七、思考题

1. 去除提取物中叶绿素的方法有哪些?

2. 根据穿心莲内酯和脱水穿心莲内酯的性质差异，如何将粗品中的两者进一步分开?

3. 请设计一个碱水法微波辅助提取穿心莲内酯的工艺方案，并对提取工艺参数进行优化。

实验十　当归挥发油的提取、分离与鉴定

一、实验目的

1. 掌握用水蒸气蒸馏法提取当归挥发油的基本原理和方法。

2. 认识挥发油提取装置的构造，掌握其安装和操作方法。

3. 掌握挥发油的主要鉴别方法。

4. 学习利用气相色谱-质谱联用仪分析鉴定挥发油中主要化学成分的方法。

二、实验原理

当归为伞形科植物当归[*Angelica sinensis* (Oliv.) Diels]的干燥根，有补血活血、调经止痛、润肠通便的功效，用于治疗血虚萎黄、眩晕心悸、月经不调、经闭痛经及肠燥便秘等。当归的有效成分为挥发油、阿魏酸和当归多糖等。当归挥发油的主要成分为藁本内酯、川芎内酯、

香荆芥酚、菖蒲二烯、丁烯基酰内酯、亚丁基苯酞、当归酮、月桂烯等多种成分，具有降血压、降血脂、保护心肌细胞、抑制动脉粥样硬化等广泛的药理活性。

提取当归挥发油的主要方法有水蒸气蒸馏法、有机溶剂萃取法、超临界 CO_2 萃取和分子蒸馏技术等，不同提取方法提取的当归挥发油在化学成分上差异较大。本实验根据挥发油可随水蒸气被蒸馏出来，不溶于水且不被分解的性质，用水蒸气蒸馏法提取挥发油，挥发油经冷凝后回流至挥发油提取器，油水分离后可分离得到挥发油。

三、仪器材料与试剂

1. 仪器：气相色谱-质谱联用仪、弹性石英毛细管柱、挥发油提取器、三用紫外分析仪、电热套、圆底烧瓶、烧杯、量筒、薄层板、毛细管、滤纸等。
2. 材料：当归饮片。
3. 试剂：乙醇、pH 试纸、荧光素、碘、香草醛、高锰酸钾、2,4-二硝基苯肼、溴甲酚绿、硫酸、石油醚、乙酸乙酯、乙醚、无水硫酸钠、二氯甲烷、三氯化铁、氯化钠、硅胶 GF_{254}、藁本内酯对照品、纯化水等。

四、实验步骤

1. 提取

称取当归粉末 100 g（过 40 目筛），置于 1 L 圆底烧瓶中（加样时防止粉末黏壁），加入800 mL 纯化水，烧瓶置于电热套中，连接并密封好烧瓶、挥发油提取器和冷凝管。自冷凝管上端加水使充满挥发油提取器的刻度部分，并溢流入蒸馏瓶为止。接通冷凝水，开启电热套加热至液体沸腾，调整温度微沸蒸馏提取 6～8 h，直至提取器中的油量不再增加为止，停止加热。静置 30 min 后，开启挥发油提取器下端活塞，将水缓慢放出，至挥发油上端到达零刻度线上面 5 mm 处为止，放置 1 h 以上，再开启活塞使油层下降至其上端恰好与 0 刻度线齐平，读取挥发油体积并换算成样品的含油量。收集当归挥发油粗品。

2. 分离

取当归挥发油粗品，置于分液漏斗中，加饱和氯化钠水溶液适量，用 1/2 体积乙醚萃取3 次，合并乙醚萃取液，回收乙醚，得当归挥发油。

将分离所得当归挥发油置于离心管中，加入适量无水硫酸钠，振摇脱水，离心后吸取油层，即得精制当归挥发油。按下式计算挥发油含量：

$$挥发油含量（mL/g）=（挥发油体积/当归质量）×100$$

3. 鉴别

（1）外观性状　取当归挥发油，观察色泽，嗅一嗅是否有特殊香气和辛辣灼烧感。本品应为橙黄色至棕黑色澄清、透明液体。

（2）pH 检验　取少量当归挥发油用少量无水乙醇溶解，滴在预先用纯化水润湿的 pH 试纸上检查，如呈酸性说明含有游离酸或酚类化合物，如呈碱性说明含有碱性物质。

（3）荧光素检验　将当归挥发油的乙醇溶液滴在滤纸片上，喷洒 0.05 %荧光素水溶液，然后将滤纸暴露在碘蒸气中，观察其背景和斑点颜色的变化。若含有不饱和键，呈黄色斑点，并很快变为淡红色。

（4）香草醛-浓 H_2SO_4 试验　将当归挥发油的乙醇溶液滴在滤纸片上，喷上新配制的 0.5 % 香草醛的浓 H_2SO_4 乙醇液，观察斑点颜色，若斑点显黄色、棕色、红色或蓝色反应，表明含挥发油。

（5）$FeCl_3$ 试验　取当归挥发油 1 滴，溶于 1 mL 乙醇中，加入 1 % $FeCl_3$ 乙醇溶液 1～2 滴，观察。如显蓝紫色或绿色，说明含有酚类化合物。

（6）薄层色谱鉴识

① 样品：0.5 %的当归挥发油乙酸乙酯溶液，2 $\mu L \cdot mL^{-1}$ 藁本内酯乙酸乙酯对照品溶液。

② 吸附剂：硅胶 GF_{254}，湿法铺板，105 ℃活化 30 min。

③ 展开剂：石油醚-乙酸乙酯[90：10（体积比）]。

④ 显色剂：1 %香草醛-浓硫酸试剂，0.2 % 2,4-二硝基苯肼试剂（黄色斑点表示有醛酮化合物），0.05 %溴甲酚绿乙醇溶液（黄色斑点表示有酸性化合物）。

用以上各显色剂显色后观察并记录颜色的变化。

4．化学成分与相对含量的 GC-MS 分析

气相色谱条件：弹性石英毛细管柱（30 m×0.25 mm×0.25 μm）；载气为高纯 He；柱流量 1.0 mL·min^{-1}；进样口温度 280 ℃；程序升温为起始温度 40 ℃，保持 5 min，以 5 ℃·min^{-1}升至 150 ℃，保持 5 min，再以 10 ℃·min^{-1}升至 280 ℃，保持 20 min；进样方式为分流进样，分流比 30：1，进样量 0.2 μL。

质谱条件：离子源为 EI，GC-MS 接口温度 220 ℃，离子源温度 200 ℃，电子能量 70 eV，扫描质量范围 m/z 为 50～650。

测定法：精密吸取当归挥发油的二氯甲烷溶液 0.2 μL，注入气相色谱仪，记录色谱图，按归一化法以峰面积计算相对含量，通过计算机质谱数据库检索确定化学成分。

五、实验结果与分析

实验结果记录于表 5-10 中。

表 5-10　当归挥发油的提取、分离与鉴定

提取	提取方法		工艺参数	
	投入量		溶剂用量	
	产出量		得率	
分离	纯化方法		工艺参数	
	投入量		溶剂用量	
	产出量		得率	

続表

鉴定	外观性状	
	pH	
	荧光素检验	
	香草醛-H_2SO_4试验	
	$FeCl_3$试验	
	薄层色谱鉴识	
组成与含量（GC-MS）		

六、注意事项

1．在圆底烧瓶中加入当归粗粉时一定要小心，防止粗粉粘在瓶壁上，影响蒸馏效果。
2．在安装挥发油提取装置时一定要检查各连接口的密封性。
3．蒸馏提取时一定要保证冷凝器的冷凝效果，防止挥发性物质的溢出。
4．收集挥发油时要注意尽量使油水分离，若收集的挥发油水分较多时可少量多次加入无水硫酸钠进行脱水。

七、思考题

1．水蒸气蒸馏的馏出液为什么要加饱和氯化钠水溶液？
2．如何测定当归挥发油的含量？
3．如何确定当归挥发油的化学成分？
4．还有哪些可提取纯化挥发油的技术和方法？

实验十一　苦参碱的提取、分离与鉴定

一、实验目的

1．掌握离子交换法和索氏提取法提取分离生物碱的原理、方法和工艺过程。
2．掌握苦参碱和氧化苦参碱的分离纯化方法。
3．熟悉离子交换树脂的预处理与再生方法。
4．熟悉苦参生物碱的鉴别方法。

二、实验原理

苦参是豆科植物苦参（*Sophora flavescens* Ait.）的干燥根，具有清热燥湿、杀虫、利尿的功效，用于热痢、便血、黄疸尿闭、赤白带下、阴肿阴痒、湿疹、湿疮、皮肤瘙痒、疥癣麻风，外治滴虫性阴道炎。

苦参中含有苦参碱、氧化苦参碱、羟基苦参碱、N-甲基金雀花碱、安那吉碱等多种生物碱，总碱含量约 1 %，其中以苦参碱和氧化苦参碱含量为最高。药理学研究表明，苦参碱和氧化苦参碱等具有消肿利尿、抗心律失常、抗心肌缺血、抗肿瘤等作用，同时也具有杀虫、杀菌之功效。

苦参碱的化学式为 $C_{15}H_{24}N_2O$，分子量为 248.37，熔点 76 ℃；氧化苦参碱的化学式为 $C_{15}H_{24}N_2O_2$，分子量为 264.36，熔点 207～208 ℃，由于其含 N→O 配位键，极性较苦参碱大，二者的结构式如下：

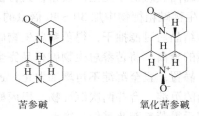

苦参碱　　　　　　　氧化苦参碱

苦参生物碱为喹嗪类生物碱，可溶于水及甲醇、乙醇、氯仿、苯等有机溶剂，且具有生物碱的通性，能与酸结合成易溶于水的盐，在水中可离子化。利用此性质，可用酸水将总碱从药材中提取出来，然后将其盐的水溶液通过阳离子交换树脂进行离子交换分离，用浓氨水碱化离子交换树脂后得游离生物碱，再用氯仿萃取，最后经丙酮结晶得苦参碱。根据苦参碱和氧化苦参碱在乙醚中溶解性的差异可将二者分离开来。也可用有机溶剂提取总碱，然后根据各生物碱结构性质差异，用溶剂法分离。

三、仪器材料与试剂

1．仪器：粉碎机、圆底烧瓶、冷凝管、电热套、索氏提取器、抽滤瓶、真空泵、色谱柱、薄层板、层析缸、三用紫外分析仪、旋转蒸发仪、毛细管等。

2．材料：苦参饮片。

3．试剂：732 型阳离子交换树脂（强酸型）、盐酸、乙醇、氨水、氯仿、丙酮、乙醚、甲醇、氢氧化钠、无水硫酸钠、苦参碱对照品、氧化苦参碱对照品、碘化铋钾、碘化汞钾、碘化钾、碘、硅钨酸、硅胶 G、氧化铝等。

四、实验步骤

1．苦参总碱的提取

称取粉碎后的苦参药材粗粉 100 g，装入圆底烧瓶中，用 50 %～80 %的酸化乙醇水溶液（含 0.1 % HCl）将粗粉浸润完全，再以 5～8 倍料液比的相同溶剂回流提取 2～3 次，每次提取 2 h，合并乙醇提取液，减压浓缩，回收乙醇至完全，得苦参总生物碱浓缩液。

2．苦参碱的分离

（1）交换吸附　将苦参生物碱浓缩液通过 732 型阳离子交换树脂柱（用预处理好的树脂 $40\sim60$ g 湿法装柱）进行交换，交换流速为 $1\sim2$ mL·min^{-1}。交换过程中用碘化铋钾检测不同时间的流出液，若检测出未被交换的生物碱，可调整流速继续交换，直至交换完全为止。用 $2\sim4$ 倍柱床体积的纯化水洗涤树脂床层，以除去非阳离子杂质，抽干树脂。

（2）碱化树脂　将交换有生物碱的离子交换树脂倒入烧杯中，加适量浓氨水，充分搅匀，使树脂充分溶胀，无液体溢出，以树脂手握成团、不沾手为宜，盖好后放置约 20 min。

（3）索氏提取　将碱化处理的树脂装入滤纸袋，置入适宜规格的索氏提取器中，加氯仿 $200\sim300$ mL 加热回流提取，直至生物碱提取完全为止。回流提取完成后，取氯仿提取液加无水硫酸钠脱水干燥，减压浓缩回收氯仿至完全，残留物为苦参总生物碱粗提物。

（4）丙酮精制　于苦参总生物碱粗提物中加 $30\sim40$ 倍量的丙酮，加热溶解，过滤后得滤液，滤液加盖放置，冷却析出结晶后过滤抽干，得苦参总生物碱样品。

（5）苦参碱和氧化苦参碱的分离　将苦参总生物碱样品完全溶于少量氯仿中，加入氯仿 $8\sim10$ 倍体积的乙醚，振摇，静置，直至沉淀不再增加为止，过滤。滤液浓缩后再溶于氯仿中，加乙醚放置，再过滤析出的沉淀，合并两次沉淀物，用丙酮充分溶解并重结晶后得氧化苦参碱。将上述乙醚滤液浓缩后得苦参碱及其他生物碱。

3．鉴定

（1）沉淀反应　取少许苦参碱和氧化苦参碱样品，用适量稀 HCl 溶解，分别置于 4 支试管中，分别滴加碘化铋钾、碘化汞钾、碘化钾-碘试剂、硅钨酸试液数滴，观察记录反应现象和结果。

（2）薄层色谱鉴识

① 样品：苦参碱、氧化苦参碱对照品，自制苦参碱和氧化苦参碱样品，用适量氯仿溶解，配制成浓度约为 1 mg·mL^{-1} 的溶液。

② 吸附剂：2%氢氧化钠溶液制备的硅胶 G 薄层板，105 ℃活化 30 min；氧化铝板。

③ 展开剂：氯仿-甲醇-浓氨水[19∶1∶0.5（体积比）]，展开硅胶 G 板；氯仿-甲醇-乙醚[44∶0.6∶3（体积比）]，展开氧化铝板。

④ 显色剂：改良碘化铋钾。

⑤ 检视：样品上行展开后先观察荧光斑点，再喷显色剂，观察颜色变化，并根据斑点的颜色和位置计算 R_f 值。

五、实验结果与分析

实验结果记录于表 5-11 中。

表 5-11　苦参碱的提取、分离与鉴定

提取	提取方法		工艺参数	
	投入量		溶剂用量	
	产出量		得率	

续表

		纯化方法		工艺参数	
分离		投入量		溶剂用量	
		产出量		得率	
鉴定	沉淀反应				
	薄层色谱鉴识				

六、注意事项

1. 在用酸醇法提取苦参碱时应注意分小组优化选择合适的酸和乙醇浓度。

2. 根据苦参粗粉样品用量，应确定合适的离子交换树脂用量，确保能吸附饱和。

3. 浓盐酸、氨水具有刺激性，乙醚具有麻醉性，氯仿具有毒性，使用时应注意通风；丙酮、氯仿、乙醇、乙醚均为易燃品，应注意防火安全。

七、思考题

1. 为什么用酸醇法可提取苦参碱？酸的浓度对苦参碱的提取有什么影响？

2. 利用离子交换法提取分离苦参碱的原理是什么？请写出离子交换反应式。

3. 分离纯化苦参碱和氧化苦参碱时为什么选用乙醚？

4. 索氏提取法有什么优缺点？有什么改良的办法？

5. 根据苦参碱的性质，试设计其他的提取分离工艺，并绘制工艺流程框图。

第 **6** 章

综合创新与设计实验

实验一　芦丁的提取分离、芦丁片的制备与质量评价

一、实验目的

1. 掌握芦丁的提取、分离、纯化、检识和含量测定等的基本原理和操作方法。
2. 掌握湿法制粒压片的一般工艺过程。
3. 学习粉碎机、旋转蒸发仪、真空泵、离心机、压片机、紫外-可见分光光度计、崩解仪、脆碎度检查仪等仪器的使用。
4. 学会分析片剂处方的组成和各种辅料在压片过程中的作用。
5. 熟悉片剂质量的检测方法。

二、实验原理

槐米为豆科植物槐树（*Sophora japonica* L.）的干燥花蕾，味苦性凉，具有凉血止血、清肝泻火之功效，主治吐血、衄血、肠风便血、痔血、赤白痢下、尿血、血淋、崩漏、风热目赤、痈疽疮毒，预防中风。

槐米的主要有效成分为芦丁，其含量高达 20 % 以上，但槐花开放后含量降至 13 % 左右。槐米中还含有槲皮素、三萜皂苷、槐米甲素、槐米乙素、槐米丙素、槐二醇等化学成分，槲皮素是芦丁的酸水解产物。芦丁和槲皮素的结构式如下：

芦丁　　　　　　　　　槲皮素

芦丁为黄酮苷，分子中含有较多酚羟基，显弱酸性，难溶于酸性水，易溶于稀碱液中，故可用碱水提取后，再将碱水提取液调至酸性，黄酮苷即可沉淀析出。芦丁在不同溶剂中的溶解度差异较大，冷水 1∶8000，热水 1∶200；冷乙醇 1∶300，热乙醇 1∶30；难溶于乙酸乙酯、丙酮，不溶于苯、氯仿、乙醚及石油醚等溶剂，故还可利用易溶于热水、热甲醇，较难溶于冷水、冷甲醇的性质提取和精制芦丁。

片剂由药物和辅料两部分组成，辅料为非治疗性物质，常用的辅料有填充剂、润湿剂、黏合剂、崩解剂、润滑剂等。片剂的制备方法有湿法制粒压片、干法制粒压片、粉末直接压片等，其中湿法制粒压片较为常用。

片剂制备的各工序都直接影响片剂的质量。主药和辅料首先必须符合规格要求，特别是主药为难溶性药物时必须有足够的细度，以保证与辅料混匀及溶出度符合要求。主药与辅料是否充分混合均匀与操作方法有关。若药物量小，与辅料量相差悬殊时，可用递加稀释法（配研法）混合，也可采用溶剂分散法，即将量小的药物先溶于适宜的溶剂中，再与其他成分混合。制粒是片剂制备的关键。湿法制粒中，欲制好的颗粒必须根据主药的性质选择适宜的黏合剂或润湿剂，并控制好黏合剂或润湿剂的用量，使之"手握成团，轻压即散"，并以手握后手掌上不沾粉为度。如果颗粒中细粉过多，说明黏合剂用量太少；若呈现条状，则说明黏合剂用量太多。这样的颗粒烘干后往往太松或太紧，不符合压片的颗粒要求，也难以制备出好的片型。颗粒的大小根据片剂大小由筛网的孔径来控制，一般大片（0.3～0.5 g）选用 14～16 目筛制粒，小片（0.3 g 以下）选用 18～20 目筛制粒。制备好的湿颗粒应尽快通风干燥，温度控制在 40～60 ℃，且颗粒不要铺得太厚，以免干燥时间过长，药物易被破坏。干燥后的颗粒常粘连结团，需再进行过筛整粒。整粒时药筛孔径与制粒时相同或略小。整粒后加入润滑剂混合均匀，计算片重后即可压片。

片剂的质量检测与评价主要有外观、片重差异、硬度、含量、溶出度和崩解时限等。

三、仪器材料与试剂

1. 仪器：粉碎机（或研钵）、烘箱、压片机、药筛（2、3、4 号）、电热套、冷凝管、圆底烧瓶（1000 mL、2000 mL）、循环水式真空泵、旋转蒸发仪、一次性滴管、紫外-可见分光光度计、石英比色皿、电磁炉、不锈钢盆、烧杯（2000 mL、500 mL、250 mL）、具塞试管（25 mL）、布氏漏斗、抽滤瓶、崩解仪、脆碎度仪、层析缸、毛细管、三用紫外分析仪、电子天平、量筒、移液管、量瓶（25 mL、50 mL、100 mL、250 mL）、培养皿（50 cm）、离心机、烘箱、玻璃棒、滤纸、纱（滤）布、精密 pH 试纸、吸耳球等。

2. 材料：市售槐米。

3. 试剂：氢氧化钙、氧化钙、硼砂、焦亚硫酸钠、盐酸、乙醇、乙酸乙酯、甲酸、石灰乳、甲醇、硫酸、α-萘酚、镁粉、锌粉、三氯化铁、冰醋酸、三氯化铝、氯仿、甲酸、石油醚（30～60 ℃）、芦丁对照品、亚硝酸钠、硝酸铝、氢氧化钠、维生素 C（或异维 C 钠）、淀粉、微晶纤维素、聚乙烯吡咯烷酮、硬脂酸镁、纯化水等。

四、实验步骤

（一）药材的鉴别

1．性状检识

本品为豆科植物槐树的干燥花及花蕾。夏季花开放或花蕾形成时采收，及时干燥，除去枝、梗及杂质。前者习称"槐花"，后者习称"槐米"。

【槐花】皱缩而卷曲，花瓣多散落。完整者花萼钟状，黄绿色，先端5浅裂，花瓣5，黄色或黄白色，1片较大，近圆形，先端微凹，其余4片长圆形。雄蕊10，其中9个基部连合，花丝细长。雌蕊圆柱形，弯曲。体轻，气微，味微苦。

【槐米】呈卵形或椭圆形，长2～6 mm，直径约2 mm。花萼下部有数条纵纹，萼的上方为黄白色未开放的花瓣。花梗细小。体轻，手捻即碎。气微，味微苦涩。

2．药材的定性鉴别

取本品粉末0.2 g，加乙醇5 mL，密塞，振摇10 min，滤过，取滤液作为供试品溶液。另取芦丁对照品，加乙醇制成1 mL含4 mg的溶液，作为对照品溶液。照薄层色谱法试验，用毛细管吸取上述两种溶液，分别点于同一硅胶G薄层板上，以乙酸乙酯-甲酸-水[8：1：1（体积比）]为展开剂，展开，取出，晾干，喷以三氯化铝试液，待乙醇挥干后，置紫外光灯（365 nm）下检视。供试品色谱中，在与对照品色谱相应的位置上，显相同颜色的荧光斑点。

（二）有效成分的提取

1．芦丁的提取

【方法1】碱提酸沉法：称取槐米200 g，粉碎（或研成粗粉），置于不锈钢锅中，加硼砂3 g、焦亚硫酸钠6 g、沸腾纯化水1600 mL（料液比1：8，g/mL），一起置电磁炉上加热，在搅拌下加石灰乳调pH为8～9，加热并保持微沸30 min，不时补充失去的水，并保持pH为8～9，然后用2～4层纱布（或80目滤布）趁热抽滤。药渣再加纯化水1000 mL，同法提取并趁热抽滤。合并两次滤液，待滤液温度降至60～70 ℃时加浓盐酸调pH为2～3，当温度降至室温时冰水浴中静置约3 h，至黄色絮状沉淀完全，4000 r·min^{-1}离心15 min（或滤布抽滤），沉淀用冷水洗至近中性，于65 ℃干燥即得芦丁粗品，称重并计算得率。

【方法2】醇提法：称取槐米200 g，粉碎（或研成粗粉），置于圆底烧瓶中，加乙醇1200 mL（料液比1：6，g/mL），加热回流1 h，趁热滤纸抽滤。药渣再加乙醇1000 mL，同法再提取1次，合并两次滤液，减压浓缩滤液呈膏状，加3～4倍量水溶解浸膏，并有黄色结晶析出，用石油醚（或乙醚）振摇洗涤除色素3次，并于4000 r·min^{-1}离心15 min后于65 ℃干燥即得芦丁粗品，称重并计算得率。

【方法3】水提法：称取槐米200 g，在研钵中研碎后置于不锈钢锅中，加沸水1600 mL（料液比1：8，g/mL），电磁炉加热搅拌煮沸10 min，趁热滤布抽滤。残渣同法再提取1次，合并两次滤液，置冰水浴中冷藏析晶，待全部析出后，4000 r·min^{-1}离心15 min（或减压抽滤），得芦丁粗品，于65 ℃干燥，称重，计算得率。

2．芦丁的精制

【方法1】醇-水重结晶法：称取研细的芦丁粗品，置于圆底烧瓶中，加入90 %乙醇适量

（料液比 1∶30，g/mL），加热回流 30 min，趁热用布氏漏斗滤纸抽滤。减压浓缩滤液至膏状，向膏状滤液中加 3～4 倍量纯化水至溶液明显混浊，冰水浴中冷藏析晶（至少 3 h），4000 r·min⁻¹ 离心 15 min 得芦丁精品，于 65 ℃干燥并称重，计算得率。

【方法 2】热水重结晶法：取芦丁粗品，研细，置不锈钢锅中，加纯化水适量（料液比 1∶200，g/mL），置电磁炉上加热煮沸 10 min，使其充分溶解，趁热用布氏漏斗滤布抽滤，滤液冰水浴中冷藏静置（至少 3 h），析出结晶，4000 r·min⁻¹ 离心 15 min 得芦丁精品，65 ℃干燥并称重，计算得率。

【方法 3】碱提酸沉法：取芦丁粗品，研细，置不锈钢锅中，加纯化水适量（料液比 1∶200，g/mL）一起置电磁炉上加热，在搅拌下加石灰乳调 pH 为 8～9，加热使其充分溶解，趁热用布氏漏斗滤布抽滤，待滤液温度降至 60～70 ℃时加浓盐酸调 pH 为 2～3，当温度降至室温时于冰水浴中冷藏静置至少 3 h，析出结晶，4000 r·min⁻¹ 离心 15 min（或滤布抽滤），沉淀用冷水洗至近中性，于 65 ℃干燥即得芦丁精品，称重并计算得率。

（三）有效成分的鉴识

1. Molish 反应

取槐米粗粉、芦丁提取物的乙醇溶液约 3 mL，置于试管内，加 α-萘酚少许，振摇使溶解。斜置试管，沿管壁滴加浓硫酸 1 mL，静置，观察两层溶液的界面，出现紫色环者为阳性反应，表示有糖或苷。

2. 盐酸-镁粉试验

取槐米粗粉、芦丁提取物的乙醇溶液约 3 mL，置于试管内，加镁粉少许，滴加浓盐酸，溶液由黄色渐变红色者表示有黄酮类化合物。

3. 盐酸-锌粉试验

取槐米粗粉、芦丁提取物的乙醇溶液约 3 mL，置于试管内，加锌粉少许，滴加浓盐酸，黄酮类化合物呈橙黄色或红色，3-羟基黄酮不呈色，3-羟基成苷仍呈色。

4. 三氯化铁反应

取槐米粗粉、芦丁提取物的乙醇溶液约 3 mL，置于试管内，加 1 % FeCl₃ 乙醇溶液数滴，观察颜色变化。3-羟基黄酮呈褐色，5-羟基黄酮呈绿色，3，5-双羟基黄酮呈深绿色，3,4,5-三羟基黄酮呈深蓝及蓝黑色。

5. 三氯化铝反应

取槐米粗粉、芦丁提取物的乙醇溶液约 3 mL，置于试管内，加 1 % AlCl₃ 乙醇溶液数滴，黄酮类应呈鲜黄色。

（四）有效成分的含量测定

1. 芦丁对照品溶液的配制和标准曲线的制备

（1）芦丁对照品溶液的配制　精密称取于 120 ℃干燥至恒重的芦丁对照品 20.0 mg，加 60 %乙醇适量，超声溶解，放冷，以 60 %乙醇定容至 250 mL，摇匀备用（质量浓度为 0.08 mg·mL⁻¹）。

（2）标准曲线的制备与回归方程的建立

【方法1】硝酸铝显色法制备标准曲线：分别取芦丁对照品溶液 0.0 mL，2.0 mL，4.0 mL，6.0 mL，8.0 mL，10.0 mL 于 6 只 25 mL 量瓶中，用 60 %乙醇补充至 12.5 mL，加入 5 %的 NaNO$_2$ 溶液 0.75 mL，摇匀，放置 6 min 后，加入 10 %的 Al(NO$_3$)$_3$ 溶液 0.75 mL，摇匀，6 min 后再加入 1 mol·L^{-1} 的 NaOH 溶液 4 mL，摇匀，用 60 %乙醇稀释至刻度，放置 15 min，在 300～600 nm 的波长范围内进行扫描，选择最佳吸收峰波长（510 nm 左右），并在此波长下比色测定，得出不同浓度下的吸光度值，以吸光度为横坐标，浓度为纵坐标，绘制标准曲线。用最小二乘法做线性回归，得出芦丁质量浓度 Y 与吸光度 X 的关系式和相关系数 R。

【方法2】氯化铝显色法制备标准曲线：分别取芦丁对照品溶液 0.0 mL，1.0 mL，2.0 mL，3.0 mL，4.0 mL，5.0 mL 于 6 只 20 mL 刻度试管中，加入 0.1 mol·L^{-1} 的 AlCl$_3$-乙醇溶液 4 mL，充分振摇并放置 5 min 后，用 60 %乙醇补充定容至 15 mL，在 200～500 nm 的波长范围内进行扫描，选择最佳吸收峰波长（410 nm 左右），并在此波长下比色测定，得出不同浓度下的吸光度值，以吸光度为横坐标，浓度为纵坐标，绘制标准曲线。用最小二乘法做线性回归，得芦丁质量浓度 Y 与吸光度 X 的关系式和相关系数 R。

【方法3】直接测定法制备标准曲线：分别取芦丁对照品溶液 0.0 mL，1.0 mL，2.0 mL，3.0 mL，4.0 mL，5.0 mL 于 6 只 15 mL 刻度试管中，用 60 %乙醇补充定容至 10 mL，充分振摇并放置 5 min 后，在 200～400 nm 的波长范围内进行扫描，选择最佳吸收峰波长（360 nm 左右），并在此波长下比色测定，得出不同浓度下的吸光度值，以吸光度为横坐标，浓度为纵坐标，绘制标准曲线。用最小二乘法做线性回归，得芦丁质量浓度 Y 与吸光度 X 的关系式和相关系数 R。

2．芦丁含量的测定

准确称取 10.0 mg 槐米粗粉、芦丁提取物，超声溶解于 60 %乙醇中，过滤并定容至 50 mL，得供试品溶液。取供试品溶液 3 mL，按相应的制作标准曲线的方法测定吸光度，根据回归方程计算芦丁含量，再依下列公式计算供试品中的总黄酮含量。

$$总黄酮含量\ (\%)=\frac{yV_1\dfrac{V_2}{V_3}}{m}\times100$$

式中，y 为由回归方程计算得到的黄酮含量，mg·mL^{-1}；V_1 为测定时定容体积，mL；V_2 为供试品溶液的体积，mL；V_3 为测定时供试品溶液的取用体积，mL；m 为供试品的质量，mg。

（五）片剂的制备

1．处方

【处方1】芦丁片：精制芦丁 10.0 g、淀粉 20.0 g、微晶纤维素 5.0 g、硬脂酸镁 0.15 g、70 %乙醇适量，湿法制粒压片。

【处方2】芦丁片：精制芦丁 10.0 g、淀粉 20.0 g、微晶纤维素 5.0 g、硬脂酸镁 0.15 g、10 %聚乙烯吡咯烷酮乙醇溶液适量，湿法制粒压片。

【处方3】复方芦丁片：芦丁 10.0 g、维生素 C 10.0 g、淀粉 20.0 g、微晶纤维素 5.0 g、硬脂酸镁 0.2 g、70 ％乙醇适量，湿法制粒压片。

2．制备

【芦丁片】将精制芦丁、淀粉、微晶纤维素搅拌混匀，加入适量一定浓度的乙醇或聚乙烯吡咯烷酮乙醇溶液，制粒，干燥，整粒，加入硬脂酸镁，总混，压片，即得。

【复方芦丁片】将芦丁、维生素 C、淀粉、微晶纤维素搅拌混匀，加入适量的 70 ％乙醇制粒，干燥，整粒，加入硬脂酸镁，总混，压片，即得。

（六）片剂的质量评价

本实验检查所制备片剂的色泽、外观、鉴别、片重差异、硬度、脆碎度、崩解时限、含量测定。

【色泽】黄色或黄绿色片。

【外观】取本品 100 片，平铺于白底板上，置于 75 W 光源下 60 cm 处，距离片剂 30 cm 以肉眼观察 30 s。

要求：片型一致、表面完整光洁，边缘整齐，色泽均匀。80～120 目色点应＜5 ％，麻面＜5 ％，不得有严重花斑及特殊异物。

【鉴别】（1）芦丁 取本品的细粉少许，加氢氧化钠试液 5 mL，溶液显橘黄色。

（2）芦丁 取本品的细粉少许，加乙醇 15 mL，微热使芦丁溶解。溶液分成 2 份：一份中加盐酸 1 mL 与金属镁或金属锌数小粒，渐显红色；另一份中加三氯化铁试液 1 滴，显棕绿色。

（3）维生素 C 取本品的细粉适量（约相当于维生素 C 20 mg），加水 5 mL 使维生素 C 溶解后，滤过，滤液中加碱性酒石酸铜试液，加热，即产生红色沉淀。

【片重差异】取本品 20 片，精密称定总重量，求得平均片重后，再分别精密称定每片的重量，每片重量与平均片重相比较，并计算片重差异。

$$片重差异 （\%）=\frac{单片重量-平均片重}{平均片重}\times100$$

2020 年版《中国药典》规定：0.30 g 以下的药片重量差异限度为± 7.5 ％，0.30 g 及 0.30 g 以上者为±5 ％，且超出重量差异限度的不得多于 2 片，并不得有 1 片超过限度 1 倍。

【硬度】（1）指压法 取本品置中指和食指之间，以拇指用适当的力压向药片中心部，如立即分成两片，则表示硬度不够。

（2）自然坠落法 取本品 10 片，从 1 m 高处平坠于 2 cm 厚的松木板上，以碎片不超过 3 片为合格。

【脆碎度】使用脆碎度检查仪，照片剂脆碎度检查法进行测定。片重为 0.65 g 或者以下者取若干片，使其总重约为 6.5 g；片重大于 0.65 g 者取 10 片。用吹风机吹去片剂脱落的粉末，精密称重，置圆筒中，转动 100 次。取出，同法除去粉末，精密称重，减失重量不超过 1 ％，且不得检出断裂、龟裂或粉碎的片。本试验一般仅做 1 次，如减失重量超过 1 ％时，应复测 2 次，3 次的平均减失重量不得超过 1 ％，并不得检出断裂、龟裂及粉碎的片。

【崩解时限】应用升降式崩解仪，照崩解时限检查法进行测定。将吊篮通过上端的不锈钢轴悬挂于金属支架上，浸入 1000 mL 烧杯中，调节吊篮位置使其下降至低点时筛网距烧杯底部 25 mm，烧杯内盛有约 900 mL 温度为（37±1）℃的纯化水，调节水位高度使吊篮上升至高点时筛网在水面下 15 mm 处，吊篮顶部不可浸没于溶液中。

取本品 6 片，分别置于吊篮的玻璃管中，每管各 1 片，启动崩解仪进行检查，各片均应在 15 min 内全部崩解。如有 1 片不能完全崩解，应另取 6 片复试，均应符合规定。

【含量测定】同（四）有效成分的含量测定。

（1）对照品溶液的制备　精密称取芦丁对照品约 20 mg（另取一份对照品在 120 ℃干燥至恒重，减失重量在取样量中扣除），置 250 mL 量瓶中，加 60 % 乙醇适量，置热水浴中加热并振摇 5 min，放冷，用 60 % 乙醇稀释至刻度，摇匀（浓度为 0.08 mg·mL^{-1}）。

（2）供试品溶液的制备　取本品 10 片，精密称定，研细，精密称出适量（约相当于芦丁 25 mg），置 100 mL 量瓶中，加 60 % 乙醇适量，置热水浴中加热并振摇 5 min，放冷，加 60 % 乙醇至刻度，摇匀，用干燥滤纸滤过，弃去初滤液，取续滤液待测。

（3）芦丁测定法　取对照品溶液与供试品溶液，按各自制作标准曲线的方法测定吸光度，计算出供试量中无水芦丁的含量，并与 1.089 相乘，即得供试量中含有 $C_{27}H_{30}O_{16}\cdot 3H_2O$ 的量。

（4）维生素 C 测定法　取本品 10 片，精密称定，研细，精密称取适量（约相当于维生素 C 0.2 g），置 100 mL 的量瓶中，加新沸过的冷水 100 mL 与稀醋酸 10 mL 的混合液 40 mL，振摇，使维生素 C 溶解，再用混合液稀释至刻度，摇匀，用干燥滤纸迅速滤过，弃去初滤液，精密量取续滤液 50 mL，加淀粉指示液 10 mL，立即用碘液（0.1 mol·L^{-1}）滴定，至溶液显蓝色并持续 30 s 不褪，即得。1 mL 的碘滴定液（0.1 mol·L^{-1}）相当于 8.806 mg 的 $C_6H_8O_6$。

（七）片剂的包装与贮存

密封，置干燥处保存。

五、实验结果与分析

实验结果记录于表 6-1 中。

表 6-1　芦丁的提取分离、芦丁片的制备与质量评价

项目		现象或结果描述与分析
鉴别	性状色泽	
	薄层色谱	
	Molish 反应	
	盐酸-镁粉试验	
	盐酸-锌粉试验	
	三氯化铁反应	
	三氯化铝反应	

项目		现象或结果描述与分析		
提取		提取方法		药材质量	
		粗提物质量		粗提物得率	
		精制方法		粗提物取用量	
		精制品质量		精制品得率	
制剂		制剂名称			
		处方组成			
含量测定	测定方法				
	回归方程			R	
	含量	原药材		粗提物	
		精制品		制剂	
质量评价	色泽				
	外观				
	硬度				
	脆碎度				
	崩解时限				
	片重差异	每片重量			
		20 片总重量		平均片重	
		重量差异限度		超限片数	
		超限 1 倍片数		结论	

六、注意事项

1. 芦丁分子中含有邻二酚羟基，性质不稳定，暴露在空气中能缓慢氧化变为暗褐色，在碱性条件下更容易被氧化分解。硼砂因能与芦丁邻二酚羟基结合，起保护二酚羟基不被氧化破坏的作用。在提取的过程中，为避免芦丁氧化变质，须加入抗氧化剂焦亚硫酸钠。

2. 加石灰乳既能达到碱溶解提取芦丁的目的，还可以除去槐米中大量的多糖类黏液质和酸性树脂（形成钙盐沉淀）。但提取时加碱不宜太多（pH 不超过 10），也不能长时间煮沸，在强碱条件下长时间煮沸，可使黄酮基本母核结构改变，导致芦丁的降解。

3. 酸化时 pH 不可太低，否则使芦丁形成锌盐而降低收率。

4. 利用芦丁在冷、热水中溶解度的差异来达到结晶目的，得到的沉淀要粗称一下，按照芦丁在热水中 1 ∶ 200 的溶解度加纯化水进行重结晶。

5. 薄层色谱鉴别中，显色前薄层板上的展开剂需挥干。

6．本综合实验建议每小组采用不同的提取分离工艺、制剂处方与含量测定方法，协调开展部分或全部实验内容，通过汇报交流与展示，体验从原料到产品的药品生产全生命周期。

七、思考题

1．用碱溶酸沉法提取芦丁的原理是什么？为什么要控制碱的浓度？
2．用碱溶酸沉法提取芦丁时，为什么要加入硼砂和焦亚硫酸钠？
3．制备片剂时为何要先制颗粒？
4．影响片剂的硬度、崩解时限和重量差异的因素有哪些？
5．根据芦丁的性质，还可采用何种提取方法？试设计一种自槐米中提取芦丁的工艺，画出工艺流程框图并说明。

实验二　小檗碱的提取分离、硬胶囊剂的制备与质量评价

一、实验目的

1．掌握小檗碱的提取、分离、纯化、检识、含量测定、质量评价等的基本原理和操作方法。
2．掌握散剂、颗粒剂、硬胶囊剂的制备工艺过程。
3．学会分析散剂、颗粒剂、硬胶囊剂处方的组成和各种辅料在制剂过程中的作用。
4．熟悉散剂、颗粒剂、硬胶囊剂的质量检测方法。

二、实验原理

黄连为毛茛科植物黄连（*Coptis chinensis* Franch.）、三角叶黄连（*C. deltoidea* C. Y. Cheng et Hsiao）或云连（*C. teeta* Wall.）的干燥根茎，以上三种分别习称为"味连""雅连""云连"。黄连具有清热燥湿、泻火解毒的作用，用于湿热痞满、呕吐吞酸、泻痢、黄疸、高热神昏、心火亢盛、心烦不寐、心悸不宁、血热吐衄、目赤、牙痛、消渴、痈肿疔疮等的治疗。

黄连根茎含多种异喹啉类生物碱，以小檗碱含量为最高，5%～8%，尚含黄连碱、甲基黄连碱、巴马亭、药根碱、表小檗碱及木兰花碱等。黄连的须根含小檗碱可达5%，叶含小檗碱1.4%～2.9%。

小檗碱是一种常用的抗菌药，对菌痢、肠炎、上呼吸道感染等疾病有良好的疗效，可降血糖、降血脂、降血压、利胆及镇咳，对预防和治疗白细胞减少疗效较好。小檗碱的化学式

为 $C_{20}H_{18}NO_4$，分子量 336.36；小檗胺的化学式为 $C_{37}H_{40}N_2O_6$，分子量 608.72。二者的结构式如下：

小檗碱　　　　　　　　　　　　　　小檗胺

小檗碱为黄色针状结晶，游离的小檗碱能缓缓溶于水（1∶20）及乙醇（1∶100）中，易溶于热水及热醇，难溶于乙醚、石油醚、苯及氯仿，其盐在水中的溶解度很小，盐酸盐（1∶500）、枸橼酸盐（1∶125）、酸性硫酸盐（1∶100）、硫酸盐（1∶30）。小檗胺为白色或无色结晶，难溶于水，易溶于乙醇，可溶于乙醚、氯仿、石油醚。因小檗碱和小檗胺的硫酸盐易溶于水；小檗碱的盐酸盐难溶于水，而小檗胺的盐酸盐可溶于水；游离的小檗碱为季铵碱，可溶于水，而游离的小檗胺是叔胺碱，难溶于水。据此，可将黄连原药材用稀 H_2SO_4 溶液浸泡，然后用石灰乳调至 pH=12 左右，小檗碱游离而溶于水，小檗胺含酚羟基成钙盐也溶于水，黏液质及过量硫酸生成不溶性钙盐而沉淀析出，再加 NaCl，并用盐酸调 pH=8 左右时，小檗碱成难溶性的盐酸小檗碱而析出，小檗胺游离析出，最后，利用盐酸小檗碱在热水中溶解度较大的性质与小檗胺分离。

散剂是指药物与适宜辅料经粉碎、均匀混合而制成的干燥粉末状制剂。颗粒剂是将药物与适宜的辅料配合而制成的具有一定粒度的干燥颗粒状制剂。硬胶囊剂是指将一定量的药物加辅料制成均匀的粉末或颗粒，充填于空心硬质胶囊中而制成的固体制剂。

本实验在鉴别和分离纯化黄连中小檗碱和小檗胺的基础上，制备盐酸小檗碱的硬胶囊剂并对其进行质量检测与评定，体验从原料到产品的药品生产全生命周期。

三、仪器材料与试剂

1. 仪器：粉碎机、研钵、药筛、烘箱、药物混合机、造粒机、托盘天平、电子天平、高效液相色谱仪、电磁炉、量瓶、层析缸、循环水式真空泵、旋转蒸发仪、滴管、烧杯、三角瓶、漏斗、抽滤瓶、电动搅拌器、恒温水浴锅、毛细管、量筒、白瓷皿、三用紫外分析仪、温度计、空心胶囊等。

2. 材料：黄连。

3. 试剂：盐酸、乙醇、乙醚、氢氧化钙、没食子酸、甲醇、氨水、硅胶 G、硫酸、氢氧化钠、氯化钠、活性炭、硝酸、锌粒、高锰酸钾、硝酸钠、氯仿、改良碘化铋钾、重铬酸钾、碘化钾、硫代硫酸钠、冰醋酸、乙酸乙酯、乙腈（色谱纯）、庚烷磺酸钠、磷酸、盐酸小檗碱对照品、小檗胺对照品、糊精、淀粉、乳糖、羧甲基纤维素钠、十二烷基硫酸钠、环己烷、异丙醇、三乙胺、丙酮、纯化水等。

四、实验步骤

（一）药材的鉴别

1．性状检识

【黄连】多聚集成簇，常弯曲，形如鸡爪。根表面灰黄色或黄褐色，粗糙，有不规则结节状隆起、须根及须根残基，有的节间表面平滑如茎秆，习称"过桥"。上部多残留褐色鳞叶，顶端常留有残余的茎或叶柄。质硬，断面不整齐，皮部橙红色或暗棕色，木部鲜黄色或橙黄色，呈放射状排列，髓部有的中空。气微，味极苦。

【雅连】多为单枝，略呈圆柱形，微弯曲。"过桥"较长。顶端有少许残茎。

【云连】弯曲呈钩状，多为单枝，较细小。

2．药材的定性鉴别

（1）颜色反应　取本品粗粉约 1 g，加乙醇 10 mL，加热至沸腾，放冷，滤过。取滤液 5滴，加稀盐酸 1 mL 与含氯石灰少量，即显樱红色；另取滤液 5 滴，加 5 ％没食子酸乙醇溶液 2～3 滴，蒸干，趁热加硫酸数滴，即显深绿色。

（2）薄层色谱　取本品粉末 0.25 g，加甲醇 25 mL，超声处理 15 min，滤过，取续滤液作为供试品溶液。另取黄连对照药材 0.25 g，同法制成对照药材溶液。再取盐酸小檗碱对照品，加甲醇制成 1 mL 含 0.5 mg 的溶液，作为对照品溶液。照薄层色谱法试验，吸取上述三种溶液各 1 μL，分别点于同一硅胶 G 薄层板上，以环己烷-乙酸乙酯-异丙醇-甲醇-水-三乙胺[3：3.5：1：1.5：0.5：1（体积比）]为展开剂，置于用浓氨试液预饱和 20 min 的层析缸内，展开，取出，晾干，置紫外光灯（365 nm）下检视。供试品色谱中，在与对照药材色谱相应的位置上，显 4 个以上相同颜色的荧光斑点；在与对照品色谱相应的位置上，显相同颜色的荧光斑点。

（二）有效成分的提取与精制

1．小檗碱与小檗胺的提取

本实验采用酸水法进行提取。取黄连粗粉 200 g，置 2000 mL 三角瓶内，加 0.2 ％（体积比）的 H_2SO_4 溶液 1200 mL，浸泡 24 h，纱布过滤，再用 1000 mL 酸水同法浸提 1 次，合并 2 次滤液。滤液在搅拌下加入石灰乳调 pH 至 10 以上，静置 30 min，抽滤，取滤液。向滤液中加入计算量[8 ％（质量体积比）]的 NaCl，静置，待沉淀完全后，滴加浓 HCl 至 pH=8.0～8.5，于 80 ℃热水中保温 30 min，静置，抽滤，取沉淀。所得沉淀于 60 ℃以下干燥，称重，计算得率。

2．小檗碱与小檗胺的精制

将上步所得沉淀置于 500 mL 烧杯中，加入约 30 倍量的纯化水，加热至沸，趁热抽滤，滤液内含小檗碱，而沉淀为小檗胺的粗品。

趁热向滤液中滴加浓盐酸，调 pH 至 2.0，静置，盐酸小檗碱沉淀析出，抽滤，60 ℃以上干燥，称重，计算得率。

将所得沉淀置于 100 mL 烧杯中，加 20 倍量乙醇加热溶解，加入 2 ％活性炭，再加热煮沸 5 min，趁热过滤，滤液蒸除乙醇，剩 1/4 量，冷却，滴加纯化水至不再析出沉淀为止，用 5 % NaOH 调 pH 至 8.0～8.5，80 ℃水浴加热 5 min 左右，放置，抽滤，干燥，再以 10 倍量乙醚溶解，过滤，回收乙醚，得白色小檗胺。

（三）有效成分的鉴识

1．小檗碱的鉴识

（1）取盐酸小檗碱约 0.1 g，加水 10 mL，缓缓加热溶解后加 5 % NaOH 溶液 4 滴，应显橙红色，放冷（必要时滤过），再加丙酮 8 滴，即发生浑浊，放置后生成黄色沉淀。

（2）取盐酸小檗碱约 5 mg，加稀盐酸 2 mL，搅拌，加漂白粉少量，即显樱红色。

（3）取盐酸小檗碱 2 mg，置白瓷皿中，加硫酸 1 mL 溶解后，加 5 %没食子酸的乙醇溶液 5 滴，置水浴上加热，即显翠绿色。

2．小檗胺的鉴识

（1）取小檗胺结晶少量，置白瓷板上，加 5 % HCl 溶液 2 滴使溶解，再加固体硝酸钠使之饱和，移入毛细管中观察现象。

（2）取 1～2 粒 KMnO₄ 置白瓷板上，加 5 % HCl 溶液数滴使溶解，再加少量小檗胺结晶，观察颜色变化。

3．小檗碱和小檗胺的薄层色谱鉴别

薄层板：硅胶 G 板，110 ℃，活化 30 min。

展开剂：氯仿-甲醇-氨水[15：4：0.5（体积比）]。

样品：盐酸小檗碱乙醇液、盐酸小檗碱标准品液、小檗胺乙醇液、小檗胺标准品液。

显色剂：碘蒸气或改良碘化铋钾。

（四）有效成分的含量测定

1．滴定法

取本品约 0.3 g，精密称定，置烧杯中，加沸水 150 mL 使溶解，放冷，移置 250 mL 量瓶中，精密加重铬酸钾滴定液（0.01667 mol·L⁻¹）50 mL，加水稀释至刻度，振摇 5 min，用干燥滤纸滤过，精密量取续滤液 100 mL，置 250 mL 具塞锥形瓶中，加碘化钾 2 g，振摇使溶解，加盐酸溶液（1→2）10 mL，密塞，摇匀，在暗处放置 10 min，用硫代硫酸钠滴定液（0.1 mol·L⁻¹）滴定，至近终点时，加淀粉指示液 2 mL，继续滴定至蓝色消失，溶液显亮绿色，并将滴定的结果用空白试验校正。1 mL 重铬酸钾滴定液（0.01667 mol·L⁻¹）相当于 12.39 mg 的 $C_{20}H_{18}ClNO_4$。

2．高效液相色谱法

色谱条件与系统适用性试验：用十八烷基硅烷键合硅胶为填充剂，以乙腈-0.05 mol·L⁻¹ 磷酸二氢钾溶液 [50：50（体积比）]（每 100 mL 中加十二烷基硫酸钠 0.4 g，再以磷酸调节 pH 值为 4.0）为流动相；检测波长为 345 nm。理论塔板数按盐酸小檗碱峰计算应不低于 5000。

对照品溶液的制备：取盐酸小檗碱对照品适量，精密称定，加甲醇制成 1 mL 含 100 μg 的溶液，即得。

供试品溶液的制备：取本品的药材粉末（过 2 号筛）约 0.2 g，精密称定，置具塞锥形瓶

中，精密加入甲醇-盐酸 [100∶1（体积比）] 的混合溶液 50 mL，密塞，称定重量，超声处理（功率 250 W，频率 40 kHz）30 min，放冷，再称定重量，用甲醇补足减失的重量，摇匀，滤过，精密量取续滤液 2 mL，置 10 mL 量瓶中，加甲醇至刻度，摇匀，滤过，取续滤液，即得。

测定法：分别精密吸取对照品溶液与供试品溶液各 10 μL，注入高效液相色谱仪，测定，以盐酸小檗碱对照品的峰面积为对照，外标法计算含量。

（五）硬胶囊剂的制备

1. 处方

盐酸小檗碱粉（细粉）20.0 g、糊精 10.0 g、淀粉 20.0 g、乳糖 40.0 g、羧甲基纤维素钠 10.1 g，40%乙醇湿法制粒。

2. 制备

【方法 1】取盐酸小檗碱细粉，研磨混匀，过 7 号筛。取硬胶囊壳手工填充。先将盐酸小檗碱粉末置于纸或玻璃板上，厚度约为下节胶囊高度的 1/4～1/3，然后手持下节胶囊，口向下插入粉末，使粉末嵌入胶囊内，如此压装数次至胶囊被填满，使达到规定重量，将上节胶囊套上。在填装过程中所施压力应均匀，并应随时称重，使每一胶囊装量准确。

【方法 2】取盐酸小檗碱细粉，研磨混匀，过 7 号筛。按处方加乳糖、淀粉、糊精、羧甲基纤维素钠并混匀，用 40%乙醇制软材，20 目筛制湿颗粒，于 60～70 ℃烘干，干颗粒用 20 目筛整粒。采用有机玻璃制成的胶囊板填充。板分上、下两层，上层有数百孔洞。先将囊帽、囊身分开，囊身插入胶囊板孔洞中，调节上下层距离，使胶囊口与板面相平。将颗粒置于板面，轻轻振动胶囊板，使颗粒填充均匀。填满每个胶囊后，将板面多余颗粒扫除，顶起囊身，套合囊帽，取出胶囊。

（六）硬胶囊剂的质量评价

本实验检查硬胶囊剂的外观和装量差异，并进行药物的含量测定。

【外观】胶囊外观应整洁，不得有黏结、变形或破裂现象，并应无异臭。硬胶囊剂的内容物应干燥、松紧适度、混合均匀。

【装量差异】取供试品 20 粒，分别精密称定重量后，倾出内容物（不得损失囊壳）；用小刷或其他适宜的用具拭净胶囊壳，再分别精密称定囊壳重量，求出每粒内容物的装量与平均装量。每粒的装量与平均装量相比较，超出装量差异限度的胶囊不得多于 2 粒，并不得有 1 粒超出限度 1 倍（2020 年版《中国药典》规定：硬胶囊剂的装量差异为 0.30 g 以下，±10%；0.30 g 或 0.30 g 以上，±7.5%）。

【含量测定】

方法 1：滴定法

取装量差异项下的内容物，混合均匀，精密称取适量（约相当于盐酸小檗碱 0.3 g），置烧杯中，后续操作同"（四）有效成分的含量测定"方法中的滴定法。1 mL 的重铬酸钾滴定液（0.016 67 mol/L）相当于 13.60 mg 的 $C_{20}H_{18}ClNO_4 \cdot 2H_2O$。

方法 2：高效液相色谱法

色谱条件与系统适用性试验：用十八烷基硅烷键合硅胶为填充剂，以磷酸盐缓冲液 {0.05 mol·L^{-1}磷酸二氢钾溶液和 0.05 mol·L^{-1}庚烷磺酸钠溶液[1∶1（体积比）]，含 0.2%三乙胺,并用磷酸调节 pH 至 3.0} -乙腈 [60:40(体积比)] 为流动相,检测波长为 263 nm,进样量 20 μL。理论板数按盐酸小檗碱峰计算不低于 3000,盐酸小檗碱峰与相邻杂质峰之间的分离度应符合要求。

测定法:取装量差异项下的内容物,混合均匀,精密称取适量(约相当于盐酸小檗碱 40 mg),置 100 mL 量瓶中,加沸水适量,使盐酸小檗碱溶解,放冷至室温,用水稀释至刻度,摇匀,用滤膜(0.45 μm)过滤,弃去初滤液 8 mL,精密量取续滤液 5 mL,置 50 mL 量瓶中,加水稀释至刻度,摇匀,精密量取 20 μL,注入液相色谱仪,记录色谱图;另取盐酸小檗碱对照品适量,精密称定,用沸水溶解并定量稀释制成 1 mL 约含 40 μg 的溶液,同法测定。按外标法以峰面积计算含量。

(七)硬胶囊剂的包装与贮存

密封,置干燥处保存。

五、实验结果与分析

实验结果记录于表 6-2 中。

表 6-2　小檗碱的提取、分离及硬胶囊剂的制备与质量评价

项目		现象或结果描述与分析			
鉴别	性状色泽				
	薄层色谱				
	颜色反应				
提取		提取方法		药材质量	
		粗提物质量		粗提物得率	
		精制方法		粗提物取用量	
		精制品质量		精制品得率	
制剂		制备方法			
		处方组成			
含量测定	测定方法				
	含量	原药材		粗提物	
		精制品		制剂	
质量评价	外观				
	装量差异	每粒重量			
		20 粒总重量		囊壳重量	
		平均装量		装量差异	
		装量差异限度		超限胶囊数量	
		超限 1 倍胶囊数量		结论	

六、注意事项

1. 采用试装的方法掌握装量差异程度，使接近《中国药典》规定的范围。

2. 胶囊填充过程中必须保持清洁，玻璃板、药匙、指套等用前须用酒精消毒。

3. 在囊口蘸少许 40% 的乙醇再套上封口，以使上下节封严粘密。

4. 用硫酸浸泡时，硫酸的浓度以 0.2% 为宜，此时生成的硫酸小檗碱在水中溶解度较大，若硫酸加入过量，小檗碱就形成酸式硫酸盐，水中的溶解度降低（1:100），影响小檗碱的提取量。

5. 冷浸 24 h 可浸出 92% 的成分，所以，浸出 2 次即可。冷浸时间过长、次数过多，则浸出的杂质量增加。

6. 在 pH=8.0～8.5 时，小檗胺沉淀较完全，但不易凝聚，80 ℃保温可加速小檗胺的凝聚沉降。

7. 小檗碱精制时调 pH 至 2.0，是为了使小檗胺等叔胺型生物碱留在溶液中除去，以便得到较纯的小檗碱，操作时若溶液已冷却析出结晶，则应加热成澄明溶液再用盐酸调 pH 至 2.0。

七、思考题

1. 影响硬胶囊填充量的因素有哪些？

2. 查阅 2020 年版《中国药典》，硬胶囊剂的质量检查项目应包括哪些内容？

3. 影响硬胶囊崩解的因素有哪些？

4. 请绘制从黄连中提取分离小檗碱和小檗胺的工艺流程框图并在其上标注操作要点和注意事项。

实验三　玉屏风口服液的制备与质量检查

一、实验目的

1. 熟悉合剂制备过程的基本操作。

2. 掌握防风挥发油的提取方法。

3. 熟悉合剂质量检测的内容及方法。

二、实验原理

合剂是指药材用水或其他溶剂，采用适宜的方法提取制成的口服液体制剂（单剂量灌装者也称"口服液"），可分为溶液型合剂、混悬型合剂、胶体型合剂、乳剂型合剂。

合剂应按药材各品种项下规定的方法提取、纯化、浓缩至一定体积。除另有规定外，含有挥发性成分的药材宜先提取挥发性成分，再与余药共同煎煮。合剂中可加入防腐剂等适宜的附加剂。

玉屏风口服液由黄芪、白术（炒）、防风三味中药组方制备而成，方中黄芪补肺益气，固表止汗，是为君药。白术补气健脾，与黄芪合用，可增强固表止汗之功，是为臣药；防风走肌表而散风邪，是为佐使药。诸药配合成方，固表不留邪，祛邪而不伤正。对肺脾气虚、肌表不固、自汗时出，以及气虚感冒，用之颇宜。

三、仪器材料与试剂

1. 仪器：挥发油提取器、圆底烧瓶、电热套、冷凝管、水浴锅、电磁炉、不锈钢锅、具塞锥形瓶、天平、试管、移液管、烧杯、漏斗、滤纸、移液管（移液器）、量瓶、量筒、研钵、口服液瓶、旋转蒸发仪、真空泵、灌装机、灭菌锅、高效液相色谱仪、超声波清洗器、三用紫外分析仪、薄层板等。

2. 材料：防风、黄芪、白术等。

3. 试剂：正丁醇、环己烷、甲醇、乙腈、氯仿、乙酸乙酯、升麻素苷对照品、5-*O*-甲基维斯阿米醇苷对照品、黄芪甲苷对照品、硅胶 G、石油醚（60～90 ℃）、乙醚、乙醇、丙酮、氨水、硫酸、盐酸、氢氧化钠、无水硫酸钠、香草醛、蔗糖、甜菊苷、对二甲氨基苯甲醛、纯化水等。

四、实验步骤

（一）药材的鉴别

1. 性状检识

【黄芪】本品为豆科植物蒙古黄芪[*Astragalus membranaceus* (Fisch.) Bge. var. *mongholicus* (Bge.) Hsiao]或膜荚黄芪[*A. membranaceus* (Fisch.) Bge.]的干燥根。表面淡棕黄色或淡棕褐色，有不整齐的纵皱纹或纵沟。质硬而韧，不易折断，断面纤维性强，并显粉性，皮部黄白色，木部淡黄色，有放射状纹理和裂隙，老根中心偶呈枯朽状，黑褐色或呈空洞。气微，味微甜，嚼之微有豆腥味。

【防风】本品为伞形科植物防风[*Saposhnikovia divaricata* (Turcz.) Schischk.]的干燥根。表面灰棕色或棕褐色，粗糙，有纵皱纹，多数横长皮孔样突起及点状的细根痕。根头部有明显密集的环纹，有的环纹上残存棕褐色毛状叶基。体轻，质松，易折断，断面不平坦，皮部棕黄色至棕色，有裂隙，木部黄色。气特异，味微甘。

【白术】本品为菊科植物白术（*Atractylodes macrocephala* Koidz.）的干燥根茎。表面灰黄色或灰棕色，有瘤状突起及断续的纵皱和沟纹，并有须根痕，顶端有残留茎基和芽痕。质坚硬不易折断，断面不平坦，黄白色至淡棕色，有棕黄色的点状油室散在；烘干者断面角质样，色较深或有裂隙。气清香，味甘、微辛，嚼之略带黏性。

2．药材的定性鉴别

【黄芪】（1）取本品粉末（过 4 号筛）约 1 g，精密称定，置具塞锥形瓶中，精密加入含 4 %浓氨试液的 80 %甲醇溶液（取浓氨试液 4 mL，加 80 %甲醇至 100 mL，摇匀）50 mL，密塞，称定重量，加热回流 1 h，放冷，再称定重量，用含 4 %浓氨试液的 80 %甲醇溶液补足减失的重量，摇匀，滤过，精密量取续滤液 25 mL，蒸干，残渣用 80 %甲醇溶解，转移至 5 mL 量瓶中，加 80 %甲醇至刻度，摇匀，滤过，取续滤液作为供试品溶液。另取黄芪甲苷对照品适量，精密称定，加 80 %甲醇制成 1 mL 含 0.5 mg 的溶液作为对照品溶液。照薄层色谱法试验，吸取供试品溶液及对照品溶液各 5～10 μL，分别点于同一硅胶 G 薄层板上，以氯仿-甲醇-水[13：7：2（体积比）]的下层溶液为展开剂，展开，取出，晾干，喷以 10 %硫酸乙醇溶液，在 105 ℃加热至斑点显色清晰，分别置日光和紫外光灯（365 nm）下检视。供试品色谱中，在与对照品色谱相应的位置上，日光下显相同的棕褐色斑点；紫外光（365 nm）下显相同的橙黄色荧光斑点。

（2）取本品粉末 2 g，加甲醇 30 mL，加热回流提取 20 min，滤过，滤液蒸干，残渣加 0.3 %氢氧化钠溶液使溶解，滤过，滤液用稀盐酸调节 pH 至 5～6，用乙酸乙酯 15 mL 振荡提取，分取乙酸乙酯液，用铺有适量无水硫酸钠的滤纸滤过，滤液蒸干。残渣加乙酸乙酯 1 mL 使溶解，作为供试品溶液。另取黄芪对照药材 2 g，同法制成对照药材溶液。照薄层色谱法试验，吸取上述两种溶液各 10 μL，分别点于同一硅胶 G 薄层板上，以氯仿-甲醇[10：1（体积比）]为展开剂，展开，取出，晾干，置氨蒸气中熏后，置紫外光灯（365 nm）下检视。供试品色谱中，在与对照药材色谱相应的位置上，显相同颜色的荧光主斑点。

【防风】取本品粉末 1 g，加丙酮 20 mL，超声处理 20 min，滤过，滤液蒸干，残渣加乙醇 1 mL 使溶解，作为供试品溶液。另取防风对照药材 1 g，同法制成对照药材溶液。再取升麻素苷、5-O-甲基维斯阿米醇苷对照品，加乙醇制成 1 mL 各含 1 mg 的混合溶液，作为对照品溶液。照薄层色谱法试验，吸取上述三种溶液各 10 μL，分别点于同一硅胶 GF$_{254}$ 薄层板上，以氯仿-甲醇[4：1（体积比）]为展开剂，展开，取出，晾干，置紫外光灯（254 nm）下检视。供试品色谱中，在与对照药材色谱和对照品色谱相应的位置上，显相同颜色的斑点。

【白术】（1）取本品粉末 2 g，置具塞锥形瓶中，加乙醚 20 mL，振摇 10 min，滤过。取滤液 10 mL 挥干，加 10 %香草醛硫酸溶液，显紫色；另取滤液 1 滴，点于滤纸上，挥干，喷洒 1 %香草醛硫酸溶液，显桃红色。

（2）取本品粉末 0.5 g，加正己烷 2 mL，超声处理 15 min，滤过，滤液作为供试品溶液。另取白术对照药材 0.5 g，同法制成对照药材溶液。照薄层色谱法试验，吸取上述新制备的两种溶液各 10 μL，分别点于同一硅胶 G 薄层板上，以石油醚（60～90 ℃）-乙酸乙酯[50：1（体积比）]为展开剂，展开，取出，晾干，喷以 5 %香草醛硫酸溶液，加热至斑点显色清晰。供试品色谱中，在与对照品色谱相应的位置上，显相同颜色的斑点，并应显有一桃红色主斑点（苍术酮）。

3．重金属及有害元素检查

【黄芪】照铅、镉、砷、汞、铜测定法（原子吸收分光光度法或电感耦合等离子体质谱法）测定，铅不得超过 5 mg·kg^{-1}；镉不得超过 1 mg·kg^{-1}；砷不得超过 2 mg·kg^{-1}；汞不得超过 0.2 mg·kg^{-1}；铜不得超过 20 mg·kg^{-1}。

（二）玉屏风口服液的制备

1．处方

黄芪 600 g、白术（炒）200 g、防风 200 g。

2．制备

（1）防风挥发油的提取　将防风酌予碎断，取 200 g 置于 2000 mL 圆底烧瓶中，加纯化水适量与玻璃珠数粒，连接挥发油提取器。自提取器上端加水使充满刻度部分，并溢流入烧瓶时为止。加入 2 mL 乙醚，然后连接回流冷凝管。加热蒸馏 5 h 后，停止加热，放置 15 min 以上，取出乙醚挥发油混合液，50 ℃下挥去乙醚，即为挥发油，称重，计算挥发油的含量。另器收集蒸馏后的水溶液、料渣，挥发油备用。

（2）玉屏风口服液的制备　将提取挥发油的防风药渣及其余黄芪、白术等二味加水煎煮 2 次，第一次 10 倍量水 1.5 h，第二次 8 倍量水 1 h，合并煎液，滤过，滤液浓缩至适量，加适量乙醇使浓度达 70 %，静置沉淀，取上清液减压回收乙醇，加水搅匀，静置，取上清液滤过，滤液浓缩。取蔗糖 400 g 制成糖浆（或取甜菊苷 8 g），与上述药液合并，再加入挥发油及蒸馏后的水溶液，调整总量至 1000 mL，搅匀，滤过，灌装，灭菌，即得。

（三）有效成分的鉴识

【黄芪甲苷的鉴识】取本品 10 mL，用水饱和的正丁醇振摇提取 3 次，每次 20 mL，合并正丁醇液，用氨试液洗涤 3 次，每次 20 mL，弃去氨液，正丁醇液蒸干，残渣加甲醇 1 mL 使溶解，作为供试品溶液。另取黄芪甲苷对照品，加甲醇制成 1 mL 含 1 mg 的溶液，作为对照品溶液。照薄层色谱法试验，吸取上述两种溶液各 2～4 μL，分别点于同一硅胶 G 薄层板上，以氯仿-甲醇-水[13∶7∶2（体积比）]10 ℃以下放置的下层溶液为展开剂，展开，取出，晾干，喷以 10 %硫酸乙醇溶液，在 105 ℃加热至斑点显色清晰。供试品色谱中，在与对照品色谱相应的位置上，显相同颜色的斑点；置紫外光灯（365 nm）下检视，显相同颜色的荧光斑点。

【白术的鉴识】取本品 20 mL，用石油醚（30～60 ℃）振摇提取 2 次，每次 25 mL，合并提取液，蒸干，残渣加甲醇 1 mL 使溶解，作为供试品溶液。另取白术对照药材 2 g，加水 50 mL，煎煮 30 min，放冷，滤过，滤液同法制成对照药材溶液。照薄层色谱法试验，吸取上述两种溶液各 5 μL，分别点于同一硅胶 G 薄层板上，以环己烷-乙酸乙酯[7∶3（体积比）]为展开剂，展开，取出，晾干，喷以 5 %对二甲氨基苯甲醛的 10 %硫酸乙醇溶液，在 105 ℃加热至斑点显色清晰。供试品色谱中，在与对照药材色谱相应的位置上，显相同颜色的斑点；置紫外光灯（365 nm）下检视，显相同颜色的荧光斑点。

【5-*O*-甲基维斯阿米醇苷的鉴识】取本品 1 mL，加甲醇至 10 mL，摇匀，离心，取上清液作为供试品溶液。另取 5-*O*-甲基维斯阿米醇苷对照品，加甲醇制成 1 mL 含 60 μg 的溶液，作为对照品溶液。照高效液相色谱法试验，用十八烷基硅烷键合硅胶为填充剂，以甲醇∶水[35∶65（体积比）]为流动相，检测波长为 254 nm。分别吸取对照品溶液和供试品溶液各 10 μL 注入液相色谱仪。供试品色谱中，应呈现与对照品色谱峰保留时间相同的色谱峰。

（四）有效成分的含量测定

依照高效液相色谱法测定。

色谱条件与系统适用性试验：以十八烷基硅烷键合硅胶为填充剂，以乙腈-水[35∶65（体积比）]为流动相，用蒸发光散射检测器检测。理论板数按黄芪甲苷峰计算应不低于3000。

对照品溶液的制备：取黄芪甲苷对照品适量，精密称定，加甲醇制成 1 mL 含 0.4 mg 的溶液，即得。

供试品溶液的制备：精密量取本品 20 mL，用水饱和的正丁醇振摇提取 5 次，每次 25 mL，合并正丁醇提取液，用氨试液洗涤 3 次，每次 20 mL，正丁醇提取液回收溶剂至干，残渣加甲醇溶解并转移至 10 mL 量瓶中，加甲醇至刻度，摇匀，离心，取上清液，即得。

测定法：分别精密吸取对照品溶液 5 μL、20 μL 及供试品溶液 10 μL，注入高效液相色谱仪，测定，用外标两点法对数方程计算，即得。

本品 1 mL 含黄芪以黄芪甲苷（$C_{41}H_{68}O_{14}$）计，不得少于 0.12 mg。

（五）口服液的质量检查

合剂应进行相对密度、pH 值、装量、微生物限度等检查。

【性状】本品为棕红色至棕褐色的液体，味甜，微苦、涩。

【相对密度】本品应不低于 1.16。

【pH 值】本品应为 4.0～5.5。

【装量】取单剂量灌装的合剂供试品 5 支，将内容物分别倒入经标化的量入式量筒内，在室温下检视，每支装量与标示装量相比较，少于标示装量的不得多于 1 支，并不得少于标示装量的 95 %。

【微生物限度】除另有规定外，照非无菌产品微生物限度检查：微生物计数法和控制菌检查法及非无菌药品微生物限度标准检查，应符合规定。

（六）包装与贮存

密封，置阴凉处保存。

五、注意事项

1. 采用挥发油提取器提取挥发油，可以初步了解该药材中挥发油的含量，但所用的药材量应使蒸出的挥发油量不少于 0.5 mL 为宜。

2. 用挥发油提取器提取挥发油，以提取器刻度管中的油量不再增加作为判断是否提取完全的标准。

3. 挥发油含量测定装置一般分为两种，一种适用于相对密度小于 1.0 的挥发油测定，另一种适用于相对密度大于 1.0 的挥发油测定。《中国药典》规定，测定相对密度大于 1.0 的挥发油，也可在相对密度小于 1.0 的提取器中进行，其做法是在加热前，预先加入 1 mL 二甲苯于提取器内，然后进行水蒸气蒸馏，使蒸出的相对密度大于 1.0 的挥发油溶于二甲苯中。由于二甲苯的相对密度为 0.8969，一般能使挥发油与二甲苯的混合溶液浮于水面。由测定器刻度部分读取油层的量时，扣除加入二甲苯的体积即为挥发油的量。

六、思考题

1. 合剂与其他液体制剂的区别是什么？
2. 挥发油的提取方法有哪几种？

实验四　复方丹参滴丸的制备与质量检查

一、实验目的

1. 掌握用水提醇沉法提取药材中水溶性成分的方法。
2. 学会用溶剂-熔融法制备复方丹参滴丸的方法。
3. 掌握滴丸的质量检查方法。

二、实验原理

　　滴丸剂是指原料药物与适宜的基质加热熔融混匀，滴入不相混溶、互不作用的冷凝介质中形成的球形或类球形制剂。由于药物在基质中成为高度分散的状态，可增加药物的溶解度和溶出速度，有利于提高药物的生物利用度，疗效迅速，同时能减少剂量而降低毒副作用，还可使液态药物固体化而便于应用。利用不同的基质，滴丸也可达到缓释或控释的目的。

　　滴丸常用基质有水溶性和非水溶性两类。水溶性基质有聚乙二醇、硬脂酸钠、甘油明胶等；非水溶性基质有硬脂酸、单硬脂酸甘油酯、虫蜡、蜂蜡、氢化植物油等。应根据相似者相溶的原则选择基质，即尽可能选用与主药极性相似的基质。常用的冷却剂有：水溶性基质可用液体石蜡、植物油、甲基硅油、煤油等，非水溶性基质可用水、不同浓度的乙醇等。

　　滴丸的制备常采用滴制法制备，将药物溶解、乳化或混悬于适宜的熔融基质中，保持恒定的温度（80～100 ℃），并通过一定大小口径的滴管，滴入另一种不相混溶的冷却剂中，此时含有药物的基质骤然冷却，凝固形成丸粒。

　　复方丹参滴丸由丹参、三七、冰片三味药组方而成，丹参可以活血化瘀、宁心止痛，而三七具有止血散瘀、消肿定痛的功效。两药合用，活血化瘀、理气止痛。冰片除了有镇痛的功效，还可增强丹参、三七改善心脏冠脉血流，缓解心绞痛的作用。该药具有扩张血管、抗氧化、降血脂、改善微循环、抑制血小板聚集等作用。

三、仪器材料与试剂

　　1. 仪器：电磁炉、不锈钢锅、布氏漏斗、烧杯、离心机、旋转蒸发仪、超声波清洗器、研钵、滴丸机、薄层板、层析缸、天平、高效液相色谱仪、三用紫外分析仪、崩解仪、毛细管、烘箱、玻璃柱等。

2．材料：丹参、三七、冰片。

3．试剂：聚乙二醇、液体石蜡、硅胶 G、正己烷、乙酸乙酯、香草醛、氨水、D101 型大孔吸附树脂、正丁醇、硫酸、甲醇、乙醇、氯仿、甲苯、丙酮、甲酸、冰醋酸、硅胶 G、参酮 II$_A$ 对照品、丹酚酸 B 对照品、三七皂苷 R$_1$ 对照品、人参皂苷 Re 对照品、人参皂苷 Rb$_1$ 对照品、人参皂苷 Rg$_1$ 对照品、丹参素钠对照品、右旋龙脑对照品、三七对照药材等。

四、实验步骤

（一）药材的鉴别与检查

1．性状检识

【丹参】本品为唇形科植物丹参（*Salvia miltiorrhiza* Bge.）的干燥根及根茎。根茎表面棕红色或暗棕红色，粗糙，具纵皱纹。老根外皮疏松，多显紫棕色，常呈鳞片状剥落。质硬而脆，断面疏松，有裂隙或略平整而致密，皮部棕红色，木部灰黄色或紫褐色，导管束黄白色，呈放射状排列。气微，味微苦涩。

【三七】本品为五加科植物三七[*Panax notoginseng* (Burk.) F. H. Chen]的干燥根及根茎。根表面灰褐色或灰黄色，有断续的纵皱纹及支根痕。顶端有茎痕，周围有瘤状突起。体重，质坚实，断面灰绿色、黄绿色或灰白色，木部微呈放射状排列。气微，味苦回甜。

【冰片】本品为樟科植物樟[*Cinnamomum camphora* (L.) Presl]的新鲜枝、叶经提取加工制成，为白色结晶性粉末或片状结晶。气清香，味辛、凉。具挥发性，点燃时有浓烟，火焰呈黄色。

2．定性鉴别

【丹参】取本品粉末 1 g，加乙醇 5 mL，超声处理 15 min，离心，取上清液作为供试品溶液。另取丹参对照药材 1 g，同法制成对照药材溶液。再取丹参酮 II$_A$ 对照品、丹酚酸 B 对照品，加乙醇制成 1 mL 含 0.5 mg 和 1.5 mg 的混合溶液，作为对照品溶液。照薄层色谱法试验，吸取上述三种溶液各 5 μL，分别点于同一硅胶 G 薄层板上，使成条状，以氯仿-甲苯-乙酸乙酯-甲醇-甲酸[6：4：8：1：4（体积比）]为展开剂，展开，展至约 4 cm，取出，晾干。再以石油醚（60～90 ℃）-乙酸乙酯[4：1（体积比）]为展开剂，展开，展至约 8 cm，取出，晾干，分别置日光及紫外光灯（365 nm）下检视。供试品色谱中，在与对照药材色谱和对照品色谱相应的位置上，显相同颜色的斑点或荧光斑点。

【三七】取本品粉末 0.5 g，加水 5 滴，搅匀，再加以水饱和的正丁醇 5 mL，密塞，振摇 10 min，放置 2 h，离心，取上清液，加 3 倍量以正丁醇饱和的水，摇匀，放置使分层（必要时离心），取正丁醇层，蒸干，残渣加甲醇 1 mL 使溶解，作为供试品溶液。另取人参皂苷 Rb$_1$ 对照品、人参皂苷 Re 对照品、人参皂苷 Rg$_1$ 对照品及三七皂苷 R$_1$ 对照品，加甲醇制成 1 mL 各含 0.5 mg 的混合溶液，作为对照品溶液。照薄层色谱法试验，吸取上述两种溶液各 1 μL，分别点于同一硅胶 G 薄层板上，以氯仿-乙酸乙酯-甲醇-水[15：40：22：10（体积比）]10 ℃以下放置的下层溶液为展开剂，展开，取出，晾干，喷以硫酸溶液（1→10），于 105 ℃加热至斑点显色清晰。供试品色谱中，在与对照品色谱相应的位置上，显相同颜色的斑点；置紫外光灯（365 nm）下检视，显相同的荧光斑点。

【冰片】取本品 2 mg，加氯仿 1 mL 使溶解，作为供试品溶液。另取右旋龙脑对照品适量，加氯仿制成 1 mL 含 2 mg 的溶液，作为对照品溶液。照薄层色谱法试验，吸取上述两种溶液各 2 μL，分别点于同一硅胶 G 薄层板上，以正己烷-乙酸乙酯[17∶3（体积比)]为展开剂，展开，取出，晾干，喷以 1 %香草醛硫酸溶液，在 105 ℃加热至斑点显色清晰。供试品色谱中，在与对照品色谱相应的位置上，显相同颜色的斑点。

3．重金属及有害元素检查

【丹参】照铅、镉、砷、汞、铜测定法（原子吸收分光光度法或电感耦合等离子体质谱法）测定，铅不得超过 5 mg·kg^{-1}；镉不得超过 1 mg·kg^{-1}；砷不得超过 2 mg·kg^{-1}；汞不得超过 0.2 mg·kg^{-1}；铜不得超过 20 mg·kg^{-1}。

【三七】照铅、镉、砷、汞、铜测定法（原子吸收分光光度法或电感耦合等离子体质谱法）测定，铅不得超过 5 mg·kg^{-1}；镉不得超过 1 mg·kg^{-1}；砷不得超过 2 mg·kg^{-1}；汞不得超过 0.2 mg·kg^{-1}；铜不得超过 20 mg·kg^{-1}。

（二）复方丹参滴丸的制备

1．处方

丹参 90 g、三七 17.6 g、冰片 1 g。

2．制备

（1）有效成分的提取：丹参、三七加水煎煮 3 次，每次 1000 mL，煎液趁热过滤，合并滤液，浓缩至 300 mL 左右，加入乙醇 300 mL，静置使沉淀，离心，取上清液，回收乙醇，减压浓缩成稠膏，备用。

（2）滴丸剂的制备：冰片研细；再取聚乙二醇适量，并加热使熔融，将上述稠膏和冰片细粉加入其中，混匀，用滴丸机滴入到冷却的液体石蜡中，制成滴丸，即得。

（三）有效成分的鉴识

【冰片的鉴识】取本品 40 丸，压破，加无水乙醇 10 mL 超声处理 10 min，滤过，滤液作为供试品溶液。另取冰片对照品，加无水乙醇制成 1 mL 含 1 mg 的溶液，作为对照品溶液。照薄层色谱法试验，吸取上述两种溶液各 5～10 μL，分别点于同一硅胶 G 薄层板上，以环己烷-乙酸乙酯[17∶3（体积比)]为展开剂，展开，取出，晾干，喷以 1 %香草醛硫酸溶液，在 105 ℃加热至斑点显色清晰。供试品色谱中，在与对照品色谱相应的位置上，显相同颜色的斑点。

【三七皂苷的鉴识】取本品 20 丸，置离心管中，加入稀氨溶液（取浓氨试液 8 mL，加水使成 100 mL，混匀）9 mL，超声处理使溶解，离心，取上清液，通过 D101 型大孔吸附树脂柱（内径约 0.7 cm，柱高约 5 cm）。用纯化水 15 mL 洗脱，弃去水洗脱液，再用甲醇洗脱，弃去初洗脱液约 0.4 mL，收集续洗脱液约 5 mL，浓缩至约 2 mL，作为供试品溶液。另取三七对照药材 0.5 g，同法（超声处理时间为 15 min）制成对照药材溶液。再取三七皂苷 R_1 对照品、人参皂苷 Rb_1 对照品、人参皂苷 Rg_1 对照品及人参皂苷 Re 对照品，加甲醇制成 1 mL 含三七皂苷 R_1 1 mg，人参皂苷 Rb_1、人参皂苷 Rg_1 及人参皂苷 Re 各 0.5 mg 的混合溶液，作为对照品溶液。照薄层色谱法试验，吸取供试品溶液各 4～10 μL、对照药材溶液和对照品溶液各 2～4 μL，分别点于同一硅胶 G 薄层板上，以氯仿-甲醇-水[13：7：2（体积比）]10 ℃以下放置的下层溶液为展开剂，展开，展距 12 cm 以上，取出，晾干，喷以 10 %硫酸乙醇溶液，于 105 ℃加热至斑点显色清晰，分别置日光和紫外光灯（365 nm）下检视。供试品色谱中，在与对照药材色谱和对照品色谱相应的位置上，日光下显相同颜色的斑点；紫外光灯下显相同的荧光斑点。

【丹参素的鉴识】取本品 15 丸，置离心管中，加水 1 mL 和稀盐酸 2 滴，振摇使溶解，加入乙酸乙酯 3 mL，振摇 1 min 后离心 2 min，取上清液作为供试品溶液。另取丹参素钠对照品，加 75 %甲醇制成 1 mL 含 1 mg 的溶液，作为对照品溶液。照薄层色谱法试验，吸取供试品溶液 10 μL、对照品溶液 2 μL，分别点于同一硅胶 G 薄层板上，以氯仿-丙酮-甲酸[25：10：4（体积比）]为展开剂，展开，取出，晾干，置氨蒸气中熏 15 min 后，显淡黄色斑点，放置 30 min 后置紫外光灯（365 nm）下检视。供试品色谱中，在与对照品色谱相应的位置上，显相同颜色的荧光斑点。

（四）有效成分的含量测定

采用高效液相色谱法测定。

色谱条件与系统适用性试验：以十八烷基硅烷键合硅胶为填充剂；以甲醇-水-冰醋酸[8：91：1（体积比）]为流动相，检测波长为 281 nm。理论板数按丹参素峰计算应不低于 2000。

对照品溶液的制备：取丹参素钠对照品适量，精密称定，加 75 %甲醇制成 1 mL 含 0.16 mg 的溶液（相当于 1 mL 含丹参素 0.144 mg），即得。

供试品溶液的制备：取本品 10 丸，精密称定，置 25 mL 量瓶中，加 75 %甲醇至约 15 mL，超声处理（功率 120 W，频率 40 kHz，水浴温度 25 ℃）15 min，使溶解，放冷，加甲醇至刻度，摇匀，离心（2000 r·min⁻¹）5 min，取上清液，即得。

测定法：分别精密吸取对照品溶液与供试品溶液各 5 μL，注入液相色谱仪，测定，即得。

本品每丸含丹参以丹参素（$C_9H_{10}O_5$）计，不得少于 0.10 mg。

（五）滴丸剂的质量检查

本试验检查性状、重量差异、崩解时限等。

【性状】本品为棕色的滴丸，气香，味微苦。

【重量差异】取供试品 20 丸，精密称定总重量，求得平均丸重后，再分别精密称定每丸的重量。每丸重量与平均丸重相比较，超出重量差异限度的不得多于 2 丸，并不得有 1 丸超出限度 1 倍（2020 年版《中国药典》规定，重量差异限度平均丸重 0.03 g 及 0.03 g 以下为 ± 15 %、0.03 g 以上至 0.1 g 为 ± 12 %、0.1 g 以上至 0.3 g 为 ± 10 %、0.3 g 以上为 ± 7.5 %）。

【崩解时限】采用升降式崩解仪，不锈钢丝网的筛孔内径为 0.425 mm，将吊篮通过上端的不锈钢轴悬挂于金属支架上，浸入 1000 mL 烧杯中，并调节吊篮位置使其下降时筛网距烧杯底部 25 mm，烧杯内盛有温度为（37 ± 1）℃的水，调节水位高度使吊篮上升时筛网在水面下 25 mm 处，取滴丸 6 粒，分别置于吊篮的玻璃管中加挡板，启动崩解仪进行检查，应在 30 min 内全部溶散，如有 1 粒不能完全溶散，应另取 6 粒复试，均应符合规定。

（六）包装与贮存

密封，置干燥处保存。

五、注意事项

1. 根据丸重及大小的要求选择适当内外径的滴头，注意调整滴距、滴速，以保证滴丸丸形的圆整度。制备时，应控制好贮液器内药料的温度及冷却剂的温度，以避免造成丸重差异。

2. 若因环境温度高，滴丸变软、发黏时，可采用 PEG 6000 与 PEG 12000 的混合基质。

六、思考题

1. 用滴制法制备滴丸的关键何在？
2. 如何选择滴丸的基质与冷却剂？

实验五　川芎提取物的制备工艺与质量控制

一、实验目的

1. 掌握提取物质量标准与药材质量标准的关系。
2. 掌握提取物纯化工艺的研究设计方法。
3. 理解超临界 CO_2 萃取原理与工艺研究设计方法。

二、实验原理

川芎为伞形科植物川芎 (*Ligusticum chuanxiong* Hort.) 的干燥根茎。味辛、微苦、性温，有活血化瘀、理气止痛、降压、扩张血管、抗血栓、镇静及解痉等作用，常用于头痛、肋痛、胀痛、风湿痹痛及心脑血管等疾病的治疗。目前市场上的川芎提取物主要有川芎总酚酸提取物和川芎油，工业生产川芎总酚酸提取多采用乙醇回流提取，经大孔树脂纯化处理得到。川芎油的生产多采用超临界 CO_2 萃取。现代药理研究表明，川芎中酚酸类成分可抑制血小板聚集，降低血小板表面活性，提高红细胞和血小板表面电荷，降低血液黏度，改善血液流动性，抑制体外血栓形成。阿魏酸是川芎中酚酸类成分之一。总酚酸提取物的制备以阿魏酸含量为指标，评价提取、纯化工艺对川芎中酚酸类成分的富集、纯化效果，并对提取物成品进行定性、定量质量控制。

大孔吸附树脂是一类有机高聚物吸附剂，具有吸附快、解吸快、吸附容量大、易于再生等特点，已广泛应用于天然药物有效成分的纯化和富集。大孔吸附树脂纯化中药有效成分的影响因素可从提取液、树脂类型及性质、洗脱过程三方面考虑，对其纯化效果可以通过吸附量、解吸率、吸附动力学试验等指标进行综合评价。

超临界 CO_2 萃取技术具有"绿色分离技术"之称，其基本原理是利用 CO_2 在超临界状态下对溶质有很高的溶解能力而在非超临界状态下对溶质的溶解能力又很低的这一特性来实现对目标成分的提取和分离（工作流程见图 6-1）。在提取阶段，将 CO_2 的温度、压力调节到超过临界点的状态，原料中的溶质迅速地溶解于超临界 CO_2 流体中；而在分离阶段，溶解有溶质的超临界 CO_2 流体被节流阀减压后，在加热器中升高温度使其变为 CO_2 气体，溶质的溶解度显著降低使溶质处于不溶或微溶状态，当溶质和 CO_2 气体一同进入分离器后，溶质就与 CO_2 气体分离而沉降于分离器底部。循环流动着的、基本上不含溶质的 CO_2 气体再次循环进入冷凝器中冷凝液化，然后经高压泵压缩升压（使其压力超过临界压力），在流经加热器时被加热（使其温度超过临界温度）而重新达到具有良好溶解性能的超临界状态，该流体进入提取器后再次进行提取。影响超临界 CO_2 萃取效果的因素主要有：①萃取条件，包括压力、温度、时间、溶剂及流量等；②原料的性质，如颗粒大小、水分含量、细胞破裂及组分的极性等。

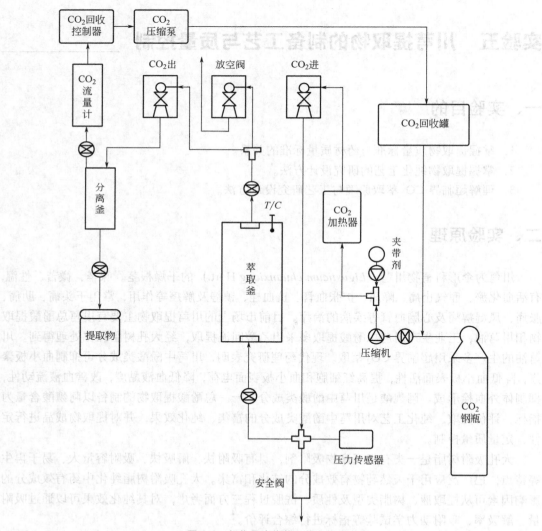

图 6-1　超临界流体萃取的工作流程

目前，工业生产川芎油多采用超临界CO_2萃取方法制得。现代药理研究表明，川芎油具有活血化瘀、解热镇痛等功效。藁本内酯为川芎油的主要成分之一。川芎油的提取以提取率和藁本内酯含量为指标综合评价，比较研究超临界CO_2萃取法与传统水蒸气蒸馏法的优劣，筛选、优化适合川芎油的提取方法，并对川芎油成品进行质量控制。

三、仪器材料与试剂

1. 仪器：高效液相色谱仪（配置有紫外检测器）、超临界CO_2萃取仪、气相色谱-质谱联用仪、三用紫外分析仪、电子分析天平、循环水式多用真空泵、恒温水浴锅、恒温水浴振荡器、真空干燥箱、色谱柱、硅胶G_{254}薄层板等。

2. 材料：川芎。

3. 试剂：石油醚（30~60 ℃）、3,5-二硝基苯甲酸、氢氧化钾、乙醚、乙酸乙酯、欧当归内酯 A 对照、正己烷、AB-8 大孔吸附树脂、阿魏酸对照品、藁本内酯对照品、甲醇（色谱纯）、乙醇、环己烷、氯仿、冰醋酸、三氯化铁、铁氰化钾、超纯水等。

四、实验步骤

（一）川芎药材的质量检验

1. 鉴别

（1）理化鉴别　取本品粉末 1 g，加石油醚（30~60 ℃）5 mL，放置 10 h，时时振摇，静置，取上清液 1 mL，挥干后，残渣加甲醇 1 mL 使溶解，再加 2 % 3,5-二硝基苯甲酸的甲醇溶液 2~3 滴与甲醇饱和的氢氧化钾溶液 2 滴，显红紫色。

（2）薄层色谱鉴别　取本品粉末 1 g，加乙醚 20 mL，加热回流 1 h，滤过，滤液挥干，残渣加乙酸乙酯 2 mL 使溶解，作为供试品溶液。另取川芎对照药材 1 g，同法制成对照药材溶液。再取欧当归内酯 A 对照品，加乙酸乙酯制成 1 mL 含 0.1 mg 的溶液（置棕色量瓶中），作为对照品溶液。照薄层色谱法试验，吸取上述三种溶液各 10 µL，分别点于同一硅胶 G_{254} 薄层板上，以正己烷-乙酸乙酯[3∶1（体积比）]为展开剂，展开，取出，晾干，置紫外光灯（254 nm）下检视。供试品色谱中，在与对照药材色谱和对照品色谱相应的位置上，显相同颜色的斑点。

2. 阿魏酸的含量测定

色谱条件：以十八烷基硅烷键合硅胶为填充剂；以甲醇-1 %乙酸溶液[30∶70（体积比）]为流动相；检测波长为 321 nm；流速 0.8 mL·min^{-1}；柱温 30 ℃；理论板数按阿魏酸峰计算应不低于 4000。

对照品溶液的制备：取阿魏酸对照品适量，精密称定，置棕色量瓶中，加 70 %甲醇制成 1 mL 含 20 µg 的溶液，即得。

供试品溶液的制备：取本品粉末（过四号筛）约 0.5 g，精密称定，置具塞锥形瓶中，精密加入 70 %甲醇 50 mL，密塞，称定重量，加热回流 30 min，放冷，再称定重量，用 70 %

甲醇补足减失的重量，摇匀，静置，取上清液，滤过，取续滤液，即得。

测定法：分别精密吸取对照品溶液与供试品溶液各 10 µL，注入液相色谱仪，测定，即得。

本品按干燥品计算，含阿魏酸（$C_{10}H_{10}O_4$）不得少于 0.10 %。

（二）川芎总酚酸提取物的制备与质量评价

1. 提取

取川芎粗粉 100 g，加入 8 倍量 70 %乙醇浸泡 30 min，水浴回流提取 2 h，滤过，药渣加入 8 倍量 70 %乙醇同法提取 1 次，过滤，合并提取液，减压回收至无醇味，备用。

2. 纯化

（1）树脂的预处理与装柱　取 AB-8 大孔吸附树脂用乙醇浸泡 24 h，乙醇湿法装柱，乙醇洗脱，检测流出的乙醇液，至乙醇液与超纯水混合[1∶5（体积比）]不呈白色浑浊，再以超纯水洗至无醇味。

（2）AB-8 大孔吸附树脂纯化川芎总酚酸　将川芎提取药液以超纯水稀释至每毫升药液相当于药材 0.2 g 的上柱液，通过 AB-8 大孔吸附树脂柱（内径 2.5 cm，长 20 cm），以超纯水600 mL 洗脱，弃去水液，再以 40 %乙醇 400 mL 洗脱，收集洗脱液，回收溶剂，水浴蒸干，备用。

3. 干燥

由于川芎酚酸类成分对高热不稳定，传统的干燥工艺可使阿魏酸被破坏，故对经大孔吸附树脂纯化、回收溶剂的浓缩液采用 45 ℃真空干燥的方法，制备川芎酚酸类提取物浸膏；对干燥后浸膏粉碎，即得川芎总酚酸提取物。

4. 川芎总酚酸提取物的质量控制

（1）性状　本品为棕色粉末，气香，味辛、苦，微有麻舌感，微回甜。

（2）鉴别　取本品 20 mg，加稀盐酸 10 mL 溶解，滤过，滤液用乙醚提取 2 次，每次 25 mL，合并乙醚液，蒸干，残渣加无水乙醇 1 mL 溶解，作为供试品溶液。取阿魏酸对照品，加无水乙醇制成 1 mL 含 1 mg 的溶液，作为对照品溶液。吸取上述两种溶液各 5 µL，分别点于同一硅胶 G 板上，以环己烷-氯仿-冰醋酸[8∶8∶1（体积比）]为展开剂，展开，取出，晾干，喷以 1 %三氯化铁-1 %铁氰化钾[1∶1（体积比）]的混合溶液。供试品色谱中，在与对照品色谱相应的位置上，显相同颜色的斑点。

（3）阿魏酸的含量测定

① 色谱条件：以十八烷基硅烷键合硅胶为填充剂；以甲醇-1 %乙酸溶液[30∶70（体积比）]为流动相；检测波长为 321 nm；流速 0.8 mL·min⁻¹；柱温 30 ℃。

② 对照品溶液的制备：取阿魏酸对照品适量，精密称定，置棕色量瓶中，加 70 %甲醇制成 1 mL 含 20 µg 的溶液，即得。

③ 供试品溶液的制备：取本品粉末约 50 mg，精密称定，置 25 mL 量瓶中，加 70 %甲醇溶解并稀释至刻度，摇匀，过滤，取续滤液，即得。

④ 测定法：分别精密吸取对照品溶液与供试品溶液各 10 µL，注入液相色谱仪，测定，即得。

本品按干燥品计算，含阿魏酸（$C_{10}H_{10}O_4$）不得少于 4.0 %。

（三）川芎油的制备与质量评价

1．川芎油的提取

（1）超临界 CO_2 萃取法　取川芎粗粉（20～40 目，含水量<6 %）200 g，置于 1 L 萃取釜中，设定萃取条件为：萃取温度 40 ℃，萃取压力 25 MPa，解析温度 40 ℃，解析压力 6～8 MPa，CO_2 流量 20 L·h^{-1}，萃取 2 h，收集川芎油。

（2）水蒸气蒸馏法　取川芎药材粗粉 200 g，置 2000 mL 烧瓶中，加 6 倍量超纯水浸润，按照 2020 年版《中国药典》四部挥发油测定法提取，收集挥发油。

2．不同提取方法制得的川芎油成分比较

（1）供试品溶液的制备　取上述两种方法提取制得的川芎油各 0.2 mL，分别以乙酸乙酯稀释至 5 mL，作为供试品溶液。

（2）GC-MS 成分分析

① GC 条件：DB-1 弹性石英毛细管色谱柱（0.25 mm×30 m，0.25 μm）；载气：氦气；流速：1 mL·min^{-1}；汽化室温度 250 ℃；进样量 1.0 μL；分流比 50∶1；程序升温：初始温度 60 ℃，保持 3 min，以 15 ℃·min^{-1} 的升温速度升至 100 ℃，保持 3 min，然后以 5 ℃·min^{-1} 的升温速度升至 260 ℃，保持 10 min。

② MS 条件：离子源为 EI 源，电子能量 70 eV，GC-MS 接口温度 220 ℃，离子源温度 250 ℃，扫描范围 50～650 m/z。

③ 测定方法：吸取上述两种供试品溶液各 1.0 μL 进样，得挥发油总离子流图，用峰面积归一化法计算出各成分的相对含量。

3．川芎油的质量控制

（1）性状　本品为浅棕色油状液体，具有浓郁的川芎香气。

溶解性：本品在氯仿、乙酸乙酯或乙醚中易溶。

相对密度：0.9380～0.9682。

折射率：1.480～1.512。

（2）藁本内酯的含量测定

① 色谱条件：以十八烷基硅烷键合硅胶为填充剂；甲醇-水[60∶40（体积比）]为流动相；检测波长为 320 nm；流速 1.0 mL·min^{-1}；柱温 30 ℃。

② 对照品溶液的制备：精密称取藁本内酯对照品适量，加甲醇制成 1 mL 含 0.30 mg 的溶液，即得。

③ 供试品溶液的制备：取本品约 50 mg，置 25 mL 量瓶中，用甲醇溶解并稀释至刻度，摇匀，过滤，取续滤液，即得。

④ 测定法：分别精密吸取对照品溶液与供试品溶液各 10 μL，注入液相色谱仪，测定，即得。

五、注意事项

1．川芎中酚酸类成分在持续高热条件下不稳定，故在提取过程中温度不宜过高，提取溶剂微沸即可，以保证提取物中有效成分的含量。

2．在大孔吸附树脂纯化总酚酸过程中，上样和水洗除杂阶段阿魏酸随之有少量流失，故应控制好流速和水洗脱量。

3．药材性质对超临界 CO_2 提取影响较大，在考察提取条件时不应忽略对原料粒度和水分等的控制。

4．水蒸气蒸馏提取川芎挥发油过程中，川芎挥发油与水混溶，可在提取器中加少量乙酸乙酯便于收集。

六、思考题

1．常用中药有效成分的提取方法有哪些？各有何优缺点？
2．大孔吸附树脂纯化中药有效成分的主要评价指标有哪些？
3．挥发油类提取物的质量标准主要包括哪些内容？
4．请绘制从川芎中提取分离总酚酸的工艺流程框图并在其上标注操作要点和注意事项。

实验六　丹参酮和丹参酚酸的集成同步提取分离设计

一、实验目的

1．设计从丹参中集成同步提取分离丹参酮和丹参酚酸的技术工艺。
2．掌握丹参中的主要有效成分丹参酮和丹参酚酸的性质及提取、纯化和鉴别方法。

二、实验原理

丹参为唇形科植物丹参（*Salvia miltiorrhiza* Bge.）的干燥根及根茎，主要含有丹参酮和丹参酚酸等活性物质。丹参酮具有抗肿瘤、抗菌消炎、抗氧化作用，特别是对心血管系统和神经系统有较强的药理活性。丹参酚酸具有抑制细胞内源性胆固醇合成、防止脂质沉积和动脉粥样硬化斑块，对肝肾等具有较好的保护作用。两种主要活性成分的性质如下所述。

丹参酮为脂溶性成分，主要有丹参酮I、丹参酮 II_A、丹参酮 II_B、隐丹参酮、异隐丹参酮等，其中丹参酮 II_A 含量相对较多。丹参酮 II_A 的化学式为 $C_{19}H_{18}O_3$，分子量为 294.34，为橘红色针状结晶（乙酸乙酯），熔点 209~210 ℃，易溶于乙醇、丙酮、乙醚、苯等有机溶剂，微溶于水。

丹参酚酸为水溶性成分，主要包括丹酚酸 A、丹酚酸 B、丹酚酸 C、咖啡酸、迷迭香酸和紫草酸等，其中以丹酚酸 B 的含量最高，约占总酚酸的 70 %。丹酚酸 B 的化学式为 $C_{36}H_{30}O_{16}$，分子量为 718.62，其粗品为棕黄色粉末，纯品为类白色或淡黄色粉末，味微苦、涩，具引湿性，可溶于水和低浓度醇。

丹参酮Ⅱ_A   丹参酚酸B

为了实现对丹参不同性质有效成分的最大化提取分离，请根据丹参酮和丹参酚酸的理化性质，查阅资料，设计一套从丹参中同步分离丹参酮和丹参酚酸的技术工艺流程，并予以实施。

三、仪器材料与试剂

1. 仪器：回流提取装置、超临界 CO_2 萃取设备、真空抽滤装置、旋转蒸发仪、恒温干燥箱、紫外-可见分光光度计、薄层色谱装置、高效液相色谱仪、电子天平等。

2. 材料：丹参。

3. 试剂：甲醇（分析纯）、甲醇（色谱纯）、乙腈（色谱纯）、甲酸、乙醇、乙酸乙酯、氯仿、盐酸、氢氧化钠、薄层层析硅胶 G、活性炭、不同型号大孔树脂、丹参酮Ⅱ_A 和丹参酚酸 B 对照品等。

四、实验要求

1. 学生根据要求查阅文献资料，了解丹参的背景知识，检索与课题相关的资料，明确实验设计的基本思路和方法，拟定初步实验计划。

2. 学生以小组为单位，选择给定的仪器设备、材料与试剂，讨论制订详细的实施计划，包括工艺流程框图、具体的实验方案、预期的实验结果以及数据统计分析方法等，并进行可行性分析，提供参考文献。

3. 教师评阅、审核实验方案，学生修改完善实验方案。

4. 学生以小组为单位制作精美、规范的 PPT，进行实验设计与实施的汇报与答辩，讨论与交流。

五、实验设计与实施

1. 提取

可选用的提取方法有：低温渗漉提取法、溶剂回流提取法（含水提法和醇提法）、索氏提取法、超声波/微波辅助提取法、超临界 CO_2 萃取法等。

2．分离纯化

可选用的分离纯化方法：液-液两相萃取法、吸附柱色谱法、膜分离法、结晶与重结晶法等。

3．鉴别检查

（1）显色反应　可选用的显色方法：紫外显色、$FeCl_3$ 反应、香兰素-硫酸反应、铁氰化钾-$FeCl_3$ 反应、4-氨基安替比林-铁氰化钾反应、对氨基苯磺酸重氮盐反应等。

（2）紫外检测　根据丹参酮和丹参酚酸的分子结构，选择适宜的紫外或可见扫描波长区间检测特征吸收峰。

（3）薄层色谱鉴定

① 样品：丹参酮 II_A 和丹参酚酸 B 对照品，提取样品（用适量甲醇或乙醇溶解）。

② 吸附剂：硅胶 G 薄层板。

③ 展开剂：根据丹参酮和丹参酚酸的极性大小，查阅资料选择适宜的展开剂。

④ 显色剂：根据丹参酮和丹参酚酸的性质，选择适宜的显色剂。

4．含量测定

采用高效液相色谱法。色谱柱：ODS C_{18} 反相色谱柱；柱温：$25\sim40\ ℃$；流动相：一般以甲醇（或乙腈）与酸化水溶液的混合液作为流动相；洗脱程序：可进行梯度洗脱；流速：$0.5\sim1.2\ mL\cdot min^{-1}$；检测波长：丹参酮 II_A 270 nm，丹酚酸 B 286 nm；进样量：$10\sim20\ \mu L$。

5．汇报交流

以小组为单位制作精美、规范的 PPT，进行实验设计与实施的汇报与答辩，讨论与交流。

六、注意事项

1．可根据丹参酮和丹参酚酸的理化性质及其稳定性，确定两类有效成分的同步或先后提取分离工艺。

2．若采用超临界 CO_2 萃取方法，根据丹参酮和丹参酚酸的极性差异，可考虑分步骤萃取时添加适宜种类和浓度的夹带剂，以提高萃取的选择性。

3．在设计同步提取工艺时，既要考虑对有效物质的提取效率，还要平衡提取成本问题。

七、思考题

1．为什么要开发集成同步分离丹参酮和丹参酚酸的提取分离工艺？有何优势？

2．哪些因素会破坏丹参酮和丹参酚酸的稳定性？提取分离时应注意哪些事项？

3．根据丹参酮和丹参酚酸的性质及其稳定性，提取时应优先提取哪种物质？

实验七　仙人掌多糖的提取工艺参数优化设计

一、实验目的

1. 掌握单因素试验、正交试验或响应面分析法的实验设计方法。
2. 运用正交试验或响应面分析法优化从仙人掌中提取分离仙人掌多糖的工艺参数。
3. 掌握仙人掌多糖的提取、纯化方法。

二、实验原理

仙人掌多糖是从仙人掌[*Opuntia stricta* (Haw.) Haw. var. *dillenii* (Ker-Gawl.) Benson]肉质茎中提取出来的一种水溶性混合多糖，由葡萄糖、半乳糖、阿拉伯糖、果糖、木糖和鼠李糖等聚合而成。仙人掌多糖具有抗癌、抗氧化、抗衰老、降血糖、降血脂、提高免疫和保肝护肝等活性，其提取工艺和提取方法成为研究热点之一。仙人掌多糖提取方法包括水提醇沉法、碱（或酸）提醇沉法和酶法辅助提取等。本实验拟通过查阅资料，设计一套在单因素试验的基础上通过正交试验或响应面分析法优化从仙人掌中提取分离仙人掌多糖的工艺参数，并予以实施。

三、仪器材料与试剂

1. 仪器：高速万能粉碎机、数显真空干燥箱、台式离心机、恒温磁力搅拌器、旋转蒸发仪、紫外-可见分光光度计、电子天平等。
2. 材料：仙人掌鲜茎。
3. 试剂：乙醇、氯仿、脱水葡萄糖、苯酚、浓硫酸、硫酸铜、酒石酸钾钠、氢氧化钠、亚甲基蓝、纯化水等。

四、实验要求

1. 学生根据要求查阅文献资料，了解仙人掌及其多糖的背景知识，检索与课题相关的资料，明确实验设计的基本思路和方法，拟定初步实验计划。
2. 学生以小组为单位，选择给定的仪器设备、材料与试剂，讨论制订详细的实施计划，包括工艺流程框图、具体的实验方案、预期的实验结果以及数据统计分析方法等，并进行可行性分析，提供参考文献。
3. 教师评阅、审核实验方案，学生修改完善实验方案。
4. 学生提交开展实验所用的仪器设备、试剂、材料清单，交实验员准备。

5．学生以小组为单位按拟定的实验方案进行实验，观察实验现象、详细记录实验数据，并根据实验情况随时进行实验方案的调整和改进。

6．学生以小组为单位对实验数据进行整理、分析与总结，并按照科研论文的格式和要求，规范撰写科研小论文。

7．学生以小组为单位制作精美、规范的 PPT，进行实验设计与实施的汇报与答辩，讨论与交流。

五、实验设计与实施

1．文献资料的查阅

查阅仙人掌及其多糖的背景知识、药效药理、制备工艺等文献资料，撰写关于仙人掌及其多糖的文献综述。

2．提取工艺流程的设计

(1) 材料　可用仙人掌鲜茎，经预处理后直接提取；也可将仙人掌鲜茎烘干，经粉碎后提取。

(2) 提取方法　可选用水提醇沉法、碱（或酸）提醇沉法、酶法辅助提取法、微波辅助提取法、超声波辅助提取法等，并绘制工艺流程框图。

3．总糖含量测定方法的选择

可选用斐林试剂法测定还原糖，也可选用苯酚-硫酸法测定总糖。

4．提取工艺参数的优化设计

(1) 在单因素试验的基础上通过正交试验或响应面分析法优化工艺参数；

(2) 单因素试验考察因素至少应包括浸提溶剂、浸提温度、浸提时间、料液比等；

(3) 为了验证多因素条件下的最佳提取方案与单因素试验的结果是否吻合以及确定各试验因素影响的主次关系，找出对试验指标的最优工艺条件，需进行正交试验设计或响应面分析优化。

(4) 需要采用正交试验设计或响应面分析得出的最佳提取工艺参数进行仙人掌多糖的提取工艺验证并计算得率。

5．实验的准备

学生以小组为单位将设计的实验方案提交指导教师进行评阅，在指导教师评阅意见的基础上进一步修改完善实验方案，直到方案可行。经指导教师批准后，提交实验所需的仪器设备、试剂、材料清单，交实验员准备。

6．实验的实施

学生以小组为单位按拟定的设计方案，领取实验所需的仪器设备、试剂、材料等进行实验，实验中注意观察实验现象、详细记录实验数据，并根据实验情况随时进行实验方案的调整和改进。

7．实验的分析与总结

将实验数据进行整理处理，分析总结，得出结论。

8．实验报告的撰写

按照科研论文的格式和要求，规范撰写科研小论文。

9．汇报交流

以小组为单位制作精美、规范的 PPT，进行实验设计与实施的汇报与答辩，讨论与交流。

六、注意事项

1．所设计的实验方案应合理可行，每一步都要有理有据。

2．实验探究过程中要注意药材-中间体-成品质量的相关性。

七、思考题

1．如何进行正交试验设计和响应面分析？

2．所设计方案是否成功？请对原因加以深入分析。

3．比较小组间的实验结果，提出更为优化的实验方案。

实验八　干姜提取物的制备工艺与质量控制设计

一、实验目的

1．理解干姜提取物原料质量控制的意义。

2．掌握干姜提取物的制备及质量控制方法。

二、实验原理

干姜为姜科植物姜（*Zingiber officinale* Rose.）的干燥根茎。干姜辛、热，归脾、胃、心、肺经，具有温中散寒、回阳通脉、温肺化饮的功效，临床常用于脘腹冷痛、恶寒、冷泻、亡阳症、寒饮咳喘、形寒背冷、痰多清稀等症的治疗。

干姜的化学成分复杂，主要含挥发油、姜辣素和二苯基庚烷三大类成分，具有抗氧化、抗炎、止吐、增强免疫功能、降低胆固醇等药理作用。

干姜提取物主要有姜油树脂和姜油，广泛应用于食品、化妆品和医疗保健等领域。姜油为水蒸气蒸馏法或超临界 CO_2 萃取法所得的挥发油提取物；姜油树脂为以乙醇为溶剂提取得到的提取物，可以经过添加辅料，制成固体状干姜提取物。

三、实验要求

本实验要求通过文献查阅，自己设计干姜提取物（包括姜油树脂和姜油）的制备工艺，对所得干姜提取物（包括姜油树脂和姜油）进行质量控制研究，并在教师的指导下完成相关实验报告。

四、实验设计与实施

1．实验方案的制订

通过系统查阅文献，结合所学知识，设计干姜提取物的制备工艺及质量控制方法。主要包括以下内容。

（1）干姜原药材的质量检查　包括检查的项目和检查方法。

（2）干姜提取物的制备工艺

① 姜油树脂的制备：包括评价指标的选择，提取方法、纯化工艺的优选，工艺参数的优选等。

② 姜油的制备：包括评价指标的选择，提取方法、纯化工艺的优选，工艺参数的优选等。

（3）干姜提取物的质量控制　包括鉴别、含量测定及一般质量检查等项目。

将所设计的实验方案（初稿）分小组讨论，形成实验方案（讨论稿）；教师再组织学生对各种方案的科学性、可行性、创新性、经济性、操作难易与操作要点、安全注意事项、可能产生的环境污染等问题展开讨论；学生对方案进行修订，完成实验方案（修订稿），最终确定实施方案。

2．实验的准备

学生依据实验方案（修订稿），向实验员提交所需试剂和实验物品的清单，预订使用实验室和大型仪器的时间，学习开放型实验室的有关管理条例和安全条例。

3．实验的实施

学生领取试剂和实验物品，进入实验室，按照实验方案进行实验，并按要求作原始记录。实验中，根据实验现象或中间产物的质量，及时、合理地调整、优化实验方案，直至获得设计合理、质量稳定的合格提取物。教师放手让学生自主实验，鼓励学生提出新想法、改进或设计新实验，大胆开拓创新。

4．实验的分析与总结

实验完成后，学生根据原始记录，按要求完成实验报告；学生分析实验结果，对实验方案的合理性、实验操作的规范性、正确性与熟练程度等进行自我评价；同一课题的学生相互评价；最后教师组织学生分析、总结，给出评比结果。

5．撰写科研小论文

在教师指导下，按照科研论文的格式和要求，规范撰写科研小论文。

五、注意事项

干姜中的姜辣素类成分不稳定，在提取物制备过程中应适当控制温度，以确保姜辣素类成分的保留率。

六、思考题

1. 原料的质量控制对提取物的制备及质量控制有什么意义？
2. 目前有哪些提取分离姜提取物的方法？各有什么特点？

实验九　原花青素提取工艺与质量控制设计

一、实验目的

1. 掌握葡萄籽提取物提取纯化工艺研究的设计方法。
2. 掌握葡萄籽提取物原花青素的质量控制方法。
3. 了解葡萄籽提取物原花青素的多种用途。

二、实验原理

葡萄籽为葡萄科植物葡萄（*Vitis vinifera* L.）的种子。葡萄籽具有较高的营养价值和药用价值，其中含有的花青素类成分具有降血脂、抗氧化、清除自由基、抗癌等功效。

从葡萄籽中可分离出脂肪油类、黄酮类、多酚类和蛋白质类等多种化学成分。葡萄籽中含有的多酚类物质主要有儿茶素类和原花青素类。儿茶素类化合物包括儿茶素、表儿茶素及没食子酸酯，是葡萄籽中主要的单聚体，也是原花青素寡聚体和多聚体的构成单位。葡萄籽是提取原花青素的理想原料，葡萄籽原花青素提取物含有 80 %～85 % 的原花青素、5 % 的儿茶素和表儿茶素、2 %～4 % 的咖啡酸等有机酸，它们以复杂成分和协同方式起抗氧化作用，使其具有高度的生物利用率。

原花青素易溶于丙酮、乙酸乙酯、乙醇、甲醇，不溶于苯、氯仿、石油醚等溶剂。故常用的提取溶剂有丙酮-水、乙酸乙酯-水、乙醇-水、甲醇-水、水等。常用的提取方法有浸渍法、煎煮法、超声波辅助提取法、超临界 CO_2 萃取法、微波辅助提取法等。原花青素的精制方法主要有溶剂分级萃取法、溶剂沉淀法、色谱法等。原花青素的质量评价方法主要有薄层色谱法、分光光度法、HPLC 法、LC-MS 等。

本实验要求对葡萄籽提取物原花青素的提取、纯化工艺及其质量控制指标与方法进行设计性研究。

三、实验要求

本实验要求学生通过文献查阅，完成葡萄籽中原花青素的提取、纯化实验方案设计和质量评价方法的制定；最后在教师的指导下完成实验内容和实验报告。

四、实验设计与实施

1．实验方案的制订

通过系统查阅文献，基本掌握原花青素的理化性质，结合所学知识，自行设计实验方案（初稿）。主要包括以下内容。

（1）提取工艺的优选　包括评价指标的选择，提取方法的优选及提取工艺参数的优选等。

（2）原花青素提取物纯化工艺的优选　包括评价指标的选择，纯化方法的选择及纯化工艺参数的优选等。

（3）原花青素的质量控制　包括鉴别、含量测定及一般质量检查等项目。

将所设计的实验方案（初稿）分小组讨论，形成实验方案（讨论稿）；教师再组织学生对各种方案的科学性、可行性、创新性、经济性、操作难易与操作要点、安全注意事项、可能产生的环境污染等问题展开讨论；学生对方案进行修订，完成实验方案（修订稿），最终确定实施方案。

2．实验的准备

学生依据实验方案（修订稿），向实验员提交所需试剂和实验物品的清单，预订使用实验室和大型仪器的时间，学习开放型实验室的有关管理条例和安全条例。

3．实验的实施

学生领取试剂和实验物品，进入实验室，按照实验方案进行实验，并按要求作原始记录。实验中，根据实验现象或中间产物的质量，及时、合理地调整、优化实验方案，直至获得设计合理、质量稳定的合格提取物。教师放手让学生自主实验，鼓励学生提出新想法、改进或设计新实验，大胆开拓创新。

4．实验的分析与总结

实验完成后，学生根据原始记录，按要求完成实验报告；学生依据产品的质量、产率、成本、环境污染等因素对实验方案的合理性、实验操作的规范性、正确性与熟练程度等进行自我评价；同一课题的学生相互评价；最后教师组织学生分析、总结，给出评比结果。

5．撰写科研小论文

在教师指导下，按照科研论文的格式和要求，规范撰写科研小论文。

五、注意事项

1．所设计实验方案应合理可行，每一步要有理有据。

2．葡萄种类众多，在选择实验材料时应考虑各品种间品质的差异。

3．原花青素不稳定，在制备过程中应选择比较温和的提取方法。

六、思考题 ◢

1．原花青素、茶多酚和鞣质三者理化性质有什么异同？
2．列举富含原花青素的中药材，并简述原花青素的用途。

实验十　三黄片的制备工艺与质量标准设计

一、实验目的 ◢

1．设计并完成三黄片的制备工艺，掌握中药片剂的处方设计要点和制备方法。
2．设计并完成三黄片的质量标准，掌握中药片剂质量标准的研究内容和进行质量控制的方法。
3．了解影响片剂质量的因素。

二、实验原理 ◢

片剂是最常用的剂型之一。三黄片是《中国药典》收载的一种常用的中药复方制剂。由大黄、黄连和黄芩3味药组成，具有清热解毒，泻火通便的功效，主治三焦热盛，目赤肿痛，口鼻生疮，咽喉肿痛，心烦口渴，尿黄便秘。三黄片因味苦、微涩，一般制成糖衣片或薄膜衣片。

处方中的大黄性味苦寒，泻火解毒，又能攻下通便，有釜底抽薪之意，为主药；黄芩攻善清热燥湿，直折火势而泻火解毒，为辅药；盐酸小檗碱是从黄连或黄柏中提取的生物碱，为广谱抗菌药，对多种革兰阳性及阴性细菌有抑制作用。诸药合用，共奏泻火解毒，清热燥湿之效。

2020 年版《中国药典》收载的三黄片的处方和制备工艺如下所述。

（1）处方　大黄 300 g、盐酸小檗碱 5 g、黄芩浸膏 21 g（相当于黄芩苷 15 g）。

（2）制法　以上三味，黄芩浸膏系取黄芩，加水煎煮三次，第一次 1.5 h，第二次 1 h，第三次 40 min，合并煎液，滤过，滤液用盐酸调节 pH 值至 1～2，静置 1 h，取沉淀，用水洗涤使 pH 值至 5～7，烘干，粉碎成细粉。取大黄 150 g，粉碎成细粉；剩余大黄粉碎成粗粉，加 30 % 乙醇回流提取三次，滤过，合并滤液，回收乙醇并减压浓缩成稠膏；加入大黄细粉、盐酸小檗碱细粉、黄芩浸膏细粉及辅料适量，混匀，制成颗粒，干燥，压制成 1000 片，包糖衣或薄膜衣；或压制成 500 片，包薄膜衣，即得。

三、实验要求　／／

1．学生查阅文献，了解三黄片的背景知识，明确实验设计的基本思路和方法，拟定初步实验计划。

2．学生以小组为单位讨论制订详细的实验方案，包括仪器设备、材料、试剂、工艺流程框图、预期的实验结果以及数据统计分析方法等，并进行可行性分析，提供参考文献。

3．教师评阅、审核实验方案，学生修改完善实验方案。经指导教师批准后，开始准备实验。

4．学生提交开展实验所用的仪器设备、试剂、材料清单，交实验员准备。

5．学生以小组为单位按拟定的实验方案进行实验，观察实验现象、详细记录实验数据，并根据实验情况适时进行实验方案的调整和改进。

6．学生以小组为单位对实验数据进行整理、分析与总结，并按照科研论文的格式和要求，规范撰写科研小论文。

7．学生以小组为单位制作精美、规范的 PPT，进行实验设计与实施的汇报与答辩，讨论与交流。

四、实验设计与实施　／／

1．文献资料的查阅

查阅三黄片的背景知识、处方工艺、功能主治、药理药效、质量评价等文献资料，撰写文献综述。

2．三黄片制备工艺流程的设计

根据查阅的文献，参考 2020 年版《中国药典》，设计三黄片制备工艺过程，并绘制工艺流程框图。

3．三黄片制备实验方案的设计

(1) 设计制备三黄片的每一步操作，包括处方中每一味药的处理、提取、纯化方法。

(2) 设计三黄片的处方组成并分析各成分的作用。

(3) 设计三黄片的湿法制粒压片和包糖衣的工艺流程，明确主要设备选型。

(4) 设计三黄片的质量控制方法，确定质控的指标成分、测定方法。

(5) 设计三黄片的质量评价方法，包括性状、鉴别、检查、含量测定。

(6) 稳定性试验设计，根据实验情况设计高温高湿试验的实验方法。

4．实验的准备

学生以小组为单位将设计的实验方案提交指导教师进行评阅，在指导教师评阅意见的基础上进一步修改完善实验方案，直到方案可行。经指导教师批准后，提交实验所需的仪器设备、试剂、材料清单，交实验员准备。

5．实验的实施

学生以小组为单位按拟定的设计方案，领取实验所需的仪器设备、试剂、材料等进行实验，实验中注意观察实验现象、详细记录实验数据，并根据实验情况随时进行实验方案的调整和改进。

6. 实验的分析与总结

将实验数据进行整理处理，分析总结，得出结论。

7. 实验报告的撰写

按照科研论文的格式和要求，规范撰写科研小论文。

8. 汇报交流

以小组为单位制作精美、规范的 PPT，进行实验设计与实施的汇报与答辩，讨论与交流。

五、注意事项

1. 所设计的实验方案应合理可行，每一步都要有理有据。
2. 药材质量的鉴定、检查是制剂研究的首要环节，应在实验方案中涉及此部分研究内容。
3. 质量评价与稳定性考察参照 2020 年版《中国药典》四部相关技术要求与制剂通则进行。
4. 实验探究过程中要注意药材-中间体-成品质量的相关性。

六、思考题

1. 片剂的质量控制项目有哪些？具体怎样操作？
2. 如何从黄连中提取并纯化盐酸小檗碱？
3. 影响片剂质量的因素有哪些？
4. 所设计方案是否成功？请对原因加以深入分析。
5. 比较小组间的实验结果，提出更为优化的实验方案。

实验十一　黄连缓释片制备工艺与质量标准设计

一、实验目的

1. 设计并完成黄连缓释片的制备工艺，掌握骨架缓释片的处方设计要点和制备方法。
2. 设计并完成黄连缓释片的质量标准，掌握骨架缓释片质量标准的研究内容和进行质量控制的方法。
3. 学会正交设计或响应面设计的工艺参数优化方法。

二、实验原理

缓释制剂是指用药后能在较长时间内持续释放药物以达到长效作用的制剂，其药物释放主要是一级速度过程。

源于《丹溪心法·六火》的左金丸由吴茱萸 50 g（或 25 g，用盐水泡）和黄连 300 g（用姜汁炒）2 味药组成，经粉碎成细粉，过筛，混匀，用水泛丸，干燥，即得。左金丸具有泻火、疏肝、和胃、止痛之功效，主治肝火犯胃、脘胁疼痛、口苦嘈杂、呕吐酸水、不喜热饮。该处方中，黄连抗溃疡有效成分主要为小檗碱、黄连碱，吴茱萸抗溃疡有效成分主要为吴茱萸生物碱、喹诺酮化合物和吴茱萸烯类、吴茱萸苦素。本实验设计基于对中成药制剂左金丸进行剂型改造研究，以开发治疗胃溃疡的黄连缓释片。

三、实验要求

1. 学生查阅文献，了解左金丸、骨架缓释片的背景知识，检索与课题相关的资料，明确实验设计的基本思路和方法，拟定初步实验计划。

2. 学生以小组为单位讨论制订详细的实施计划和实验方案，包括仪器设备、材料、试剂、工艺流程框图、具体的实验方案、工艺参数优化方案、预期的实验结果以及数据统计分析方法等，并进行可行性分析，提供参考文献。

3. 将实验方案提交指导教师进行评阅、审核，在指导教师评阅意见的基础上进一步修改完善实验方案，经指导教师批准后，开始准备实验。

4. 学生提交开展实验所用的仪器设备、试剂、材料清单，交实验员准备。

5. 学生以小组为单位按拟定的实验方案进行实验，观察实验现象、详细记录实验数据，并根据实验情况随时进行实验方案的调整和改进。

6. 学生以小组为单位对实验数据进行整理、分析与总结，并按照科研论文的格式和要求，规范撰写科研小论文。

7. 学生以小组为单位制作精美、规范的 PPT，进行实验设计与实施的汇报与答辩，讨论与交流。

四、实验设计与实施

1. 实验方案的设计

通过系统查阅文献资料，参考 2020 年版《中国药典》，结合所学知识，设计黄连缓释片的制备工艺和质量控制方法，主要包括以下内容：

（1）介绍有关左金丸的药效学基础、缓释片的背景和研究思路。

（2）仪器设备、材料、试剂的选择应具体并合理。

（3）设计出吴茱萸、黄连中药物有效成分的提取工艺。

建议通过正交试验设计，以药材中主要成分转移率为评价标准，分别优选出处方中两味药黄连、吴茱萸干浸膏的制备工艺。

（4）设计出萸连缓释片的处方和制剂工艺。

建议以羟丙基甲基纤维素、PEG 6000、十六醇、碳酸镁和微晶纤维素等为辅料，设计制备成萸连缓释漂浮型骨架片。以响应面设计法对处方组成进行筛选，在人工胃液中考察各处方片的漂浮性能及体外释放特性，并结合各处方片成品的外观性状，综合考评，优选出最佳处方和制备工艺。研究工艺以工艺流程框图的形式表述。

（5）设计出萸连缓释漂浮型骨架片的质量控制方法，确定质量控制的指标成分与测定方法。

（6）设计出萸连缓释漂浮型骨架片的质量评价方法，包括性状、鉴别、检查、含量测定。

（7）稳定性试验设计，根据实验情况设计高温高湿试验的实验方法。

（8）萸连缓释漂浮型骨架片体外累积释放实验设计。

（9）列出参考文献，应涉及记录该设计所借鉴的已公开发表的中外文文献。

学生以小组为单位对所设计的实验方案（初稿）进行讨论，形成实验方案（讨论稿）；指导教师再组织学生对各种实验方案的科学性、可行性、创新性、经济性、操作难易与操作要点、安全注意事项、可能产生的环境污染等问题展开讨论；学生以小组为单位对所设计的实验方案进行修改完善，完成实验方案（修订稿），最终确定实施方案。

2．实验的准备

学生以小组为单位依据实验方案（修订稿），向实验员提交实验所需的仪器设备、试剂、材料清单，预订使用实验室和大型仪器设备的时间，学习开放型实验室的有关管理条例和安全制度。

3．实验的实施

学生以小组为单位领取实验所需的仪器设备、试剂、材料等实验物品，依据实验方案（修订稿）进行实验，并按要求做好原始记录。实验中，根据实验现象或中间产物的质量，及时、合理地调整、优化实验方案，直至获得设计合理、质量稳定的合格药品。实验过程中，教师放手让学生自主实验，鼓励学生提出新想法、改进或设计新实验，大胆开拓创新。

4．实验的分析与总结

实验完成后，学生根据实验原始记录，分析实验结果，按要求完成实验报告。对实验方案的合理性、实验操作的规范性、正确性与熟练程度等进行组内自我评价和组间相互评价，最后，教师组织学生进行实验的分析、总结和评价。

5．科研小论文的撰写

按照科研论文的格式和要求，在教师指导下撰写规范的科研小论文。

五、注意事项

1．药物有效成分的提取、制剂处方、萸连缓释片的制备等实验方法与工艺参数的设计应合理可行，且每一步都要有理有据。

2．药材质量的鉴定、检查是制剂研究的首要环节，应在实验方案中涉及此部分研究内容。

3．实验研究过程中要注意药材-中间体-成品质量的相关性。

六、思考题

1. 缓释制剂有哪些类型？各自的释药机理是什么？
2. 如何从吴茱萸中提取并纯化吴茱萸生物碱？
3. 影响缓释漂浮型骨架片药物释放量的因素有哪些？

实验十二　药物剂型的设计与评价

一、实验目的

1. 熟悉药物性质与剂型设计的关系。
2. 熟悉不同剂型中辅料的选择原则及其用量的确定方法。
3. 通过不同剂型、不同辅料以及不同辅料用量的考察，培养学生的综合实验能力。

二、实验原理

剂型是为适应治疗或预防的需要而制备的不同给药形式。剂型与给药途径、临床治疗效果有着非常密切的关系。因此，剂型设计关系到一种有效的药物在临床上是否能够充分发挥其应有作用、保证用药安全的问题。在剂型确定以后，处方设计与处方筛选就成为临床用药成败的关键。

本实验需在给定的几种药物中选择一种药物，通过查阅文献了解药物的理化性质、生物学性质、药理作用及临床应用，并根据药物的理化性质、药理作用及临床应用，选择适宜的给药途径和剂型进行设计并制备出具有实际应用价值的药物剂型，满足各剂型项下的质量要求，达到综合运用所学知识提高解决复杂问题能力的目的。

三、实验材料与设备

1. 实验材料

（1）原料药　鱼肝油、氨苄西林、百里香油、甘草浸膏、芦丁、对乙酰氨基酚、阿奇霉素、氢溴酸高乌甲素、甲硝唑、布洛芬、维生素C、氯霉素。

（2）辅料　蔗糖、羊毛脂、淀粉、阿拉伯胶、西黄耆胶、液状石蜡、盐酸、枸橼酸、枸橼酸钠、卡波姆、氢氧化钠、焦亚硫酸钠、凡士林、预胶化淀粉、乳糖、微晶纤维素、石蜡、硬脂酸、羟丙基甲基纤维素、甘油、海藻酸钠、聚维酮、Tween-80、交联羧甲基纤维素钠、Span-80、交联聚维酮、羧甲基纤维素钠、羧甲基淀粉钠、硅藻土、三乙醇胺、十二烷基硫酸钠、羟苯乙酯、低取代羟丙基纤维素、硬脂酸镁、滑石粉、PEG 400、PEG 4000、PEG 6000、微粉硅胶、单硬脂酸甘油酯、乙醇、甘油、明胶、丙二醇、普朗尼克F-68、亚硫酸钠、乙二胺四乙酸二钠、注射用水、二氧化钛、大豆磷脂、油酸、油酸钠、大豆油、甲基纤维素、乙基纤维素等。

2．仪器与设备

压片机、崩解仪、渗透压测定仪、溶出仪、硬度计、粉碎机、研钵、药筛、旋转蒸发仪、离心机、干燥器、恒温水浴锅、磁力搅拌器、熔封机、高压灭菌锅、冷冻干燥机、轧盖机、凝固点测定仪、共熔点测定仪、微孔滤膜过滤器、紫外-可见分光光度计、融变仪、栓剂模具、组织捣碎机、滴丸机、高压均质机、包衣锅、挤出滚圆造粒机、离心造粒机等。

四、剂型设计与评价

1．剂型设计与评价的方法步骤

（1）确定选择的药物。

（2）查阅文献，获得所选择药物的理化性质、生物学性质、药理作用及临床应用等与剂型设计和质量评价相关的处方前研究资料。

（3）确定给药途径，选择剂型，并说明选择剂型和确定剂量的依据。

（4）设计处方及制备工艺。

（5）进行处方筛选与制备工艺的优化，获得优化处方和制备工艺。

（6）对所制备的药物制剂进行质量评价。

2．各剂型处方设计与制备需重点关注和解决的问题

（1）片剂

① 粉末直接压片、干法制粒压片、湿法制粒压片；② 填充剂的种类、用量；③ 黏合剂（或润湿剂）的种类、用量；④ 崩解剂的种类、用量与加入方法；⑤ 其他附加剂的种类、用量。

（2）软膏剂

① 基质的种类、用量；② 乳剂型基质中乳化剂的类型、用量；③ 不同基质对药物释放的影响；④ 抑菌剂的种类、用量；⑤ 其他附加剂的种类、用量。

（3）注射剂

① 溶剂的种类、用量；② 增溶剂、助溶剂与潜溶剂的种类、用量；③ pH 调节剂的种类、用量；④ 抗氧化剂、金属离子螯合剂的种类；⑤ 其他附加剂的种类、用量。

（4）溶液剂

① 溶剂的种类、用量；② 增溶剂、助溶剂与潜溶剂的种类、用量；③ pH 调节剂的种类、用量；④ 防腐剂的种类、用量；⑤ 矫味剂的种类、用量；⑥ 其他附加剂的种类、用量。

（5）乳剂

① 油相的种类、用量；② 乳化剂的种类、用量；③ HLB 值的确定；④ 矫味剂的种类、用量；⑤ 其他附加剂的种类、用量；⑥ 药物的加入方式。

（6）脂质体

① 脂质膜材的种类、用量；② 稳定剂的种类、用量；③ HLB 值的确定；④ 介质的种类、用量；⑤ 其他附加剂的种类、用量。

（7）冻干粉针剂

① 溶剂的种类、用量；② 增溶剂、助溶剂与潜溶剂的种类、用量；③ 冻干支持剂的种类、用量；④ pH 调节剂的种类、用量；⑤ 其他附加剂的种类、用量。

3．剂型设计与制备的结果表达

（1）说明剂型选择的依据；

（2）说明剂量选择与辅料选择的依据；

（3）写出完整的处方、制备工艺及流程；

（4）写出处方筛选和制备工艺优化的过程与结果；

（5）所制备制剂的质量检查项目、方法和结果；

（6）对所设计和制备的药物制剂综合评价的结论；

（7）对所存在的问题进一步改进的方法和建议。

4．药物制剂的质量检查

各剂型应检查以下项目并符合各剂型项下的 2020 年版《中国药典》规定。

（1）片剂　规格、外观、药物含量、片重差异、硬度、脆碎度、崩解时限、溶出度。

（2）软膏剂　规格、外观、药物含量、药物释放、熔程、稠度、耐热及耐寒试验。

（3）注射剂　规格、外观、药物含量、澄明度、稳定性、pH、渗透压、热原。

（4）溶液剂　规格、外观、药物含量、澄明度、稳定性、pH。

（5）乳剂　规格、外观、药物含量、稳定性、pH、粒子大小。

（6）脂质体　规格、外观、药物含量、形态、粒度、包封率。

（7）冻干粉针剂　规格、外观、药物含量、澄明度、稳定性、pH、渗透压、热原、再分散性、溶液的颜色。

五、思考题

1．药物制剂设计的基本原则有哪些？

2．你从本设计实验中得到了哪些启示？

3．你所设计的药物制剂有何创新点？

参考文献

[1]   苏克曼，张济新．仪器分析实验[M]．2 版．北京：高等教育出版社，2005．

[2]   宋彦显，闵玉涛，张芳，等．红黄紫洋葱皮中黄酮含量的测定及比较[J]．中国调味品，2012，37（11）：94-95，105．

[3]   蒋少华，王文亮，弓志青，等．洋葱皮中类黄酮不同提取工艺的比较[J]．食品科技，2014，39（8）：191-195．

[4]   朱明华，胡坪．仪器分析[M]．4 版．北京：高等教育出版社，2008．

[5]   崔福德，杨丽．药剂学实验指导[M]．3 版．北京：人民卫生出版社，2011．

[6]   方亮，吕万良，吴伟，等．药剂学[M]．8 版．北京：人民卫生出版社，2016．

[7]   马君义，张继，王宝生，等．百里香油 β-环糊精包合物的制备与表征[J]．食品与发酵工业，2012，38（3）：95-99．

[8]   马君义，张继，魏相龙，等．百里香挥发油 β-环糊精精包合工艺研究[J]．中国现代应用药学，2012，29（5）：422-427．

[9]   陈亚，陈清，张琼．不同厂家阿司匹林肠溶片质量考察[J]．中国药业，2017，26（23）：19-21．

[10]   国家药典委员会．中华人民共和国药典[M]．北京：中国医药科技出版社，2020．

[11]   马君义，张串霞，赵保堂．RP-HPLC 法测定不同厂家芦丁片和复方芦丁片中芦丁的含量[J]．西北师范大学学报（自然科学版），2010，46（5）：74-76，81．

[12]   蔡锦源，王萌璇，韦坤华，等．银杏黄酮的提取及纯化方法研究进展[J]．应用化工，2017，46（5）：982-985．

[13]   宋航．制药工程专业实验[M]．3 版．北京：化学工业出版社，2020．

[14]   陈香爱，袁志芳，张兰桐．HPLC 法测定银杏叶粉针中总黄酮醇苷和萜类内酯[J]．中草药，2007，38（9）：1333-1335．

[15]   陈小蒙，刘成梅，刘伟．龙牙百合多糖的纯化及其分子量的测定[J]．食品科学，2008，29（11）：305-307．

[16]   卓超，沈永嘉．制药工程专业实验[M]．北京：高等教育出版社，2007．

[17]   陈志刚，朱泉，王芬．百合多糖纯化及分子质量测定[J]．食品科学，2013，34（17）：1-4．

[18]   邓素兰，余继宏，毛丽梅．青蒿中青蒿素的提取分离研究[J]．安徽农学通报，2007，13（5）：31-34．

[19]   杜憬生，莫结丽．HPLC 法测定喉康散中穿心莲内酯和脱水穿心莲内酯的含量[J]．中药材，2012，35（4）：656-657．

[20]   杜俊蓉，白波，余彦，等．当归挥发油研究新进展[J]．中国中药杂志，2005，30（18）：1400-1406．

[21]   冯靖．银杏叶黄酮的提取纯化工艺研究[D]．北京：北京石油化工学院，2019．

[22]   冯卫生，吴锦忠．天然药物化学实验[M]．北京：中国医药科技出版社，2018．

[23]   天津大学．制药工程专业实验指导[M]．北京：化学工业出版社，2005．

[24]   郭力，康文艺．中药化学实验[M]．北京：中国医药科技出版社，2015．

[25]   李海波，秦大鹏，葛雯，等．青蒿化学成分及药理作用研究进展[J]．中草药，2019，50（14）：3461-3470．

[26]   李涛，何璇．GC-MS 测定野生当归挥发油中的化学成分[J]．华西药学杂志，2015，30（2）：249-250．

[27]   李再新．制药分离工程实验[M]．成都：西南交通大学出版社，2016．

[28] 李志亨，路新华，龙晓英，等．穿心莲总内酯的研究进展[J]．时珍国医国药，2012，23（11）：192-195.

[29] 梁晓媛，李隆云，白志川．青蒿中青蒿素提取工艺研究进展[J]．重庆理工大学学报（自然科学），2013，27（2）：32-38.

[30] 刘丽梅，李曼玲，冯伟红，等．HPLC 法测定秦皮中香豆素类成分的含量[J]．中草药，2004，35（7）：819-822.

[31] 刘晴晴，杨振华．青蒿素及其衍生物的抗肿瘤研究进展[J]．生命科学，2020，32（1）：62-69.

[32] 林强，彭兆快，权奇哲．制药工程专业综合实验实训[M]．北京：化学工业出版社，2011.

[33] 罗嘉玲，李青嵘，张雅文，等．柱层析提取法提取青蒿素的工艺研究[J]．华南师范大学学报（自然科学版），2018，50（2）：69-73.

[34] 孟宪波．HPLC 测定莲栀清火胶囊中栀子苷，穿心莲内酯和脱水穿心莲内酯的含量[J]．中国实验方剂学杂志，2013，19（14）：155-157.

[35] 秦翠林，刘玉红，黄志芳，等．丹参酮和丹参酚酸的同步提取分离纯化工艺研究[J]．天然产物研究与开发，2014，26（12）：2008-2013.

[36] 任钰，孟美，王化宇，等．丹参中丹参酮提取物纯化工艺的研究[J]．中成药，2013，35（8）：1653-1657.

[37] 唐维宏．HPLC 法同时测定玉叶清火胶囊中栀子苷，穿心莲内酯和脱水穿心莲内酯[J]．药物分析杂志，2015，35（2）：246-249.

[38] 王鹤颖．甘草酸提取、纯化及其结构类似物的制备[D]．天津：天津科技大学，2019.

[39] 王瑞海，柏冬，刘寨华，等．秦皮总香豆素大孔树脂纯化工艺研究[J]．中草药，2015，46（22）：74-81.

[40] 吴国泰，王瑞琼，杜丽东，等．当归挥发油药理作用研究进展[J]．甘肃中医药大学学报，2018，35（4）：93-98.

[41] 熊加伟，葛松兰，马磊．丹参中丹参酮 II_A 和丹酚酸 B 的提取与纯化工艺研究[J]．天然产物研究与开发，2017，29（8）：1396-1402.

[42] 杨胜远，梁智群．银杏叶总黄酮提取纯化工艺的研究[J]．食品科学，1998，19（2）：24-25.

[43] 杨武德，柴慧芳．中药化学与天然药物化学实验指导[M]．北京：中国中医药出版社，2019.

[44] 杨雪松，高慧媛，张又夕，等．穿心莲内酯药理作用的研究进展[J]．热带医学杂志，2019，19（4）：518-522.

[45] 叶迎，柏冬，包强，等．秦皮提取物中香豆素类成分含量测定方法研究[J]．中国中医药信息杂志，2015，22（8）：83-87.

[46] 张建军，全智慧，付建武，等．超临界 CO_2 流体萃取丹参中丹参酮 II_A 的工艺研究[J]．中成药，2013，35（6）：1329-1332.

[47] 张毅，邓昌平，时敏，等．药用植物丹参中丹参酮 II_A 的提取分离工艺研究[J]．上海师范大学学报（自然科学版），2018，47（6）：122-129.

[48] 朱泉，韩永斌，顾振新，等．百合多糖研究进展[J]．食品工业科技，2012（11）：370-374.

[49] 刘友平．中药综合性与设计性实验[M]．北京：科学出版社，2008.

[50] 黄何松．黄连缓释片制备工艺研究[D]．贵阳：贵阳中医学院，2006.

[51] 冯月，吴文夫，魏建华，等．甘草酸及甘草苷的提取纯化方法和药理作用研究进展[J]．人参研究，2012，24（3）：46-50.

[52] 陆敏，张文娜．银杏叶中黄酮类化合物的提取、纯化及测定方法的研究进展[J]．理化检验（化学分册），2012，48（5）：616-620.

[53] 黄玉龙，高清雅，全婷，等．不同提取方法对兰州百合多糖结构及抗氧化活性的影响[J]．现代食品科技，2018，34（11）：94，126-131.

[54] 高清雅，赵保堂，尚永强，等．超声波协同复合酶提取兰州百合多糖[J]．食品与发酵工业，2014，40（8）：263-267.

[55] 高义霞．兰州百合多糖的制备、理化性质测定及生物活性初步研究[D]．兰州：西北师范大学，2008.

[56] 申美伦，刘广欣，梁业飞，等．甘草酸和甘草次酸提取分离方法的研究进展[J]．食品工业科技，2019，40（18）：326-333.

[57] 佘金明，刘有势，谢显珍，等．甘草酸提取与精制工艺优化[J]．湖南理工学院学报（自然科学版），2010，23（3）：55-59.

[58] 王瑞海，柏冬，刘寨华，等．秦皮总香豆素不同提取工艺对比研究[J]．中国中医药信息杂志，2015，22（10）：86-90.

[59] 纳鑫，董毅，李玉鹏，等．青蒿素提取系列实验的改进和扩展[J]．亚太传统医药，2018，14（6）：65-67.

[60] 徐溢，范琪，盛静，等．青蒿素的提取分离和检测方法研究进展[J]．药物分析杂志，2013，33（9）：1465-1470.

[61] 张玲．川芎提取物制备工艺与质量控制研究[D]．成都：成都中医药大学，2009.